机械工程计算与分析方法

韩清凯　翟敬宇　杨铮鑫　编著

科学出版社
北　京

内 容 简 介

按照 2017 年全国教育工作会议工作报告和工科专业工程教育认证的要求，“工程计算方法”类课程已成为新工科建设中的必修课。本书面向机械工程计算和分析需求，从理论、方法到实例分析，由浅入深，较全面地介绍现代工程数学计算方法、结构力学分析的有限元法、机械结构系统多体动力学、机械振动分析等，形成机械工程计算与分析的主要理论技术体系。本书主要基于 MATLAB 软件平台，对应的算法均给出必要的机械工程背景介绍和详细的计算代码，最后介绍若干综合应用案例，可以使学生在完成当前在校学习任务的前提下，为以后的发展奠定必要的理论和实践基础。

本书为运用现代计算与分析方法解决机械工程领域的实际问题奠定基础，可供高等学校机械工程以及相关学科的本科生及研究生学习使用，也可供机械工程及相关领域的工程技术人员和科研人员参考。

图书在版编目(CIP)数据

机械工程计算与分析方法/韩清凯，翟敬宇，杨铮鑫编著. —北京：科学出版社，2021.6

ISBN 978-7-03-068850-7

Ⅰ. ①机… Ⅱ. ①韩… ②翟… ③杨… Ⅲ. ①机械计算 Ⅳ. ①TH123

中国版本图书馆 CIP 数据核字（2021）第 095366 号

责任编辑：王喜军 张培静 / 责任校对：樊雅琼

责任印制：赵 博 / 封面设计：壹选文化

科学出版社 出版

北京东黄城根北街 16 号

邮政编码：100717

http://www.sciencep.com

保定市中画美凯印刷有限公司印刷

科学出版社发行 各地新华书店经销

*

2021 年 6 月第 一 版 开本：787×1092 1/16

2024 年 1 月第三次印刷 印张：16

字数：379 000

定价：60.00 元

（如有印装质量问题，我社负责调换）

前　言

本书是依据 2017 年全国教育工作会议和工科专业工程教育认证的要求与新工科建设需要，面向机械工程专业对计算与分析的教育需求编著而成。机械工程计算与分析涉及面较宽，包括数学（函数与数值）计算方法、工程力学计算与分析、测量信号数据计算与分析、机电控制计算方法等。在机械工程中，计算与分析方法的需求时时遇到，并且在很多场合下是唯一可行的解决途径。

机械工程计算与分析主要是用计算机程序进行工程计算、解决实际问题。机械产品和装备的快速发展，迫切需要先进的计算与分析技术加以支撑。现代机械工程的理论技术发展面临的挑战，主要包括功能、性能、可靠性、耐久性、绿色与环保等，涉及设计、制造、使用、修复与销毁等环节，以及机械科学与技术、力学、材料、控制、信息等众多学科。在机械工程所涉及的各个专业领域，都需要计算与分析方法，它具有基础性和先进性。从基础学习的角度，首先需要掌握基础性的计算分析方法，以及在机械工程中较有代表性和较为通用的计算方法。

国内外许多大学面向机械工程及其相关学科的本科生或研究生已经开设了机械工程计算与分析的同类课程。并且，学习机械工程计算与分析方法在科研领域和工程界也有着极大的需求。本书是作者在多年教学实践的基础上，基于原校内讲义进行精编和细化完成的。本书内容简明、结构清晰，形成了科学合理的基础知识体系，并配有易学易用的 MATLAB 程序，可以满足大学课程教学和学生自学需求。此外，作者参编的其他同类相关教材已经在不同层面上被纳入了规划教材体系，在多个大学的平台课和必修课上得以使用。

本书的前半部分逐一介绍常用数学计算方法，主要包括函数与数值的插值与拟合、微分和积分、积分变换、数据统计分析与数据时频分析、方程求解、优化方法等；后半部分主要介绍机械工程较重要且基础性的弹性力学基础理论、多体动力学基础理论和机械振动基础理论等相关的计算与分析方法，并给出代表性案例。本书共 10 章，具体如下：第 1 章矩阵计算基本方法；第 2 章插值与拟合算法；第 3 章微分和积分算法；第 4 章级数展开和积分变换算法；第 5 章方程求解算法；第 6 章优化算法；第 7 章多体动力学基础与计算方法；第 8 章机械振动基础与计算方法；第 9 章弹性力学基础与计算方法；第 10 章有限元法基础与计算方法。

本书由东北大学韩清凯教授、大连理工大学翟敬宇副教授和沈阳化工大学杨铮鑫副教授共同编著完成。大连理工大学王奉涛教授、沈阳化工大学党鹏飞博士参与了部分内容的补充和修改。此外，东北大学、辽宁科技大学和北京石油化工学院等高校的部分教师和学生也给予了大力支持，在此一并致谢。

本书难免会有不足之处，敬请读者指正。

作　者

2020 年 6 月

目　　录

第 1 章　矩阵计算基本方法

本书基于 MATLAB 软件平台，以矩阵计算为主要特点，进行常用工程计算方法的介绍。MATLAB 平台的特点是将矩阵运算作为核心。因此，本章首先介绍矩阵运算的基本原理、MATLAB 平台下的矩阵运算方法以及数值计算、符号运算等基础知识。在后续的机械工程计算与分析的具体内容中，也将主要基于 MATLAB 平台的矩阵计算方式来加以说明。

1.1　矩阵及其运算的基本方法

在数学中，矩阵（matrix）是一个按照长方阵列排列的实数或复数集合，最早来自于方程组的系数及常数所构成的方阵。这一概念由 19 世纪英国数学家凯利首先提出。矩阵是高等代数学中的常见工具，也常见于统计分析等应用数学学科中。在物理学中，矩阵于电路学、力学、光学和量子物理中都有应用；在计算机科学中，也需要用到矩阵。矩阵的运算是数值分析领域的重要问题。将矩阵分解为简单矩阵的组合可以在理论和实际应用上简化矩阵的运算。对一些应用广泛而形式特殊的矩阵，例如稀疏矩阵和准对角矩阵，有特定的快速运算算法。关于矩阵相关理论的发展和应用，请参考《矩阵理论》。在天体物理、量子力学等领域，也会出现无穷维的矩阵，它是矩阵的一种推广。

下面以简单的机械臂运动学分析为例，说明矩阵在数值计算方法中的基本概念和基于 MATLAB 的矩阵运算方法。

某焊接机械臂的结构如图 1-1 所示。

（a）焊接机械臂

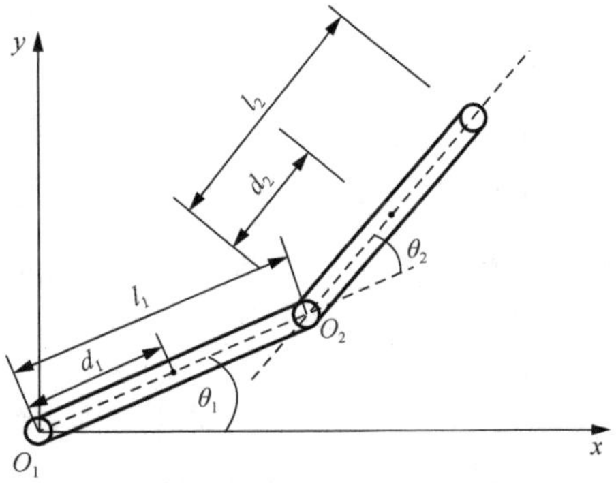

（b）焊接机械臂的结构示意图

图 1-1　焊接机械臂及其结构示意图

两个连杆的长度 l_1=0.5，l_2=0.8，如图 1-1（b）所示。机械臂的关节位置和连杆的位置之间的关系可以用简单的几何关系公式表达：

$$x_1 = l_1 \cdot \cos\theta_1 \tag{1-1}$$

$$y_1 = l_1 \cdot \sin\theta_1 \tag{1-2}$$

$$x_2 = l_1 \cdot \cos\theta_1 + l_2 \cdot \cos(\theta_1 + \theta_2) \tag{1-3}$$

$$y_2 = l_1 \cdot \sin\theta_1 + l_2 \cdot \sin(\theta_1 + \theta_2) \tag{1-4}$$

可以编写 MATLAB 程序加以计算，如下所述。

【例 1-1】 分别计算$\theta_1 = 30°$，$\theta_2 = 45°$以及$\theta_1 = 110°$，$\theta_2 = 240°$时，图 1-1 中机械臂关节位置和连杆位置之间的关系。

MATLAB 程序如下：

```
clear
clc
L1=0.5;
L2=0.8;
theda1=[30/180*pi 110/180*pi]; theda2=[45/180*pi (180+60)/180*pi];

x0=0;y0=0;
x1=L1.*cos(theda1);
y1=L1.*sin(theda1);
x2=L1.*cos(theda1)+L2.*cos(theda1+theda2);
y2=L1.*sin(theda1)+L2.*sin(theda1+theda2);

figure(1)
plot([x0,x1(1),x2(1)],[y0,y1(1),y2(1)],'-o')
figure(2)
plot([x0,x1(2),x2(2)],[y0,y1(2),y2(2)],'-o')
```

计算出的连杆位置如图 1-2 所示。

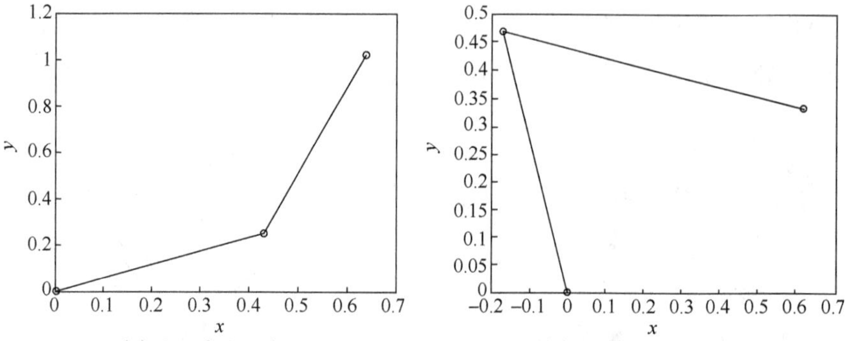

（a）θ_1=30°, θ_2=45°　　（b）θ_1=110°, θ_2=240°

图 1-2　计算得到的连杆位置

【例 1-2】 已知焊接机械臂的结构如图 1-1(b)所示，假设其关节的转动角度$\theta_1 = \theta_2 = [0° \quad 5° \quad 10° \quad 15° \quad 20° \quad 25° \quad 30°]$，计算焊接机械臂的末端位置。

MATLAB 程序如下：

```
clear
clc
theda1=[0:5:30]/180*pi
theda2=[0:5:30]/180*pi
L1=0.5;
L2=0.8;
xender=L1*cos(theda1)+L2*cos(theda1+theda2)
yender=L1*sin(theda1)+L2*sin(theda1+theda2)
plot(xender,yender,'o')
```

得到如图 1-3 所示的关节末端位置。

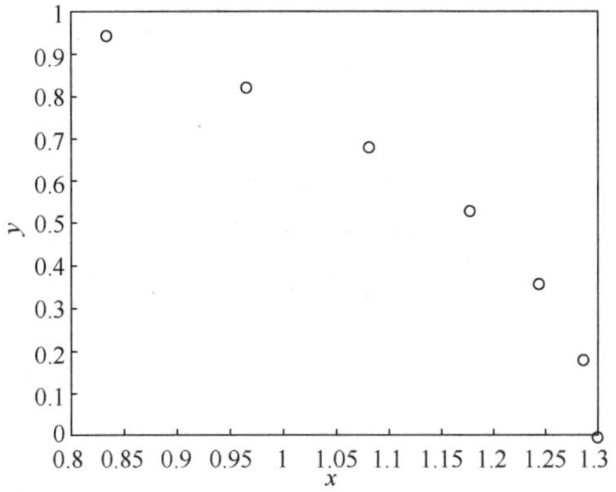

图 1-3　焊接机械臂的关节末端位置

所形成的关节角度和连杆末端位置均为矩阵表达，具体如下。

```
theda1 =        0    0.0873    0.1745    0.2618    0.3491    0.4363    0.5236
theda2 =        0    0.0873    0.1745    0.2618    0.3491    0.4363    0.5236
xender =   1.3000    1.2859    1.2442    1.1758    1.0827    0.9674    0.8330
yender =        0    0.1825    0.3604    0.5294    0.6852    0.8241    0.9428
```

在上面的矩阵表达中，theda1 为 1 行 7 列的矩阵。其他与此类似。

可以看出，在 MATLAB 中，矩阵可以定义为数值、向量或符号等多种形式的矩阵。矩阵的输入必须以方括号“[ ]”作为其开始与结束标志，矩阵的行与行之间要用分号“;”或“换行”分开，矩阵的元素之间要用逗号“,”或“空格”分隔。矩阵的大小可以不必预先定义，且矩阵元素的值可以用表达式表示。

注意，MATLAB 语言的变量名称字符区分大小写，如字符 a 与 A 分别为独立的矩阵变量名。并且，MATLAB 有很多自己的保留字，如 pi 等。在 MATLAB 语言命令行的最后如果加上分号，则在命令窗口中不会显示输入命令所得到的结果。

1.2　矩阵的定义与基本运算

由 $m \times n$ 个数组成的一个 m 行 n 列的矩形表格，称为 m 行 n 列矩阵，简称 $m \times n$ 矩阵。为表示它是一个整体，总是加上一个括号并用大写黑体字母表示它，记作

$$\boldsymbol{A}=\begin{bmatrix} a_{11} & a_{12} & \cdots & a_{1n} \\ a_{21} & a_{22} & \cdots & a_{2n} \\ \vdots & \vdots & & \vdots \\ a_{m1} & a_{m2} & \cdots & a_{mn} \end{bmatrix} \tag{1-5}$$

常见的多项式方程也可以用矩阵加以表达。例如：

【例 1-3】 将如下多项式方程用矩阵表达出来。

$$1x+2y+3z+20=0$$

$$4x+5y+6z+30=0$$

$$7x+8y+9z+40=0$$

编写 MATLAB 代码可以复现上述多项式方程，如下：

```
clear
clc
syms x y z
syms A B
A=[1 2 3;
   4 5 6;
   7 8 9]              %系数矩阵
X=[x; y; z]            %变量矩阵
B=[20; 30; 40]         %常数矩阵
A*X+B
```

得到的结果具有一致性。系数矩阵、变量矩阵、常数矩阵分别如下：

```
A =
     1     2     3
     4     5     6
     7     8     9

X =
     x
     y
     z

B =
    20
    30
    40
```

```
ans =
    x + 2*y + 3*z + 20
  4*x + 5*y + 6*z + 30
  7*x + 8*y + 9*z + 40
```

下面介绍有关矩阵的 8 个方面的基础知识。

1. 矩阵的加减法

定义两个 $m\times n$ 矩阵 $\boldsymbol{A}=(a_{ij})_{mn}$ 和 $\boldsymbol{B}=(b_{ij})_{mn}$，矩阵 $\boldsymbol{A}$ 和 $\boldsymbol{B}$ 的和记作 $\boldsymbol{A}+\boldsymbol{B}$，有

$$\boldsymbol{A}+\boldsymbol{B}=\begin{bmatrix} a_{11}+b_{11} & a_{12}+b_{12} & \cdots & a_{1n}+b_{1n} \\ a_{21}+b_{21} & a_{22}+b_{22} & \cdots & a_{2n}+b_{2n} \\ \vdots & \vdots & & \vdots \\ a_{m1}+b_{m1} & a_{m2}+b_{m2} & \cdots & a_{mn}+b_{mn} \end{bmatrix} \tag{1-6}$$

只有当两个矩阵是同型的矩阵时才能进行加法运算。矩阵的加法满足下列运算规律（$\boldsymbol{A}$、$\boldsymbol{B}$、$\boldsymbol{C}$ 均为 $m\times n$ 矩阵）：

（1）$\boldsymbol{A}+\boldsymbol{B}=\boldsymbol{B}+\boldsymbol{A}$。

（2）$(\boldsymbol{A}+\boldsymbol{B})+\boldsymbol{C}=\boldsymbol{A}+(\boldsymbol{B}+\boldsymbol{C})$。

矩阵的减法是

$$\boldsymbol{A}-\boldsymbol{B}=\boldsymbol{A}+(-\boldsymbol{B}) \tag{1-7}$$

2. 数与矩阵相乘

数 λ 与矩阵 $\boldsymbol{A}$ 的乘积记作 $\lambda\boldsymbol{A}$，即

$$\lambda\boldsymbol{A}=\begin{bmatrix} \lambda a_{11} & \lambda a_{12} & \cdots & \lambda a_{1n} \\ \lambda a_{21} & \lambda a_{22} & \cdots & \lambda a_{2n} \\ \vdots & \vdots & & \vdots \\ \lambda a_{m1} & \lambda a_{m2} & \cdots & \lambda a_{mn} \end{bmatrix} \tag{1-8}$$

数乘矩阵满足下列运算规律（$\boldsymbol{A}$、$\boldsymbol{B}$ 均为 $m\times n$ 矩阵，λ、μ 为数）：

（1）$(\lambda\mu)\boldsymbol{A}=\lambda(\mu\boldsymbol{A})$。

（2）$(\lambda+\mu)\boldsymbol{A}=\lambda\boldsymbol{A}+\mu\boldsymbol{A}$。

（3）$\lambda(\boldsymbol{A}+\boldsymbol{B})=\lambda\boldsymbol{A}+\lambda\boldsymbol{B}$。

3. 矩阵与矩阵相乘

设矩阵 $\boldsymbol{A}=(a_{ij})_{ms}$ 为 $m\times s$ 矩阵，$\boldsymbol{B}=(b_{ij})_{sn}$ 为 $s\times n$ 矩阵，矩阵 $\boldsymbol{A}$ 与矩阵 $\boldsymbol{B}$ 的乘积 $\boldsymbol{C}$ 是一个 $m\times n$ 矩阵，记作

$$C = AB = \begin{bmatrix} a_{11} & a_{12} & \cdots & a_{1s} \\ a_{21} & a_{22} & \cdots & a_{2s} \\ \vdots & \vdots & & \vdots \\ a_{m1} & a_{m2} & \cdots & a_{ms} \end{bmatrix} \begin{bmatrix} b_{11} & b_{12} & \cdots & b_{1n} \\ b_{21} & b_{22} & \cdots & b_{2n} \\ \vdots & \vdots & & \vdots \\ b_{s1} & b_{s2} & \cdots & b_{sn} \end{bmatrix} = \begin{bmatrix} a_{11}b_{11} + \cdots + a_{1s}b_{s1} & \cdots & a_{11}b_{1n} + \cdots + a_{1s}b_{sn} \\ \vdots & & \vdots \\ a_{m1}b_{11} + \cdots + a_{ms}b_{s1} & \cdots & a_{m1}b_{1n} + \cdots + a_{ms}b_{sn} \end{bmatrix} \tag{1-9}$$

矩阵乘法满足下列运算规律：

（1）$(\boldsymbol{AB})\boldsymbol{C} = \boldsymbol{A}(\boldsymbol{BC})$。

（2）$\lambda(\boldsymbol{AB}) = (\lambda\boldsymbol{A})\boldsymbol{B} = \boldsymbol{A}(\lambda\boldsymbol{B})$。

（3）$\boldsymbol{A}(\boldsymbol{B}+\boldsymbol{C}) = \boldsymbol{AB}+\boldsymbol{AC}$。

（4）$(\boldsymbol{B}+\boldsymbol{C})\boldsymbol{A} = \boldsymbol{BA}+\boldsymbol{CA}$。

对于两个 n 阶方阵 $\boldsymbol{A}$、$\boldsymbol{B}$，若 $\boldsymbol{AB}=\boldsymbol{BA}$，则称方阵 $\boldsymbol{A}$ 与 $\boldsymbol{B}$ 是可交换的。

4. 矩阵的转置

把 $m\times n$ 矩阵 $\boldsymbol{A}=(a_{ij})_{mn}$ 的行列互换得到一个新矩阵，称为 $\boldsymbol{A}$ 的转置矩阵，记作 $\boldsymbol{A}^{\mathrm{T}}$，表示为

$$\boldsymbol{A} = \begin{bmatrix} a_{11} & a_{12} & \cdots & a_{1n} \\ a_{21} & a_{22} & \cdots & a_{2n} \\ \vdots & \vdots & & \vdots \\ a_{m1} & a_{m2} & \cdots & a_{mn} \end{bmatrix}, \quad \boldsymbol{A}^{\mathrm{T}} = \begin{bmatrix} a_{11} & a_{21} & \cdots & a_{m1} \\ a_{12} & a_{22} & \cdots & a_{m2} \\ \vdots & \vdots & & \vdots \\ a_{1n} & a_{2n} & \cdots & a_{mn} \end{bmatrix} \tag{1-10}$$

矩阵转置满足下列运算规律：

（1）$(\boldsymbol{A}^{\mathrm{T}})^{\mathrm{T}} = \boldsymbol{A}$。

（2）$(\boldsymbol{A}+\boldsymbol{B})^{\mathrm{T}} = \boldsymbol{A}^{\mathrm{T}}+\boldsymbol{B}^{\mathrm{T}}$。

（3）$(\lambda\boldsymbol{A})^{\mathrm{T}} = \lambda\boldsymbol{A}^{\mathrm{T}}$。

（4）$(\boldsymbol{AB})^{\mathrm{T}} = \boldsymbol{B}^{\mathrm{T}}\boldsymbol{A}^{\mathrm{T}}$。

若 $\boldsymbol{A}$ 为 n 阶方阵（$n\times n$ 矩阵），且满足 $\boldsymbol{A}^{\mathrm{T}}=\boldsymbol{A}$，则 $\boldsymbol{A}$ 称为对称矩阵，它的元素以主对角线为对称轴对应相等。

5. 方阵的行列式

由 n 阶方阵 $\boldsymbol{A}$ 的元素构成的行列式（各元素位置不变）称为方阵 $\boldsymbol{A}$ 的行列式，记作 $|\boldsymbol{A}|$ 或 $\det\boldsymbol{A}$。它是表示 $\boldsymbol{A}$ 按一定运算法则确定的一个数，表示为

$$|\boldsymbol{A}| = \begin{vmatrix} a_{11} & a_{12} & \cdots & a_{1n} \\ a_{21} & a_{22} & \cdots & a_{2n} \\ \vdots & \vdots & & \vdots \\ a_{n1} & a_{n2} & \cdots & a_{nn} \end{vmatrix} = \sum_{i_1 i_2 \cdots i_n} (-1)^{\tau(i_1 i_2 \cdots i_n)} a_{1i_1} a_{2i_2} \cdots a_{ni_n} \tag{1-11}$$

式中，$\tau(i_1 i_2 \cdots i_n)$ 为排列 $i_1 i_2 \cdots i_n$ 的逆序数。

方阵的行列式满足下列运算规律：

（1）$\left|\boldsymbol{A}^{\mathrm{T}}\right| = |\boldsymbol{A}|$。

（2）$|\lambda \boldsymbol{A}| = \lambda^n |\boldsymbol{A}|$。

（3）$|\boldsymbol{AB}| = |\boldsymbol{A}||\boldsymbol{B}|$。

6. 行列式的代数余子式与伴随矩阵

在一个 n 阶行列式 $|\boldsymbol{A}|$ 中，把元素 a_{ij} 所在的行与列划去后，剩下的 $(n-1)^2$ 个元素按照原来的次序组成一个 $n-1$ 阶行列式，称为元素 a_{ij} 的余子式，记作 M_{ij}。

M_{ij} 带上符号 $(-1)^{i+j}$ 称为 a_{ij} 的代数余子式，记作

$$A_{ij} = (-1)^{i+j} M_{ij} \tag{1-12}$$

行列式 $|\boldsymbol{A}|$ 的各个元素的代数余子式按顺序排列构成的矩阵 $\boldsymbol{A}^*$ 称为矩阵 $\boldsymbol{A}$ 的伴随矩阵，表示为

$$\boldsymbol{A}^* = \begin{bmatrix} A_{11} & A_{12} & \cdots & A_{1n} \\ A_{21} & A_{22} & \cdots & A_{2n} \\ \vdots & \vdots & & \vdots \\ A_{n1} & A_{n2} & \cdots & A_{nn} \end{bmatrix} \tag{1-13}$$

伴随矩阵满足下列运算规律：

$$\boldsymbol{AA}^* = \boldsymbol{A}^*\boldsymbol{A} = |\boldsymbol{A}|\boldsymbol{E}$$

式中，$\boldsymbol{E}$ 为与 $\boldsymbol{A}$ 同阶数的单位矩阵。

7. 共轭矩阵

当矩阵 $\boldsymbol{A} = (a_{ij})$ 为复矩阵时，用 $\overline{a}_{ij}$ 表示 a_{ij} 的共轭复数，则 $\overline{\boldsymbol{A}} = (\overline{a}_{ij})$ 称为 $\boldsymbol{A}$ 的共轭矩阵。共轭矩阵满足下列运算规律：

（1）$\overline{\boldsymbol{A}+\boldsymbol{B}} = \overline{\boldsymbol{A}} + \overline{\boldsymbol{B}}$。

（2）$\overline{\lambda \boldsymbol{A}} = \overline{\lambda}\,\overline{\boldsymbol{A}}$。

（3）$\overline{\boldsymbol{AB}} = \overline{\boldsymbol{A}}\,\overline{\boldsymbol{B}}$。

8. 逆矩阵

对于 n 阶方阵 $\boldsymbol{A}$，如果存在一个 n 阶方阵 $\boldsymbol{B}$，使得

$$\boldsymbol{AB} = \boldsymbol{BA} = \boldsymbol{E}$$

式中，若 $\boldsymbol{E}$ 为与 $\boldsymbol{A}$、$\boldsymbol{B}$ 同阶数的单位矩阵，就称 $\boldsymbol{A}$ 为可逆矩阵，并称 $\boldsymbol{B}$ 是 $\boldsymbol{A}$ 的逆矩阵，记作 $\boldsymbol{A}^{-1}$。

方阵 $\boldsymbol{A}$ 的逆矩阵 $\boldsymbol{A}^{-1}$ 可由方阵 $\boldsymbol{A}$ 的行列式与伴随矩阵计算得到，即

$$\boldsymbol{A}^{-1} = \frac{1}{|\boldsymbol{A}|}\boldsymbol{A}^* \tag{1-14}$$

若方阵 $\boldsymbol{A}$ 可逆，则 $\boldsymbol{A}$ 的逆矩阵是唯一的，且方阵 $\boldsymbol{A}$ 可逆的充分必要条件为 $|\boldsymbol{A}| \neq 0$，即可逆矩阵为非奇异矩阵。

1.3　MATLAB 中数值矩阵的创建

1. 直接赋值法

元素较少的矩阵可以在 MATLAB 命令窗口中以直接输入的方式建立。

【例 1-4】 利用直接赋值法创建矩阵。

```
>> A=[2 3 1;5 4 7;4 6 3]
A =
     2     3     1
     5     4     7
     4     6     3
```

2. 冒号表达式

在 MATLAB 中，利用冒号可以产生行向量。冒号表达式产生一个由 a1 开始到 a3 结束、以步长 a2 增加的行向量。如下：

a1:a2:a3

式中，a1 为初始值；a2 为步长；a3 为终止值。

【例 1-5】 利用增量赋值法定义矩阵。

```
>> A=[1:3:30]
A =
     1     4     7    10    13    16    19    22    25    28
```

1.4　MATLAB 中特殊矩阵的创建

MATLAB 中有一些直接创建某些特殊矩阵的专用命令，给编程带来很多方便，主要如下：

1. zeros 函数

zeros 函数用于创建全零矩阵。其调用格式如下：

- B=zeros(n)：生成 $n \times n$ 全 0 矩阵。
- B=zeros(m,n)或 B=zeros([m,n])：生成 $m \times n$ 全 0 矩阵。
- B=zeros(m,n,p,⋯)或 B=zeros([m,n,p, ⋯])：生成 $m \times n \times p \times \cdots$全 0 矩阵。
- B=zeros(size(A))：生成与矩阵 $\boldsymbol{A}$ 相同大小的全 0 矩阵。
- zeros(m,n,⋯,classname)或 zeros([m,n,⋯],classname)：生成 $m \times n \times \cdots$的全 0 矩阵或数组，并指定输出数据类型为一个类名 classname。

2. eye 函数

eye 函数用于创建单位矩阵。其调用格式如下：

- Y=eye(n)：生成 $n\times n$ 单位矩阵。
- Y=eye(m,n)或 Y=eye([m,n])：生成 $m\times n$ 单位矩阵。
- Y=eye(size(A))：生成与矩阵 $\boldsymbol{A}$ 相同大小的单位矩阵。
- Y=eye(m,n,classname)：生成 $m\times n$ 的单位矩阵，并指定输出数据类型为一个类名 classname。

3. ones 函数

ones 函数用于创建元素全部是 1 的矩阵。其调用格式如下：

- Y=ones(n)：生成 $n\times n$ 全 1 矩阵。
- Y=ones(m,n)或 Y=ones([m,n])：生成 $m\times n$ 全 1 矩阵。
- Y=ones(m,n,p,⋯)或 Y=ones([m,n,p,⋯])：生成 $m\times n\times p\times\cdots$全 1 矩阵或数组。
- Y=ones(size(A))：生成与矩阵 $\boldsymbol{A}$ 相同大小的全 1 矩阵。
- ones(m,n,⋯,classname)或 ones([m,n,⋯],classname)：生成 $m\times n\times\cdots$的全 1 矩阵或数组，并指定输出数据类型为一个类名 classname。

4. linspace 函数

linspace 函数用于产生线性等分向量。其调用格式如下：

- y=linspace(a,b)：在(a,b)上产生 100 个线性等分点。
- y=linspace(a,b,n)：在(a,b)上产生 n 个线性等分点。

5. blkdiag 函数

blkdiag 函数用于产生以输入元素为对角线元素的对角矩阵。其调用格式如下：

- out=blkdiag(a,b,c,d,⋯)：产生以 $a,b,c,d,\cdots$为对角线元素的对角矩阵。

6. rand 函数

rand 函数用于创建满足均匀分布的随机矩阵。其调用格式如下：

- r=rand(n)：生成 $n\times n$ 随机矩阵，其元素在(0,1)内。
- rand(m,n)或 r=rand([m,n])：生成 $m\times n$ 随机矩阵。
- rand(m,n,p,⋯)或 rand([m,n,p,⋯])：生成 $m\times n\times p\times\cdots$随机矩阵或数组。
- rand：无变量输入时只产生一个随机数。
- rand(size(A))：生成与矩阵 $\boldsymbol{A}$ 相同大小的随机矩阵。
- r=rand(m,n,⋯,'double')：生成 $m\times n\times\cdots$的随机矩阵，并指定输出数据类型为 double（双精度）。
- r=rand(m,n,⋯,'single')：生成 $m\times n\times\cdots$的随机矩阵，并指定输出数据类型为 single（单精度）。

7. randn 函数

randn 函数用于创建满足正态分布的随机矩阵。其调用格式如下：

- r=randn(n)：生成 $n\times n$ 标准正态分布随机矩阵。
- randn(m,n)或 r=randn([m,n])：生成 $m\times n$ 标准正态分布随机矩阵。
- randn(m,n,p,…)或 randn([m,n,p,…])：生成 $m\times n\times p\times\cdots$标准正态分布随机矩阵或数组。
- randn(size(A))：生成与矩阵 $\boldsymbol{A}$ 相同大小的标准正态分布随机矩阵。
- r=randn(m,n,…,'double')：生成 $m\times n\times\cdots$的标准正态分布随机矩阵，并指定输出数据类型为 double（双精度）。
- r=randn(m,n,…,'single')：生成 $m\times n\times\cdots$的标准正态分布随机矩阵，并指定输出数据类型为 single（单精度）。

8. randperm 函数

randperm 函数用于创建随机排列。其调用格式如下：

- p=randperm(n)：产生 1～n 整数的随机排列。

此外，还有 hilb 函数用于创建 Hilbert 矩阵，magic 函数用于创建魔方矩阵，pascal 函数用于创建 Pascal 矩阵，toeplitz 函数用于创建特普利茨矩阵。

【例 1-6】 特殊矩阵创建示例。

MATLAB 程序如下：

```
>> A=zeros(4)                        %产生 4 阶全 0 矩阵
A =
     0     0     0     0
     0     0     0     0
     0     0     0     0
     0     0     0     0
>> B=eye(4)                          %产生 4 阶单位矩阵
B =
     1     0     0     0
     0     1     0     0
     0     0     1     0
     0     0     0     1
>> C=ones(4)                         %产生 4 阶全 1 矩阵
C =
     1     1     1     1
     1     1     1     1
     1     1     1     1
     1     1     1     1
>> D =blkdiag(1,2,3,4)               %产生 1,2,3,4 为对角线元素的对角矩阵
D =
     1     0     0     0
```

```
     0     2     0     0
     0     0     3     0
     0     0     0     4
>> E =rand(4)                         %产生 4 阶均匀分布随机矩阵
E =
    0.8147    0.6324    0.9575    0.9572
    0.9058    0.0975    0.9649    0.4854
    0.1270    0.2785    0.1576    0.8003
    0.9134    0.5469    0.9706    0.1419
>> F=randn(4)                         %产生 4 阶正态分布随机矩阵
F =
   -0.1241    0.6715    0.4889    0.2939
    1.4897   -1.2075    1.0347   -0.7873
    1.4090    0.7172    0.7269    0.8884
    1.4172    1.6302   -0.3034   -1.1471
```

【例 1-7】 正态分布数列的特征分析。

MATLAB 程序如下：

```
x=randn(1,10)
x =
  1 至 7 列
    0.5377    1.8339   -2.2588    0.8622    0.3188   -1.3077   -0.4336
  8 至 10 列
    0.3426    3.5784    2.7694
```

转置成列向量

```
>> x'
ans =
    0.5377
    1.8339
   -2.2588
    0.8622
    0.3188
   -1.3077
   -0.4336
    0.3426
    3.5784
    2.7694
```

绘制成曲线，如图 1-4 所示。

```
>>plot(x)
grid
```

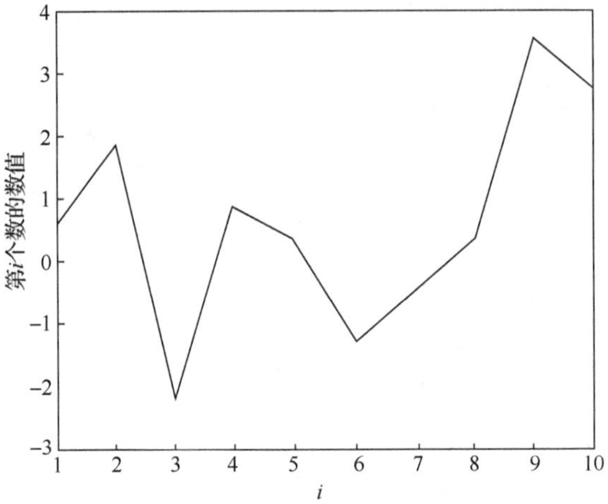

图 1-4　正态分布曲线示意图

利用 MATLAB 程序，可对上述序列 $x(n)$进行数理统计分析，包括均值、方差、标准差和方差检验，用到的 MATLAB 函数有 mean(x)、std(x)等，可自行练习。

1.5　矩阵的元素处理方法

矩阵是由多个元素组成的，矩阵的元素由下标来标识，可以方便地加以处理。

1. 全下标标识

矩阵中的元素可以用全下标来标识，即用矩阵的行下标和列下标来表示矩阵的元素。一个 $m\times n$ 的矩阵 $\boldsymbol{A}$ 的第 i 行第 j 列的元素表示为 $a(i,j)$。

这种全下标标识方法的优点是：几何概念清楚、引述简单。它在 MATLAB 语言的寻访和赋值中最为常用。

如果在提取矩阵的元素时，矩阵元素的下标行 i 或列 j 大于矩阵的大小 m 或 n，则 MATLAB 会提示错误；而在对矩阵元素赋值时，如果下标行 i 或列 j 超出矩阵的大小 m 或 n，则 MATLAB 会自动扩充矩阵，扩充部分未赋值的元素以 0 填充。

【例 1-8】 用全下标标识给矩阵元素赋值。

MATLAB 程序如下：

```
>> A=[2 3 4;2 5 6;4 3 7;2 3 8]
A =
     2     3     4
     2     5     6
     4     3     7
     2     3     8
>> A(4,4)=50
A =
     2     3     4     0
```

```
     2     5     6     0
     4     3     7     0
     2     3     8    50
```

2. 矩阵元素的数据提取

获取矩阵的元素数据通过如下实例来演示。

【例 1-9】 已知行矩阵 ***A***=[2　3　−4　2　7]，分别对矩阵的不同元素数据进行提取。

MATLAB 程序如下：

```
>> A=[2 3 -4 2 7]
A =
     2     3    -4     2     7
>> A(1,3)                        %获取矩阵 A 的第 1 行第 3 列的元素
ans =
    -4
>> A(2)                          %获取矩阵 A 的第 2 个元素
ans =
     3
>> A(2:4)                        %获取矩阵 A 的第 2～4 个元素
ans =
     3    -4     2
```

1.6　数值矩阵的运算

1. 矩阵的算术运算

MATLAB 对于矩阵的算术运算与线性代数中的规定方法相同。

➢ 矩阵的加法和减法：运算符分别为“+”和“−”，如矩阵 ***A*** 加矩阵 ***B*** 可写成 ***A*+*B***，运算结果为 ***A***、***B*** 矩阵对应元素相加。

➢ 矩阵的乘法：运算符为“*”，如矩阵 ***A*** 与矩阵 ***B*** 相乘可写成 ***A**B***。注意，这里矩阵 ***A*** 与矩阵 ***B*** 的阶数满足线性代数对矩阵相乘运算的基本规定，即 ***A*** 的列数等于 ***B*** 的行数。

➢ 矩阵的除法：矩阵的除法分左除和右除，运算符分别为“\”和“/”。如矩阵 ***A*** 左除矩阵 ***B*** 可表示为 ***A*\B**，运算结果与矩阵 ***A*** 的逆矩阵和矩阵 ***B*** 相乘的结果相同。矩阵 ***B*** 右除矩阵 ***C*** 可表示为 ***B/C***，运算结果与矩阵 ***B*** 和矩阵 ***C*** 的逆矩阵相乘的结果相同。

➢ 矩阵的乘方：矩阵乘方运算符为“^”，如矩阵 ***A*** 的 3 次幂可写成 ***A***^3，为 3 个矩阵 ***A*** 相乘。

➢ 矩阵的转置：运算符为“′”，如矩阵 ***A*** 的转置可写成 ***A*′**。如果矩阵 ***A*** 是复数矩阵，则 ***A*′** 运算结果为 ***A*** 的共轭复数转置。

➢ 矩阵的逆矩阵：运算符为 inv。

【例 1-10】 数值矩阵的运算示例。

MATLAB 程序如下：

```
>> A=[2 3 5;5 7 2;6 3 9];
>> B=[9 0 45;2 4 7;20 4 2];
>> C=A+B                                  %矩阵的加法运算
C =
    11     3    50
     7    11     9
    26     7    11
>> D=A-B                                  %矩阵的减法运算
D =
    -7     3   -40
     3     3    -5
   -14    -1     7
>> E=A\B                                  %矩阵的左除运算
E =
    0.7583    1.3667   -20.1917
   -0.8250   -0.3000    12.7250
    1.9917   -0.3667     9.4417
>> F=A/B                                  %矩阵的右除运算
F =
   -0.0023    0.7211    0.0289
   -0.2070    1.5632    0.1868
    0.1053    0.5526    0.1974
>> H=A*B                                  %矩阵的乘法运算
H =
   124    32   121
    99    36   278
   240    48   309
>> J=A^3                                  %矩阵的乘方运算
J =
     674          624          878
     806          832          938
     1194        1056         1590
>> K=A'                                   %矩阵的转置运算
K =
    2     5     6
    3     7     3
    5     2     9
```

2. 矩阵的特殊运算

矩阵常用的特殊运算函数主要如下，具体函数定义可参考软件帮助文件。

➢ diag 函数用于提取矩阵对角线元素。

- tril 与 triu 函数实现下三角阵与上三角阵的抽取。
- 使用“:”和 reshape 函数对两个已知阶数矩阵之间或对于一个矩阵进行变阶操作。
- rot90 函数用于实现矩阵的旋转。
- fliplr 与 flipud 函数用于实现矩阵的左右与上下翻转。
- repmat 函数用于实现复制与平铺矩阵。
- floor、ceil、round、fix 函数对小数构成的矩阵 ***A*** 进行取整。其中，floor 可将矩阵中元素按-∞方向取整，即取不足整数；ceil 将矩阵中元素按+∞方向取整，即取过剩整数；round 将矩阵中元素按最近的整数取整，即四舍五入取整；fix 将矩阵中元素按离 0 最近的方向取整。
- rem 函数用于实现矩阵元素的余数运算。

【例 1-11】 上三角阵与下三角阵的抽取应用示例。

MATLAB 程序如下：

```
>> L=tril(ones(3,3),-1)          %取下三角部分
L =
     0     0     0
     1     0     0
     1     1     0
>> U=triu(ones(3,3),-1)          %取上三角部分
U =
     1     1     1
     1     1     1
     0     1     1
```

【例 1-12】 利用 reshape 函数进行矩阵变维。

MATLAB 程序如下：

```
>> X=[2 3 4 5;6 4 3 6]
X =
     2     3     4     5
     6     4     3     6
>> reshape(X,[4,2])
ans =
     2     4
     6     3
     3     5
     4     6
```

【例 1-13】 矩阵的旋转应用示例。

MATLAB 程序如下：

```
>> A=[2 3 6;7 5 3;7 8 4]
A =
     2     3     6
```

```
     7     5     3
     7     8     4
>> B=rot90(A)
B =
     6     3     4
     3     5     8
     2     7     7
>> C=rot90(A,-1)
C =
     7     7     2
     8     5     3
     4     3     6
```

【例 1-14】 对小数矩阵元素进行取整运算。

MATLAB 程序如下：

```
>> A=0.3+2*randn(4)                %创建矩阵 A
A =
    1.3753    0.9375    7.4568    1.7508
    3.9678   -2.3154    5.8389    0.1739
   -4.2177   -0.5672   -2.3998    1.7295
    2.0243    0.9852    6.3698   -0.1099
>> B=floor(A)                      %按-∞方向取整
B =
     1     0     7     1
     3    -3     5     0
    -5    -1    -3     1
     2     0     6    -1
>> C=ceil(A)                       %按+∞方向取整
C =
     2     1     8     2
     4    -2     6     1
    -4     0    -2     2
     3     1     7     0
>> D=round(A)                      %四舍五入取整
D =
     1     1     7     2
     4    -2     6     0
    -4    -1    -2     2
     2     1     6     0
>> E=fix(A)                        %按离 0 最近的方向取整
E =
     1     0     7     1
     3    -2     5     0
    -4     0    -2     1
     2     0     6     0
```

3. 数值矩阵的行列式、伴随矩阵、逆矩阵的计算方法

求一个方阵的逆矩阵有 3 种方法，即待定系数法、伴随矩阵法、初等变换法。

（1）使用待定系数法求矩阵的逆的过程描述如下。

例如，对于矩阵 $\boldsymbol{A}=\begin{bmatrix}1 & 2\\ -1 & -3\end{bmatrix}$，假设所求的逆矩阵为 $\begin{bmatrix}a & b\\ c & d\end{bmatrix}$，则

$$\begin{bmatrix}1 & 2\\ -1 & -3\end{bmatrix}\begin{bmatrix}a & b\\ c & d\end{bmatrix}=\begin{bmatrix}a+2c & b+2d\\ -a-3c & -b-3d\end{bmatrix}=\begin{bmatrix}1 & 0\\ 0 & 1\end{bmatrix}$$

根据上式，可以列写如下方程组

$$\begin{cases}a+2c=1\\ b+2d=0\\ -a-3c=0\\ -b-3d=1\end{cases}$$

解得

$$\begin{cases}a=3\\ b=2\\ c=-1\\ d=-1\end{cases}$$

从而得到逆矩阵。

（2）利用伴随矩阵法求逆矩阵。

伴随矩阵是将矩阵各元素所对应的代数余子式所构成的矩阵进行转置后得到的新矩阵。

先求出伴随矩阵：

$$\boldsymbol{A}^*=\begin{bmatrix}-3 & -2\\ 1 & 1\end{bmatrix}$$

即

$$\begin{cases}A_{11}=-3\\ A_{12}=1\\ A_{21}=-2\\ A_{22}=1\end{cases}\Rightarrow\begin{bmatrix}-3 & 1\\ -2 & 1\end{bmatrix}\overset{\text{转置}}{\Rightarrow}\begin{bmatrix}-3 & -2\\ 1 & 1\end{bmatrix}$$

接下来，求矩阵 $\boldsymbol{A}$ 的行列式：

$$|\boldsymbol{A}|=1\times(-3)-(-1)\times 2=-1$$

从而可得逆矩阵：

$$\boldsymbol{A}^{-1}=\boldsymbol{A}^*/|\boldsymbol{A}|=\boldsymbol{A}^*/(-1)=-\boldsymbol{A}^*=\begin{bmatrix}3 & 2\\ -1 & -1\end{bmatrix}$$

即

$$A^{-1} = -\begin{bmatrix} -3 & -2 \\ 1 & 1 \end{bmatrix} = \begin{bmatrix} 3 & 2 \\ -1 & -1 \end{bmatrix}$$

（3）利用初等行变换求逆矩阵。

首先，写出增广矩阵 $\boldsymbol{A} \mid \boldsymbol{E}$，即矩阵 $\boldsymbol{A}$ 右侧放置一个同阶的单位矩阵，得到一个新矩阵：

$$\begin{bmatrix} 1 & 2 & 1 & 0 \\ -1 & -3 & 0 & 1 \end{bmatrix}$$

然后，进行初等行变换。依次进行如下操作：

第 1 行加到第 2 行，得到

$$\begin{bmatrix} 1 & 2 & 1 & 0 \\ 0 & -1 & 1 & 1 \end{bmatrix}$$

第 2 行×2 加到第 1 行，得到

$$\begin{bmatrix} 1 & 0 & 3 & 2 \\ 0 & -1 & 1 & 1 \end{bmatrix}$$

第 2 行×(−1)，得到

$$\begin{bmatrix} 1 & 0 & 3 & 2 \\ 0 & 1 & -1 & -1 \end{bmatrix}$$

最终得到逆矩阵 $\boldsymbol{A}^{-1} = \begin{bmatrix} 3 & 2 \\ -1 & -1 \end{bmatrix}$。

1.7　矩阵的符号运算

符号运算在 MATLAB 软件中使用很方便，以下面的一些例子加以说明。

1. 基本定义

【例 1-15】 计算 $\boldsymbol{A} \cdot \boldsymbol{B}$，其中，$\boldsymbol{A}=\begin{bmatrix} a & b \\ c & d \end{bmatrix}$，$\boldsymbol{B}=\begin{bmatrix} e & f \\ g & h \end{bmatrix}$。

MATLAB 程序如下：

```
clear
clc
syms A  B
syms a b c d e f g h
A=[a b;c d]
B=[e f;g h]
A*B
```

计算结果如下：

```
A =
[a, b]
[c, d]

B =
[e, f]
[g, h]

ans =
[a*e + b*g, a*f + b*h]
[c*e + d*g, c*f + d*h]
```

【例 1-16】 计算 $\boldsymbol{A}\cdot\boldsymbol{B}$，其中，$\boldsymbol{A}=\begin{bmatrix} a & 0 \\ 0 & b \end{bmatrix}$，$\boldsymbol{B}=\begin{bmatrix} -c & 0 \\ 0 & -d \end{bmatrix}$。

MATLAB 程序如下：

```
syms A B;
syms a b c d;
A=[a 0;0 b];
B=[c 0;0 d];
A*B
```

计算结果如下：

```
ans =
[a*c, 0]
[0, b*d]
```

2. 矩阵的相乘

【例 1-17】 计算如下符号矩阵的相乘。

$$\begin{bmatrix} a_{11} & a_{12} & a_{13} \\ a_{21} & a_{22} & a_{23} \end{bmatrix}\begin{bmatrix} b_{11} & b_{12} \\ b_{21} & b_{22} \\ b_{31} & b_{32} \end{bmatrix}=\begin{bmatrix} a_{11}b_{11}+a_{12}b_{21}+a_{13}b_{31} & a_{11}b_{12}+a_{12}b_{22}+a_{13}b_{32} \\ a_{21}b_{11}+a_{22}b_{21}+a_{23}b_{31} & a_{21}b_{12}+a_{22}b_{22}+a_{23}b_{32} \end{bmatrix}$$

MATLAB 程序如下：

```
syms a11 a12 a13 a21 a22 a23 b11 b12 b21 b22 b31 b32
A=[a11 a12 a13; a21 a22 a23];
B=[b11 b12; b21 b22; b31 b32];
A*B
```

计算结果如下：

```
ans =
[a11*b11 + a12*b21 + a13*b31, a11*b12 + a12*b22 + a13*b32]
[a21*b11 + a22*b21 + a23*b31, a21*b12 + a22*b22 + a23*b32]
```

【例 1-18】 求如下数值矩阵的乘积，并对比上述符号矩阵的计算过程。

$$A=\begin{bmatrix}1 & 0 & 3 & -1\\ 2 & 1 & 0 & 2\end{bmatrix} \text{与} B=\begin{bmatrix}4 & 1 & 0\\ -1 & 1 & 3\\ 2 & 0 & 1\\ 1 & 3 & 4\end{bmatrix}$$

解：因为 A 是 2×4 矩阵，B 是 4×3 矩阵，A 的列数等于 B 的行数，所以矩阵 A 与 B 可以相乘，其乘积 $AB=C$ 是一个 2×3 矩阵，有

$$C=AB=\begin{bmatrix}1 & 0 & 3 & -1\\ 2 & 1 & 0 & 2\end{bmatrix}\begin{bmatrix}4 & 1 & 0\\ -1 & 1 & 3\\ 2 & 0 & 1\\ 1 & 3 & 4\end{bmatrix}$$

$$=\begin{bmatrix}1\times4+0\times(-1)+3\times2+(-1)\times1 & 1\times1+0\times1+3\times0+(-1)\times3 & 1\times0+0\times3+3\times1+(-1)\times4\\ 2\times4+1\times(-1)+0\times2+2\times1 & 2\times1+1\times1+0\times0+2\times3 & 2\times0+1\times3+0\times1+2\times4\end{bmatrix}$$

$$=\begin{bmatrix}9 & -2 & -1\\ 9 & 9 & 11\end{bmatrix}$$

MATLAB 程序如下：

```
A=[1 0 3 -1;2 1 0 2];
B=[4 1 0;-1 1 3;2 0 1;1 3 4];
C=A*B
```

计算结果如下：

```
C =
     9    -2    -1
     9     9    11
```

如果采用符号矩阵进行计算，再用代入数据的方法，可以验证上述矩阵运算。

【例 1-19】 矩阵乘积顺序的对比。计算矩阵

$$A=\begin{bmatrix}-2 & 4\\ 1 & -2\end{bmatrix} \text{与} B=\begin{bmatrix}2 & 4\\ -3 & 6\end{bmatrix}$$

的乘积 AB 和 BA。

解：

$$AB=\begin{bmatrix}-2 & 4\\ 1 & -2\end{bmatrix}\begin{bmatrix}2 & 4\\ -3 & 6\end{bmatrix}=\begin{bmatrix}-16 & 16\\ 8 & -8\end{bmatrix}$$

$$BA=\begin{bmatrix}2 & 4\\ -3 & 6\end{bmatrix}\begin{bmatrix}-2 & 4\\ 1 & -2\end{bmatrix}=\begin{bmatrix}0 & 0\\ 12 & -24\end{bmatrix}$$

MATLAB 程序如下：

```
A=[-2 4;1 -2];
B=[2 4;-3 6];
```

```
AB=A*B
BA=B*A
```

计算结果如下：

```
AB =
   -16    16
     8    -8

BA =
     0     0
    12   -24
```

可以看出，矩阵相乘时的顺序不能变化，否则结果会不一致。

3. 符号矩阵的求逆

【例 1-20】 计算矩阵 $\boldsymbol{A}=\begin{bmatrix} a & b \\ c & d \end{bmatrix}$ 的逆矩阵。

$$|\boldsymbol{A}|=ad-bc,\ \boldsymbol{A}^*=\begin{bmatrix} d & -b \\ -c & a \end{bmatrix}$$

利用逆矩阵公式，当 $|\boldsymbol{A}|\neq 0$ 时，有

$$\boldsymbol{A}^{-1}=\frac{1}{|\boldsymbol{A}|}\boldsymbol{A}^*=\frac{1}{ad-bc}\begin{bmatrix} d & -b \\ -c & a \end{bmatrix}$$

MATLAB 程序如下：

```
clear
clc
syms a b c d
A=[a,b;c,d];
inv(A)
```

计算结果如下：

```
ans =
[d/(a*d - b*c),  -b/(a*d - b*c)]
[-c/(a*d - b*c),  a/(a*d - b*c)]
```

【例 1-21】 求方阵 $\boldsymbol{A}=\begin{bmatrix} 1 & 2 & 3 \\ 2 & 2 & 1 \\ 3 & 4 & 3 \end{bmatrix}$ 的逆矩阵。

解：求得 $|\boldsymbol{A}|=2\neq 0$，知 $\boldsymbol{A}^{-1}$ 存在，再计算 $|\boldsymbol{A}|$ 的余子式：

$$M_{11}=2,\ M_{12}=3,\ M_{13}=2$$
$$M_{21}=-6,\ M_{22}=-6,\ M_{23}=-2$$
$$M_{31}=-4,\ M_{32}=-5,\ M_{33}=-2$$

得

$$A^* = \begin{bmatrix} M_{11} & M_{12} & M_{13} \\ M_{21} & M_{22} & M_{23} \\ M_{31} & M_{32} & M_{33} \end{bmatrix} = \begin{bmatrix} 2 & 6 & -4 \\ -3 & -6 & 5 \\ 2 & 2 & -2 \end{bmatrix}$$

所以

$$A^{-1} = \frac{1}{|A|} A^* = \begin{bmatrix} 1 & 3 & -2 \\ -\frac{3}{2} & -3 & \frac{5}{2} \\ 1 & 1 & -1 \end{bmatrix}$$

MATLAB 程序如下：

```
A=[1 2 3;2 2 1;3 4 3]
inv(A)
```

计算结果如下：

```
ans =
    1.0000    3.0000   -2.0000
   -1.5000   -3.0000    2.5000
    1.0000    1.0000   -1.0000
```

【例 1-22】 设三个矩阵分别为

$$A = \begin{bmatrix} 1 & 2 & 3 \\ 2 & 2 & 1 \\ 3 & 4 & 3 \end{bmatrix}, \quad B = \begin{bmatrix} 2 & 1 \\ 5 & 3 \end{bmatrix}, \quad C = \begin{bmatrix} 1 & 3 \\ 2 & 0 \\ 3 & 1 \end{bmatrix}$$

求矩阵 X 使其满足 $AXB = C$。

解：若 A^{-1}、B^{-1} 存在，则用 A^{-1} 左乘上式，B^{-1} 右乘上式，有

$$A^{-1}AXBB^{-1} = A^{-1}CB^{-1}$$

即

$$X = A^{-1}CB^{-1}$$

由上例知 $|A| \neq 0$，而 $|B| = 1$，故知 A、B 都可逆，且

$$A^{-1} = \begin{bmatrix} 1 & 3 & -2 \\ -\frac{3}{2} & -3 & \frac{5}{2} \\ 1 & 1 & -1 \end{bmatrix}, \quad B^{-1} = \begin{bmatrix} 3 & -1 \\ -5 & 2 \end{bmatrix}$$

于是

$$X = A^{-1}CB^{-1} = \begin{bmatrix} 1 & 3 & -2 \\ -\frac{3}{2} & -3 & \frac{5}{2} \\ 1 & 1 & -1 \end{bmatrix} \begin{bmatrix} 1 & 3 \\ 2 & 0 \\ 3 & 1 \end{bmatrix} \begin{bmatrix} 3 & -1 \\ -5 & 2 \end{bmatrix}$$

$$=\begin{bmatrix}1 & 1\\0 & -2\\0 & -2\end{bmatrix}\begin{bmatrix}3 & 1\\-5 & -2\end{bmatrix}=\begin{bmatrix}-2 & 1\\10 & -4\\-10 & 4\end{bmatrix}$$

MATLAB 程序如下：

```
A=[1 2 3;2 2 1;3 4 3];
B=[2 1;5 3];
C=[1 3;2 0; 3 1];
X=inv(A)*C*inv(B)
```

计算结果如下：

```
X =
   -2.0000    1.0000
   10.0000   -4.0000
  -10.0000    4.0000
```

4. 矩阵的分块表示与运算

对于行数和列数较高的矩阵 $\boldsymbol{A}$，运算时常采用分块法，使大矩阵的运算化成小矩阵的运算。我们将矩阵 $\boldsymbol{A}$ 用若干条纵线和横线分成许多个小矩阵，每一个小矩阵称为 $\boldsymbol{A}$ 的子块，以子块为元素的矩阵称为分块矩阵。

分成子块的方法很多，下面举出三种分块形式。例如，对于 3×4 矩阵

$$\boldsymbol{A}=\begin{bmatrix}a_{11} & a_{12} & a_{13} & a_{14}\\a_{21} & a_{22} & a_{23} & a_{24}\\a_{31} & a_{32} & a_{33} & a_{34}\end{bmatrix}$$

有如下分块方式：

（1）$\boldsymbol{A}=\left[\begin{array}{cc:cc}a_{11} & a_{12} & a_{13} & a_{14}\\a_{21} & a_{22} & a_{23} & a_{24}\\\hdashline a_{31} & a_{32} & a_{33} & a_{34}\end{array}\right]$。

（2）$\boldsymbol{A}=\left[\begin{array}{c:cc:c}a_{11} & a_{12} & a_{13} & a_{14}\\a_{21} & a_{22} & a_{23} & a_{24}\\\hdashline a_{31} & a_{32} & a_{33} & a_{34}\end{array}\right]$。

（3）$\boldsymbol{A}=\left[\begin{array}{c:c:c:c}a_{11} & a_{12} & a_{13} & a_{14}\\a_{21} & a_{22} & a_{23} & a_{24}\\a_{31} & a_{32} & a_{33} & a_{34}\end{array}\right]$。

分法（1）可记为

$$\boldsymbol{A}=\begin{bmatrix}\boldsymbol{A}_{11} & \boldsymbol{A}_{12}\\\boldsymbol{A}_{21} & \boldsymbol{A}_{22}\end{bmatrix}$$

式中，$\boldsymbol{A}_{11}=\begin{bmatrix} a_{11} & a_{12} \\ a_{21} & a_{22} \end{bmatrix}$；$\boldsymbol{A}_{12}=\begin{bmatrix} a_{13} & a_{14} \\ a_{23} & a_{24} \end{bmatrix}$；$\boldsymbol{A}_{21}=\begin{bmatrix} a_{31} & a_{32} \end{bmatrix}$；$\boldsymbol{A}_{22}=\begin{bmatrix} a_{33} & a_{34} \end{bmatrix}$。

假设矩阵 $\boldsymbol{A}$ 可以做如下分块：

$$\boldsymbol{A}=\begin{bmatrix} \boldsymbol{A}_1 & & & \boldsymbol{O} \\ & \boldsymbol{A}_2 & & \\ & & \ddots & \\ \boldsymbol{O} & & & \boldsymbol{A}_s \end{bmatrix}$$

若 $\boldsymbol{A}_i\,(i=1,2,\cdots,s)$ 都是方阵，那么称 $\boldsymbol{A}$ 为分块对角矩阵。

分块对角矩阵的行列式具有下述性质：

$$|\boldsymbol{A}|=|\boldsymbol{A}_1||\boldsymbol{A}_2|\cdots|\boldsymbol{A}_s|$$

由此性质可知，若 $\boldsymbol{A}_i\,(i=1,2,\cdots,s)$，则 $|\boldsymbol{A}|\neq 0$，并有

$$\boldsymbol{A}^{-1}=\begin{bmatrix} \boldsymbol{A}_1^{-1} & & & \boldsymbol{O} \\ & \boldsymbol{A}_2^{-1} & & \\ & & \ddots & \\ \boldsymbol{O} & & & \boldsymbol{A}_s^{-1} \end{bmatrix}$$

利用矩阵分块法，可以做很多运算，如下面两个例子。

【例 1-23】 矩阵 $\boldsymbol{A}$ 和 $\boldsymbol{B}$ 为

$$\boldsymbol{A}=\begin{bmatrix} 1 & 0 & 0 & 0 \\ 0 & 1 & 0 & 0 \\ -1 & 2 & 1 & 0 \\ 1 & 1 & 0 & 1 \end{bmatrix},\quad \boldsymbol{B}=\begin{bmatrix} 1 & 0 & 1 & 0 \\ -1 & 2 & 0 & 1 \\ 1 & 0 & 4 & 1 \\ -1 & -1 & 2 & 0 \end{bmatrix}$$

求 $\boldsymbol{AB}$。

解：把 $\boldsymbol{A}$、$\boldsymbol{B}$ 分块成

$$\boldsymbol{A}=\left[\begin{array}{cc:cc} 1 & 0 & 0 & 0 \\ 0 & 1 & 0 & 0 \\ \hdashline -1 & 2 & 1 & 0 \\ 1 & 1 & 0 & 1 \end{array}\right]=\begin{bmatrix} \boldsymbol{E} & \boldsymbol{O} \\ \boldsymbol{A}_1 & \boldsymbol{E} \end{bmatrix}$$

$$\boldsymbol{B}=\left[\begin{array}{cc:cc} 1 & 0 & 1 & 0 \\ -1 & 2 & 0 & 1 \\ \hdashline 1 & 0 & 4 & 1 \\ -1 & -1 & 2 & 0 \end{array}\right]=\begin{bmatrix} \boldsymbol{B}_{11} & \boldsymbol{E} \\ \boldsymbol{B}_{21} & \boldsymbol{B}_{22} \end{bmatrix}$$

根据

$$\boldsymbol{AB}=\begin{bmatrix} \boldsymbol{E} & \boldsymbol{O} \\ \boldsymbol{A}_1 & \boldsymbol{E} \end{bmatrix}\begin{bmatrix} \boldsymbol{B}_{11} & \boldsymbol{E} \\ \boldsymbol{B}_{21} & \boldsymbol{B}_{22} \end{bmatrix}=\begin{bmatrix} \boldsymbol{B}_{11} & \boldsymbol{E} \\ \boldsymbol{A}_1\boldsymbol{B}_{11}+\boldsymbol{B}_{21} & \boldsymbol{A}_1+\boldsymbol{B}_{22} \end{bmatrix}$$

而

$$A_1B_{11}+B_{21}=\begin{bmatrix}-1 & 2\\ 1 & 1\end{bmatrix}\begin{bmatrix}1 & 0\\ -1 & 2\end{bmatrix}+\begin{bmatrix}1 & 0\\ -1 & -1\end{bmatrix}$$

$$=\begin{bmatrix}-3 & 4\\ 0 & 2\end{bmatrix}+\begin{bmatrix}1 & 0\\ -1 & -1\end{bmatrix}=\begin{bmatrix}-2 & 4\\ -1 & 1\end{bmatrix}$$

$$A_1+B_{22}=\begin{bmatrix}-1 & 2\\ 1 & 1\end{bmatrix}+\begin{bmatrix}4 & 1\\ 2 & 0\end{bmatrix}=\begin{bmatrix}3 & 3\\ 3 & 1\end{bmatrix}$$

于是求得

$$AB=\left[\begin{array}{cc:cc}1 & 0 & 1 & 0\\ -1 & 2 & 0 & 1\\ \hdashline -2 & 4 & 3 & 3\\ -1 & 1 & 3 & 1\end{array}\right]$$

MATLAB 程序如下：

```
A=[1 0 0 0;0 1 0 0;-1 2 1 0;1 1 0 1];
B=[1 0 1 0;-1 2 0 1;1 0 4 1;-1 -1 2 0];
A11=A(1:2,1:2);
A12=A(1:2,3:4);
A21=A(3:4,1:2);
A22=A(3:4,3:4);
B11=B(1:2,1:2);
B12=B(1:2,3:4);
B21=B(3:4,1:2);
B22=B(3:4,3:4);
C=[A11*B11+A12*B21  A11*B12+A12*B22;A21*B11+A22*B21  A21*B12+A22*B22]
```

计算结果如下：

```
C =
    1    0    1    0
   -1    2    0    1
   -2    4    3    3
   -1    1    3    1
```

【例 1-24】 设 $A=\begin{bmatrix}5 & 0 & 0\\ 0 & 3 & 1\\ 0 & 2 & 1\end{bmatrix}$，求 A^{-1}。

解：

$$A=\begin{bmatrix}5 & 0 & 0\\ 0 & 3 & 1\\ 0 & 2 & 1\end{bmatrix}=\begin{bmatrix}A_1 & O\\ O & A_2\end{bmatrix}$$

$$A_1=[5],\ A_1^{-1}=\left[\frac{1}{5}\right]$$

$$A_2=\begin{bmatrix}3 & 1\\ 2 & 1\end{bmatrix},\ A_2^{-1}=\begin{bmatrix}1 & -1\\ -2 & 3\end{bmatrix}$$

所以

$$A^{-1}=\left[\begin{array}{c|cc}\frac{1}{5} & 0 & 0\\ \hline 0 & 1 & -1\\ 0 & -2 & 3\end{array}\right]$$

MATLAB 程序如下：

```
A=[5 0 0;0 3 1;0 2 1];
A11=A(1,1);
A12=A(1,2:3);
A21=A(2:3,1);
A22=A(2:3,2:3);
B=[inv(A11) A12;A21 inv(A22)]
```

计算结果如下：

```
B =
   0.2000         0         0
        0    1.0000   -1.0000
        0   -2.0000    3.0000
```

1.8 工 程 算 例

1. 机械臂运动学分析

某机械臂的 6 个关节都是转动关节，如图 1-5 所示。前 3 个关节确定手腕参考点的位置，后 3 个关节确定手腕的位置，后 3 个关节轴线交于一点。将该交点选作手腕的参

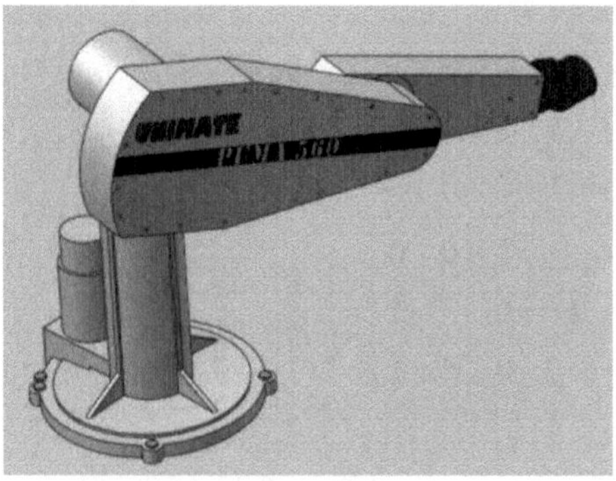

图 1-5　某机械臂结构示意图

考点，也选作连杆坐标系{4}、{5}和{6}的原点。关节 1 的轴线为铅直方向，关节 2 和 3 的轴线水平且平行，距离为 a_2。关节 1 和 2 的轴线垂直相交，关节 3 和 4 的轴线垂直交错，距离为 a_3。

各连杆坐标系如图 1-6 所示，$a_2 = 431.8\text{mm}$，$a_3 = 20.32\text{mm}$，$d_2 = 149.09\text{mm}$，$d_4 = 433.07\text{mm}$。该机械臂的连杆与关节（D-H）参数列于表 1-1。

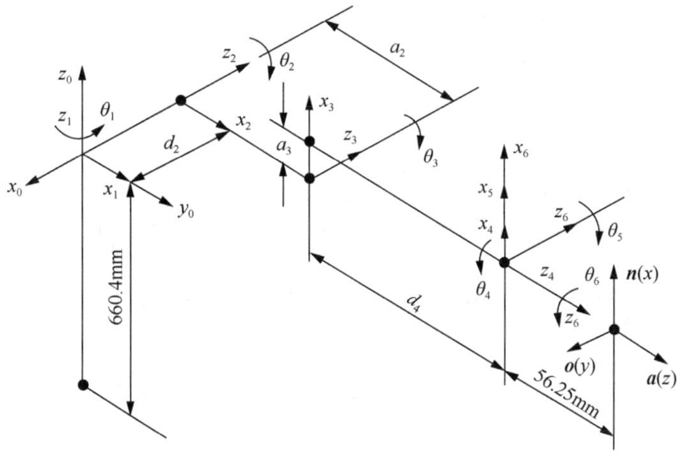

图 1-6　某机械臂的连杆坐标系

表 1-1　某机械臂的 D-H 参数

连杆i	变量θ_i	α_{i-1}	a_{i-1}	d_i	变量范围
1	$\theta_1(90^\circ)$	0°	0	0	−160° ~160°
2	$\theta_2(0^\circ)$	−90°	0	d_2	−225° ~45°
3	$\theta_3(-90^\circ)$	0°	a_2	0	−45° ~225°
4	$\theta_4(0^\circ)$	−90°	a_3	d_4	−110° ~170°
5	$\theta_5(0^\circ)$	90°	0	0	−100° ~100°
6	$\theta_6(0^\circ)$	−90°	0	0	−266° ~266°

采用表 1-1 中的 D-H 参数，对该机械臂进行运动学建模，得到

$$^0T_6 = {}^0T_1(\theta_1){}^1T_2(\theta_2){}^2T_3(\theta_3){}^3T_4(\theta_4){}^4T_5(\theta_5){}^5T_6(\theta_6)$$

式中，

$$^{i-1}T_i = \begin{bmatrix} \cos\theta_i & -\sin\theta_i & 0 & a_{i-1} \\ \sin\theta_i\cos\alpha_{i-1} & \cos\theta_i\cos\alpha_{i-1} & -\sin\alpha_{i-1} & -d_i\sin\alpha_{i-1} \\ \sin\theta_i\sin\alpha_{i-1} & \cos\theta_i\sin\alpha_{i-1} & \cos\alpha_{i-1} & d_i\cos\alpha_{i-1} \\ 0 & 0 & 0 & 1 \end{bmatrix}$$

【例 1-25】 采用表 1-1 中的 D-H 参数，对上述某机械臂进行运动学分析。

给定关节转角 $\theta_2 = 0^\circ$，$\theta_4 = 0^\circ$，$\theta_5 = 0^\circ$，$\theta_6 = 0^\circ$。计算 $\theta_1 = -80^\circ \sim 80^\circ$，$\theta_3 = -45^\circ \sim 225^\circ$ 时，该机械臂的末端位置。

MATLAB 程序如下：

```
clear all
clc
th2=0;
th4=0;
th5=0; th6=0;
ang=[0 -90 0 -90 90 -90]*pi/180;
a=[0 0 431.8 20.32 0 0];
d=[0 149.09 0 433.07 0 0];
P=[];
for th1=-80*pi/180:0.1:80*pi/180
    for th3=-45*pi/180:0.1:225*pi/180
        T1=[cos(th1) -sin(th1) 0 a(1);...,
          sin(th1)*cos(ang(1)) cos(th1)*cos(ang(1)) -sin(ang(1)) -d(1)*
sin(ang(1));...,
          sin(th1)*sin(ang(1)) cos(th1)*sin(ang(1)) cos(ang(1)) d(1)*
cos(ang(1));0 0 0 1];
        T2=[cos(th2) -sin(th2) 0 a(2);...,
          sin(th2)*cos(ang(2)) cos(th2)*cos(ang(2)) -sin(ang(2)) -d(2)*
sin(ang(2));...,
          sin(th2)*sin(ang(2))     cos(th2)*sin(ang(2))     cos(ang(2))
d(2)*cos(ang(2));0 0 0 1];
        T3=[cos(th3) -sin(th3) 0 a(3);...,
          sin(th3)*cos(ang(3)) cos(th3)*cos(ang(3)) -sin(ang(3)) -d(3)*
sin(ang(3));...,
          sin(th3)*sin(ang(3)) cos(th3)*sin(ang(3)) cos(ang(3)) d(3)*
cos(ang(3));0 0 0 1];
        T4=[cos(th4) -sin(th4) 0 a(4);...,
          sin(th4)*cos(ang(4)) cos(th4)*cos(ang(4)) -sin(ang(4)) -d(4)*
sin(ang(4));...,
          sin(th4)*sin(ang(4)) cos(th4)*sin(ang(4)) cos(ang(4)) d(4)*
cos(ang(4));0 0 0 1];
        T5=[cos(th5) -sin(th5) 0 a(5);...,
          sin(th5)*cos(ang(5)) cos(th5)*cos(ang(5)) -sin(ang(5)) -d(5)*
sin(ang(5));...,
          sin(th5)*sin(ang(5)) cos(th5)*sin(ang(5)) cos(ang(5)) d(5)*
cos(ang(5));0 0 0 1];
        T6=[cos(th6) -sin(th6) 0 a(6);...,
          sin(th6)*cos(ang(6)) cos(th6)*cos(ang(6)) -sin(ang(6)) -d(6)*
sin(ang(6));...,
          sin(th6)*sin(ang(6)) cos(th6)*sin(ang(6)) cos(ang(6)) d(6)*
cos(ang(6));0 0 0 1];
        T=T1*T2*T3*T4*T5*T6;
        P=[P T(1:3,4)];
    end
end
```

```
plot3(P(1,:),P(2,:),P(3,:),'LineStyle','none','Marker','.')
grid on
```

计算结果如图 1-7 所示。

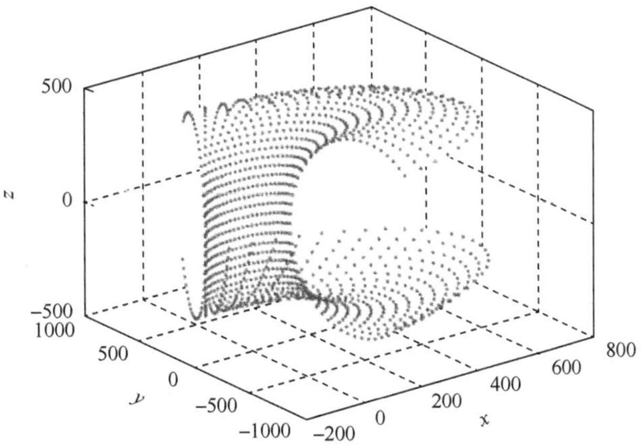

图 1-7　某机械臂的部分工作空间

2. 某焊接机器人姿态的图形化处理

焊接机器人在工业领域的应用非常广泛，其主要组成部分为机械臂结构，如图 1-8 与图 1-1（a）所示。作为典型的多体系统，机械臂是大多数机器人机械系统的重要组成部分，一般是由机座、腰部、大臂、小臂、腕部和手部构成。在设计手臂时，须根据末端抓取重量、自由度数、工作范围、运动速度及机械手的整体布局和工作条件等因素综合考虑，以达到动作准确、可靠、灵活、结构紧凑、刚度大、自重小，从而保证一定的位置精度。

对机械臂末端进行轨迹规划，不仅要求机械臂末端可以完成指定轨迹，同时还要求机械臂本体运动能够满足指定工作空间下运动，不会发生干涉等问题，图 1-1（b）为给定两关节角度时，机械臂的实时位姿。

图 1-8　某焊接机器人

【例 1-26】 以上述某焊接机器人机械臂为例，如图 1-1（b）所示，对姿势形态及末端轨迹进行基于 MATLAB 的图形化处理。$l_1 = 0.5$，$l_2 = 0.8$，$\theta_1 = 110°$，$\theta_2 = 240°$。

MATLAB 程序如下：

```
clear
clc
N=10;
theda1_0=110;
theda1_rot=50;
theda2_0=180+60;
theda2_rot=30;

theda1=[theda1_0:theda1_rot/N:(theda1_0+theda1_rot)]/180*pi;
theda2=[theda2_0:theda2_rot/N:(theda2_0+theda2_rot)]/180*pi;
size(theda1);
x0=zeros(1,N+1);
y0=zeros(1,N+1);

L1=0.5;
L2=0.8;
x1=L1*cos(theda1);
y1=L1*sin(theda1);
xender=L1*cos(theda1)+L2*cos(theda1+theda2);
yender=L1*sin(theda1)+L2*sin(theda1+theda2);

for i=1:N+1
    plot([x0(i) x1(i) xender(i)],[y0(i) y1(i) yender(i)],'-o')
    hold on
end
```

计算结果如图 1-9 所示。

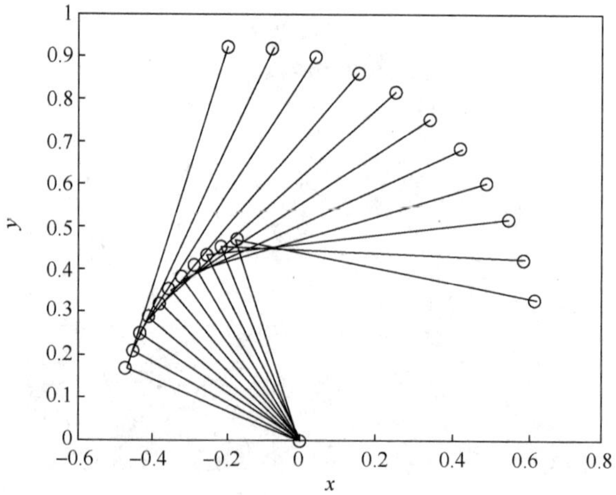

图 1-9　某焊接机器人机械臂末端轨迹

习　　题

1-1　分别建立两个 3×3 随机矩阵 $\boldsymbol{A}$ 和 $\boldsymbol{B}$，并对它们进行相乘、左除、右除运算。

1-2　利用 tril 与 triu 函数对矩阵 $\boldsymbol{A}$ 分别进行下三角阵与上三角阵的抽取，其中，

$$\boldsymbol{A}=\begin{bmatrix}1&2&3&4\\2&1&2&3\\3&2&1&2\\4&3&2&1\end{bmatrix}$$

1-3　建立一个 4×4 标准正态分布随机矩阵，分别向$-\infty$与$+\infty$方向取整。

1-4　建立一个 3×3 标准正态分布随机矩阵，对其对角线元素进行提取。

1-5　计算 $\boldsymbol{A}\cdot\boldsymbol{B}$，$\boldsymbol{A}=\begin{bmatrix}a&b&c\\b&c&d\\a&c&b\end{bmatrix}$，$\boldsymbol{B}=\begin{bmatrix}a&e&b\\e&f&g\\f&g&h\end{bmatrix}$。

1-6　矩阵乘积顺序会影响计算结果，试计算矩阵

$$\boldsymbol{A}=\begin{bmatrix}-2&3\\4&-1\end{bmatrix}\text{与}\boldsymbol{B}=\begin{bmatrix}6&4\\-3&1\end{bmatrix}$$

的乘积 $\boldsymbol{AB}$ 和 $\boldsymbol{BA}$。

1-7　已知矩阵 $\boldsymbol{A}=\begin{bmatrix}1&0&0\\2&5&7\\0&2&9\end{bmatrix}$，计算 $\boldsymbol{A}^{-1}$ 。

1-8　已知矩阵 $\boldsymbol{A}=\begin{bmatrix}1&0&0\\2&5&7\\0&2&9\end{bmatrix}$，对其第 1 行第 2 列和第 2 行第 3 列元素进行提取。

1-9　计算 $\boldsymbol{A}/\boldsymbol{B}$ 和 $\boldsymbol{B}/\boldsymbol{A}$，矩阵 $\boldsymbol{A}$、$\boldsymbol{B}$ 分别为

$$\boldsymbol{A}=\begin{bmatrix}8&-3\\2&1\end{bmatrix}\text{与}\boldsymbol{B}=\begin{bmatrix}-3&4\\9&2\end{bmatrix}$$

1-10　采用表 1-1 中的 D-H 参数，对机械臂进行运动学分析。

给定关节转角 $\theta_2=0^\circ$，$\theta_4=0^\circ$，$\theta_5=0^\circ$，$\theta_6=0^\circ$。计算 $\theta_1=-60^\circ\sim 70^\circ$，$\theta_3=25^\circ\sim 200^\circ$ 时，该机械臂的末端位置。

第 2 章　插值与拟合算法

在机械工程中，在很多场合下需要对数据进行函数逼近，涉及插值和拟合这类数学计算方法。插值是指已知某函数在若干离散点上的函数值或者导数信息，通过求解该函数中待定形式的插值函数及其待定系数，使得该函数在给定离散点上满足约束。拟合是把一系列的点用一条光滑的曲线连接起来，因为这条曲线有无数种可能，从而有各种拟合方法，即不同的拟合函数。本章以点焊机械臂对齿轮型面进行补焊为工程背景，介绍插值和拟合的基本原理、MATLAB 算法，并给出若干算例。

2.1　工程应用背景简介

工业机械臂可以用于机械零部件的焊接、修复、打磨、搬运、安装等很多操作，首先需要对机械臂的运动轨迹加以规划。工业机械臂如图 2-1 所示。

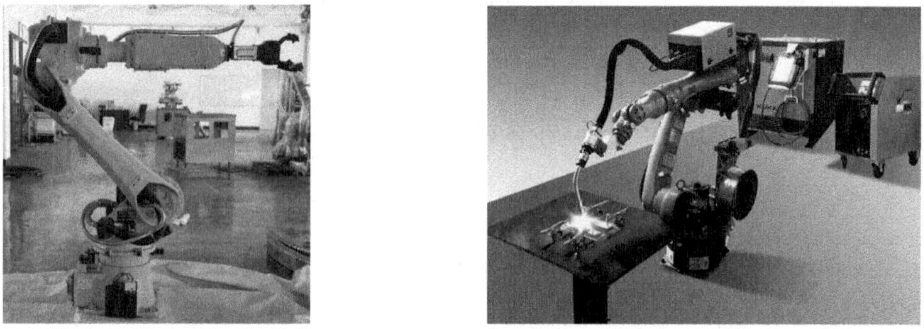

（a）静止状态　　　　（b）工作状态

图 2-1　工业机械臂

利用焊接机械臂对图 2-2（a）所示的损伤齿轮型面进行补焊修复时，焊枪头的运动轨迹沿着理想的齿廓曲线设计，如图 2-2（b）所示。

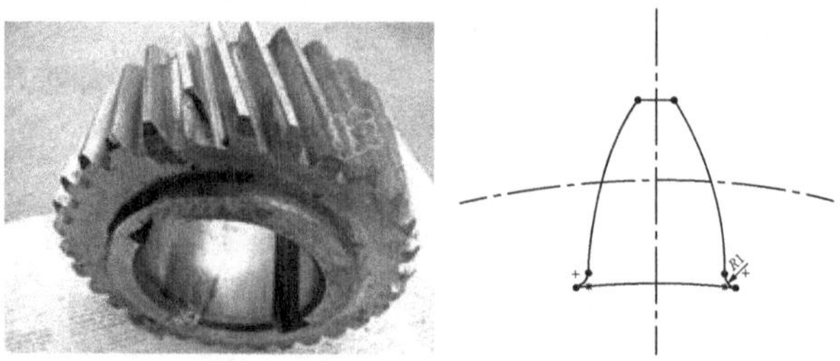

（a）　　　　（b）

图 2-2　损伤齿轮型面与齿廓曲线示意图

齿轮型面的齿廓一般是渐开线齿廓。在机械工业中广泛使用齿轮传递动力。由于渐开线齿形的齿轮磨损少，传动平稳，制造安装较为方便，因此大多数齿轮采用这种齿形。设计加工这种齿轮，需要借助圆的渐开线方程。这种曲线具有复杂的函数形式。进行机械臂轨迹规划时，需要对渐开线曲线进行插值处理。

（1）渐开线的形成原理如下。

在平面上，一条动直线（发生线）沿着一个固定的圆（基圆）做纯滚动时，此动直线上一点的轨迹称为圆的渐开线。

以渐开线作为齿轮齿廓曲线的齿轮轮齿的可用齿廓是由同一基圆的两条相反（对称）的渐开线组成的，如图 2-3 与图 2-4 所示。

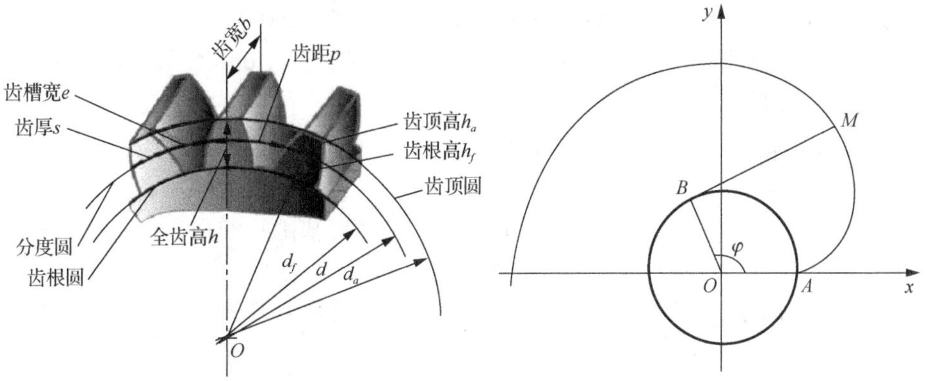

（a）　（b）

图 2-3　齿轮齿廓渐开线的生成

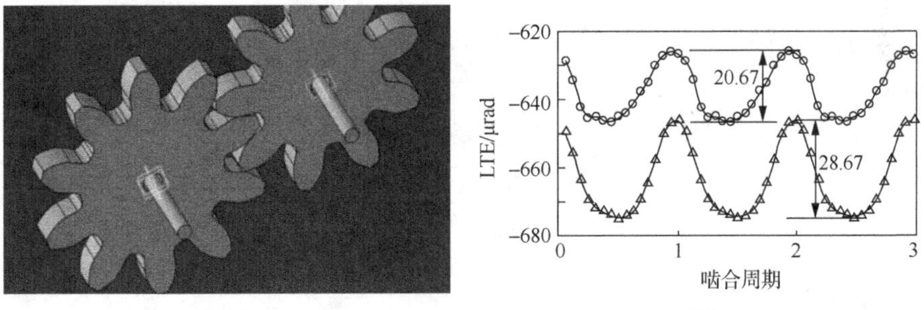

（a）　（b）

图 2-4　渐开线曲线形状示意图

LTE 表示承载传动误差

（2）渐开线的参数方程如式（2-1）所示。

$$\begin{cases} x = r(\cos\varphi + \varphi\sin\varphi) \\ y = r(\sin\varphi - \varphi\cos\varphi) \end{cases} \quad (\varphi\text{是参数}) \tag{2-1}$$

对上述工程对象如齿轮齿廓的函数插值，就需要采用插值计算方法。

2.2　插值基本原理

插值法是构造某一函数 $f(x)$ 的近似表达式的数学计算方法，即利用原函数 $f(x)$ 的某些节点的值，形成利用多项式形式的简单函数 $P(x)$ 进行逼近的算法，要求在节点上的数值完全一致，节点附近的值可以存在差异。其定义为

设函数 $f(x)$ 在区间 $[a, b]$ 上有定义，且已知 y 在 $n+1$ 个节点 $a \leqslant x_0 < \cdots < x_n \leqslant b$ 上的值为 $y_0, y_1, \cdots, y_n$，若存在简单函数 $P(x)$，使 $P(x)=y_i \, (i=0,1,\cdots,n)$ 成立，就称 $P(x)$ 为 $f(x)$ 关于节点 $x_0, x_1, \cdots, x_n$ 的插值函数，点 $x_0, x_1, \cdots, x_n$ 称为插值节点，包含插值节点的区间 $[a, b]$ 称为插值区间，$f(x)$ 称为被插函数，求插值函数 $P(x)$ 的方法称为插值法。

插值方法有很多种，包括多项式插值、拉格朗日插值、Hermite 插值、样条插值等，下面主要介绍前两种。

2.2.1　多项式插值法

若 $P(x)$ 是一个最多 n 次的代数多项式，且 n 也是已知函数的数值点总数，有

$$P(x)=a_0+a_1x+\cdots+a_nx^n \tag{2-2}$$

式中，a_i 为实数；称 $P(x)$ 为插值多项式，相应的插值法称为多项式插值法，若 $P(x)$ 为分段的多项式，就是分段多项式插值法。

关于上述定义的具体描述如下。

1. 插值

已知实验数值如下，通过插值求过已知有限个数据点的近似函数，即求 x 与 y 的函数关系 $f(x)$。

已知有限个数据点如下，求 x 与 y 的函数关系 $f(x)$。

x	x_0	x_1	$\cdots$	x_n
y	y_0	y_1	$\cdots$	y_n

（2-3）

2. 插值多项式

求已知函数 $f(x)$ 在区间 $[a,b]$ 上的 $n+1$ 个不同点 $x_0, x_1, \cdots, x_n$ 处的函数值 $y_i=f(x_i)\,(i=0,1,\cdots,n)$，求一个最多 n 次的多项式

$$\varphi_n(x)=a_0+a_1x+\cdots+a_nx^n \tag{2-4}$$

使其满足在给定点处与 $f(x)$ 同值，即满足插值条件

$$\varphi_n(x_i)=f(x_i)=y_i \quad (i=0,1,\cdots,n) \tag{2-5}$$

n 次多项式（2-3）有 $n+1$ 个待定系数，由插值条件式（2-4）给出 $n+1$ 个方程

$$\begin{cases} a_0 + a_1x_0 + a_2x_0^2 + \cdots + a_nx_0^n = y_0 \\ a_0 + a_1x_1 + a_2x_1^2 + \cdots + a_nx_1^n = y_1 \\ \cdots\cdots \\ a_0 + a_1x_n + a_2x_n^2 + \cdots + a_nx_n^n = y_n \end{cases} \tag{2-6}$$

即此方程组的系数矩阵为 $\boldsymbol{A}$，其行列式为

$$\det \boldsymbol{A} = \begin{vmatrix} 1 & x_0 & x_0^2 & \cdots & x_0^n \\ 1 & x_1 & x_1^2 & \cdots & x_1^n \\ \vdots & \vdots & \vdots & & \vdots \\ 1 & x_n & x_n^2 & \cdots & x_n^n \end{vmatrix} \tag{2-7}$$

式（2-7）是范德蒙德行列式，因为 $x_0, x_1, \cdots, x_n$ 互不相同，此行列式的值不为零，有唯一解

$$a_i = \frac{|\boldsymbol{A}_i^*|}{|\boldsymbol{A}|} \tag{2-8}$$

由此可见，多项式插值就是要求过 n+1 个点 $(x_k, y_k)(k = 0,1,\cdots,n)$ 的 n 次代数曲线 $y = P_n(x)$ 作为 $f(x)$ 的近似，如图 2-5 所示。

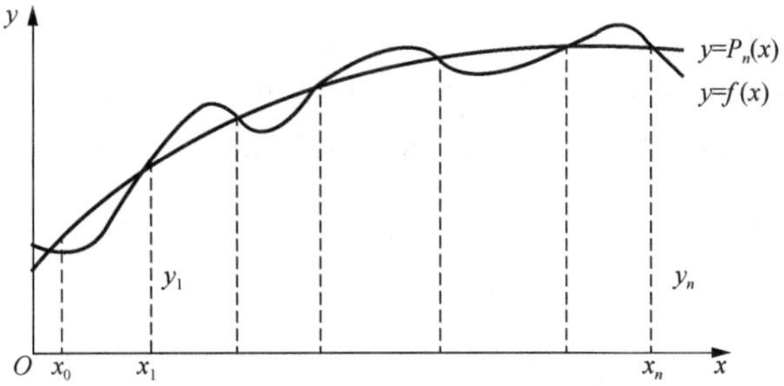

图 2-5　多项式插值原理示意图

2.2.2　拉格朗日插值法

拉格朗日插值法为常用的插值算法。先定义如下基函数：

$$l_i(x) = \prod_{\substack{j=0 \\ j\neq 1}}^{n} \frac{x - x_i}{x - x_j} \quad (i = 0,1,2,\cdots,n) \tag{2-9}$$

利用已知数据点可以计算得到基函数。

根据上述基函数构造出的插值多项式即拉格朗日插值多项式为

$$p_n = \sum_{i=0}^{n} f(x_i) l(x_i) \tag{2-10}$$

$P_n(x)$ 通式为

$$P_n(x) = \sum_{i=0}^{n} y_i l_i(x) = \sum_{i=0}^{n} y_i \prod_{\substack{j=0 \\ j\neq 0}}^{n} \frac{x - x_j}{x_i - x_j} \tag{2-11}$$

2.3　拉格朗日插值的算法流程与算例

2.3.1　计算步骤

（1）在自变量 x 的范围[a, b]内，给定 n 个不等距结点 x_i $(i=1,2,\cdots,n)$，根据原函数 $f(x)$，可知这些节点的函数值为 $y_i=f(x_i)$。

（2）设置 n 阶（或低于 n 阶）拉格朗日插值的基函数多项式如式（2-12）所示：

$$l_i(x)=\prod_{\substack{j=0\\ j\neq 1}}^{n}\frac{x-x_j}{x_i-x_j}\quad (i=0,1,2\cdots,n) \tag{2-12}$$

（3）在自变量 x 的范围[a, b]内，利用如下拉格朗日插值公式，可以计算出某个所指定点 $x_{\_\text{intp}}$ 处的数值，即原函数在此点的近似值 $y_{\_\text{intp}}$ 为

$$y_{\_\text{intp}}=\sum_{i=0}^{n}y_i\prod_{\substack{j=0\\ j\neq 1}}^{n}\left[\left(x_{\_\text{intp}}-x_j\right)/\left(x_i-x_j\right)\right] \tag{2-13}$$

（4）对原函数在所指定点 $x_{\_\text{intp}}$ 处的真实值 $f\left(x_{\_\text{intp}}\right)$ 与插值得到的近似值 $y_{\_\text{intp}}$ 进行对比，可以评价插值精度。

【例 2-1】 对谐波函数 y=sin$x$ 进行插值，插值范围为 $x=45°\sim60°$，此范围内的已知点为不均等间距，如 $x_i=[45°\ \ 46°\ \ 48°\ \ 51°\ \ 55°\ \ 60°\ ]$，求 $x_{\_\text{intp}}=50°$ 时的逼近值。

MATLAB 程序如下：

```
clear
clc
cheta=[45 46 48 51 55 60]
xi=cheta*pi/180
yi=1*sin(xi+0.0)
n = length(xi)-1;
x_intp=50;
z=x_intp*pi/180;
Pn = 0;
for i = 0:n
L = yi(i+1);
  for j=0:i-1
      L = L*(z-xi(j+1))/(xi(i+1)-xi(j+1));
  end
  for j=i+1:n
      L = L*(z-xi(j+1))/(xi(i+1)-xi(j+1));
  end
Pn = Pn +L;
end
%%simplify(f);
Pn
```

```
delta=Pn-sin(z)
plot(cheta,yi,'-o')
hold on
plot (x_intp,Pn,'*')
grid on
```

计算结果如下：

```
Pn =0.7724
delta =-6.0744e-11
```

对比 delta 值，在 50° 附近的区域内，采用 6 点逼近的结果较好，如图 2-6 所示。

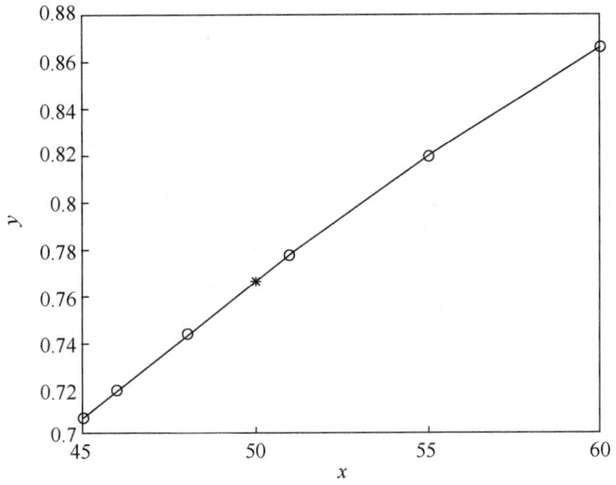

图 2-6　插值点与结果

2.3.2　计算有效性讨论

采用一定阶数的拉格朗日插值时，有如下几个方面的对比，以了解计算有效性。

（1）原函数在指定点附近的区域内变化大，而采用的逼近多项式阶数较低，会出现较大误差。例如，对于正弦函数在顶点附近范围内变化剧烈，且采用的低阶的甚至一阶线性插值的情况，误差比较大。

【例 2-2】 对谐波函数 $y=\sin x$ 进行插值，插值范围为 $x=45°\sim109°$，其间的已知点为不均等间距，如 x_i=[45°　46°　48°　51°　55°　60°　66°　73°　81°　90°　99°　109°]，求 $x_{\_\mathrm{intp}}=93°$ 时的逼近值。

MATLAB 程序如下：

```
clear
clc
cheta=[45 46 48 51 55 60 66 73 81 90 99 109];
xi=cheta*pi/180;
yi=1*sin(xi+0.0);
n = length(xi)-1;
x_intp=93;
```

```
z=x_intp*pi/180;
for k=1:n+1-1
    if x_intp>=cheta(k) && x_intp<=cheta(k+1)
        t=k
    end
end
m=1   % order=1,2,3,...
a=t
b=t+m
Pn = 0;
for (i = a:b)
L = yi(i+1);
    for j=a:i-1
        L = L*(z-xi(j+1))/(xi(i+1)-xi(j+1));
    end
    for j=i+1:b
        L = L*(z-xi(j+1))/(xi(i+1)-xi(j+1));
    end
Pn = Pn +L;
end
Pn
delta=Pn-sin(z)
plot(cheta,yi,'-o')
hold on
plot (x_intp,Pn,'*')
grid on
```

计算结果如下：

```
Pn =1.0130
delta =0.0144
```

插值结果对比如图 2-7 所示。

（2）通常可以在整个数据范围内（共 n 个节点），对于某指定点 t（对应的数据值为 $x_{\_intp}$），在其附近自动选择 8 个节点进行插值，且插值点 $x_{\_intp}$ 位于它们的中间（当然，当插值点 $x_{\_intp}$ 靠近 n 个节点的两端时，选取的节点数将少于 8 个），即

$$x_k < x_{k+1} < x_{k+2} < x_{k+3} < x_{\_intp} < x_{k+4} < x_{k+5} < x_{k+6} < x_{k+7}$$

也就是说，利用一个七阶拉格朗日插值多项式计算插值结点 $x_{\_intp}$ 处的函数近似值，$y_{\_intp} = f\left(x_{\_intp}\right) = P_n$，即

$$y_{\_intp} = \sum_{i=k}^{k+7} y_i \prod_{\substack{j=k \\ j\neq 1}}^{k+7} \left[\left(x_{\_intp} - x_j\right)\Big/\left(x_i - x_j\right)\right] \tag{2-14}$$

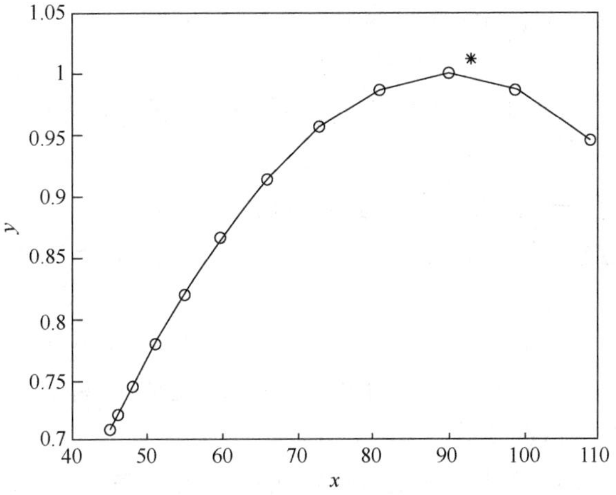

图 2-7　插值结果对比

一般具有较好的计算精度。

参考上面的程序，改 m=7，在基础数据足够多的情况下，精度足够高。

【例 2-3】 利用七阶拉格朗日插值多项式计算插值节点 x=0.63 处的函数近似值。

MATLAB 程序如下：

```
clear
clc
x1=[0.10,0.15,0.25,0.40,0.50,0.57,0.70,0.85,0.93,1.00];
y1=[0.90,0.86,0.77,0.67,0.60,0.56,0.49,0.42,0.39,0.36];
xx=0.63
z= lagrange (x1,y1,xx)
vpa(z)
%%%%%%%%%%%%%%
function yy= lagrange (x1,y1,xx)
```

%本程序为拉格朗日 1-D 插值，其中 x1、y1 为插值节点和节点上的函数值，输出为插值点 xx 的函数值，xx 可以是向量。

```
syms x;
n=length(x1);
for i=1:n;
    t=x1;
    t(i)=[];
    L(i)=prod((x-t)./(x1(i)-t));% L 向量用来存放插值基函数
end
u=sum(L.*y1);
p=simplify(u)             % p 是简化后的拉格朗日插值函数(字符串)
yy=subs(p,x,xx);          % p 是以 x 为自变量的函数，并求 xx 处的函数值
end
```

计算结果如下：

```
ans = 0.528425233279950859528702123744 35
```

2.4　MATLAB 中的插值算法

MATLAB 提供了 interp1 函数用于进行一维多项式插值。interp1 函数使用多项式技术，用多项式函数通过所提供的数据点，并计算目标插值点上的插值函数。其调用格式如下。

➢ yi=interp1(x,Y,xi)：对一组节点(x,Y)进行插值，计算插值点 x_i 的函数值。x 为节点向量值，Y 为对应的节点函数值。如果 Y 为矩阵，则插值对 Y 的每一列进行；如果 Y 的阶数超过 x 或 x_i 的阶数，返回 NaN。

➢ yi=interp1(Y,xi)：默认 x=l:n，n 为 Y 的元素个数值。

➢ yi=interp1(x,Y,xi,method)：method 为指定的插值使用算法，默认为线性算法。其值可以取以下几种类型。

nearest：线性最近项插值。

linear：线性插值（默认项）。

spline：三次样条插值。

pchip：分段三次埃尔米特（Hermite）插值。

其中，对于 nearest 与 linear 方法，如果 x_i 超出 x 的范围，返回 NaN；而对于其他几种方法，系统将对超出范围的值进行外推计算。

➢ yi=interp1(x,Y,xi,method,'extrap')：利用指定的方法对超出范围的值进行外推计算。

➢ yi=interp1(x,Y,xi,method,extrapval)：返回标量 extrapval 为超出范围值。

➢ pp=interp1(x,Y,xi,method,'pp')：利用指定的方法产生分段多项式。

【例 2-4】 已知一元不等距列表函数值如下：

x=[0.10　0.15　0.25　0.40　0.50　0.57　0.70　0.85　0.93　1.00]

y=[0.90　0.86　0.77　0.67　0.60　0.56　0.49　0.42　0.39　0.36]

利用拉格朗日插值公式，计算 t=0.63 处的函数近似值。

MATLAB 程序如下：

```
clear
clc
x=[0.10,0.15,0.25,0.40,0.50,0.57,0.70,0.85,0.93,1.00];
y=[0.90,0.86,0.77,0.67,0.60,0.56,0.49,0.42,0.39,0.36];
A=x(1,:);
B=y(1,:);
t=0.63;                              %插值区间
z = interp1(A,B,t,'linear')          %插值
%plot(A,B,'o',xx1,y1,'r')
plot(A,B,'-*')
```

```
hold on
plot(t,z,'o')
grid on
```

计算结果如图 2-8 所示，结果如下：

```
z = 0.5277
```

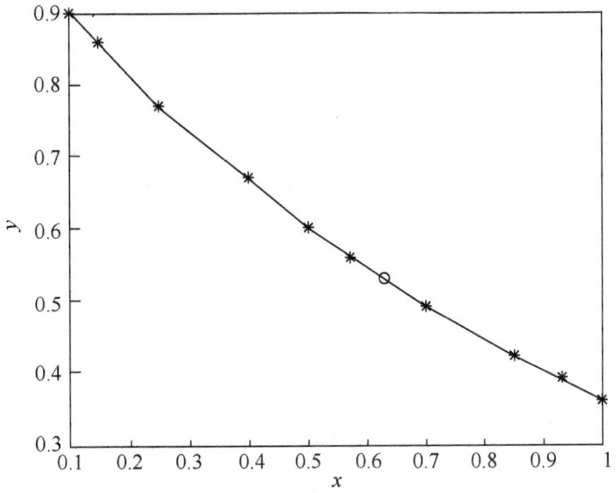

图 2-8　插值结果

【例 2-5】 已知数据点来自函数 $f(x)=(x-12x+9)\mathrm{e}^{-2x}\cos x$，根据生成的数据进行插值处理，得出较平滑的曲线。

MATLAB 程序如下：

```
clear all;
x=0:0.10:1;
y=(x.^2-12*x+9).*exp(-2*x).*cos(x);
subplot(1,2,1);                                  %利用数据直接绘制曲线
plot(x,y,x,y,'o');
xl=0:0.10:1;
yl=(x.^2-12*x+9).*exp(-2*x).*cos(x);
y2=interp1(x,y,xl);                              %默认线性插值
y3=interp1(x,y,xl,'spline');
y4=interp1(x,y,xl,'nearest');
subplot(1,2,2);
plot(xl,y2)
plot(xl,[y2',y3',y4'],'-.',x,y,'rp',xl,yl);     %利用插值绘制曲线
```

计算结果如图 2-9 与图 2-10 所示。

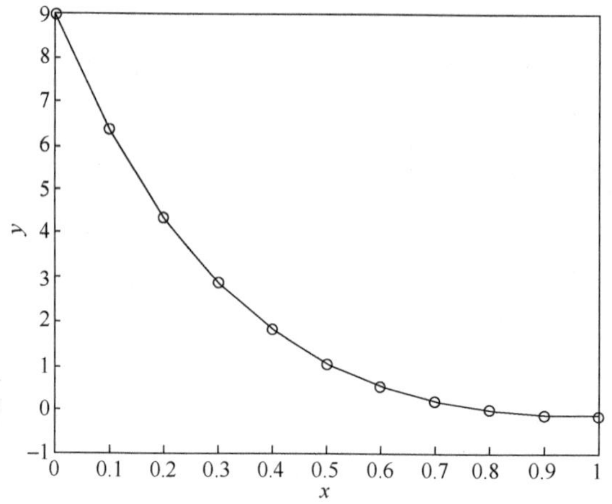

图 2-9　直接绘制曲线

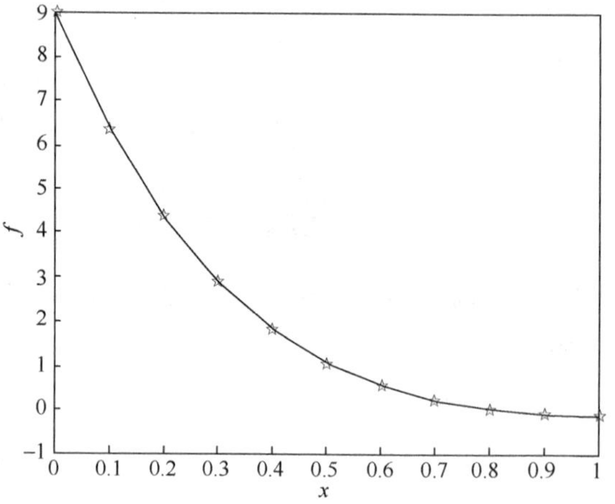

图 2-10　插值结果

2.5　拟　　合

拟合就是把一系列的点用一条光滑的曲线连接起来。因为这条曲线有无数种可能，从而有各种拟合方法。拟合的曲线一般可以用函数表示，根据这个函数的不同有不同的拟合名字，常用的拟合方法有最小二乘曲线拟合法等。

对比插值以及逼近等方法，这些都是数值分析的基础工具。区别在于，拟合是已知点列从整体上靠近它们；插值则是用一种简单函数近似代替较复杂的函数，基于已知点列并且完全经过点列，要求在插值点处的误差为零；逼近是对已知曲线，或者点列，通过逼近使得构造的函数无限靠近它们。

在实际应用中，有时不要求具体某些点的误差为零，而是要求考虑整体的误差限制。例如，实验中给出的数据总有观测误差的，如果不是要求近似函数过所有的数据点，而是要求它反映原函数整体的变化趋势，那么就可以用数据拟合的方法得到更简单适用的近似函数。另外，对用数值表格形式来表达的离散型函数，考虑数据较多的情况，若将每个点都当作插值节点，则插值函数是一个次数很高的多项式，插值运算也会非常复杂，这时可以采用拟合算法。

在 MATLAB 中，有功能强大的 polyfit 函数来实现拟合算法。

2.5.1　拟合算法的基本原理

如果待定函数是线性的，称为线性拟合或者线性回归（主要在统计中），否则称为非线性拟合或者非线性回归。表达式也可以是分段函数，这种情况下为样条拟合。对于变量间没有线性关系即呈曲线关系的情况，曲线拟合（curve fitting）则选择适当的曲线类型来拟合观测数据，并用拟合的曲线方程来分析两变量间的关系。

最小二乘法（least-squared method，又称最小平方法）是一种数学优化技术，它通过最小化误差的平方和寻找数据的最佳函数匹配。利用最小二乘法可以简便地求得未知的数据，并使得这些求得的数据与实际数据之间误差的平方和为最小。最小二乘法可用于曲线拟合。其他一些优化问题也可通过最小化能量或最大化熵用最小二乘法来表达。

给定一组测量数据 $\{(x_i,y_i),i=0,1,2,\cdots\}$，基于最小二乘原理，求得变量 x 和 y 之间的函数关系 $f(x,\boldsymbol{A})$，使它最佳地逼近或拟合已知数据。$f(x,\boldsymbol{A})$ 称为拟合模型，$\boldsymbol{A}=[a_0\ \ a_1\ \ \cdots\ \ a_n]$ 是由一些待定参数组成的向量。做法是选择参数 $\boldsymbol{A}$ 使得拟合模型与实际观测值在各点的残差 $e_k=y_k-f(x_k,\boldsymbol{A})$ 的加权平方和最小。应用此法拟合的曲线称为最小二乘拟合曲线。

拟合优度（goodness of fit）是指回归直线对观测值的拟合程度。度量拟合优度的统计量是可决系数（亦称确定系数），记作 R^2。R^2 衡量的是回归方程整体的拟合度，表达因变量与所有自变量之间的总体关系。R^2 等于回归平方和在总平方和中所占的比例，即回归方程所能解释的因变量变异性的百分比。统计上，定义剩余误差除以自由度 n–2 所得商的平方根为估计标准误差。对于回归模型拟合优度的判断和评价指标，估计标准误差不如判定系数 R^2。R^2 是无量纲系数，有确定的取值范围（0~1），便于对不同资料回归模型拟合优度进行比较；而估计标准误差是有计量单位的，又没有确定的取值范围，不便于对不同资料回归模型拟合优度进行比较。

很多因素会对曲线拟合产生影响，导致拟合效果有好有坏，主要有以下因素可以改善拟合质量。

（1）模型的选择：这是最主要的一个因素，试着用各种不同的模型对数据进行拟合比较。

（2）数据预处理：在拟合前对数据进行预处理也很有用，这包括对响应数据进行变换及剔除 Infs、NaNs，以及有明显错误的点。

（3）合理的拟合应该具有处理出现奇异而使得预测趋于无穷大的问题的能力。

（4）知道越多的系数的估计信息，拟合越容易收敛。

（5）将数据分解为几个子集，对不同的子集采用不同的曲线拟合。

（6）复杂的问题最好通过进化的方式解决，即一个问题的少量独立变量先解决。低阶问题的解通常通过近似映射作为高阶问题解的起始点。

2.5.2　最小二乘拟合算法

已知测定的一组离散数据 (x_i, y_i) $(i = 0,1,\cdots,n)$，要求自变量 x 和因变量 y 的近似表达式为

$$y = \varphi(x) \tag{2-15}$$

这种因变量 y 只有一个自变量 x 的数据拟合方法称为线性拟合。

直线拟合最常用的近似标准是最小二乘原理，是较流行的数据处理方法之一。下面将对曲线拟合的最小二乘法进行介绍。

给定函数 $f(x,\text{xdata})$ 及其在 N 个 $\text{xdata}_1,\text{xdata}_2,\cdots,\text{xdata}_N$ 不同点的测量值 $\text{ydata}_1,\text{ydata}_2,\cdots,\text{ydata}_N$，确定未知参数集 $x_1,x_2,\cdots,x_N$，使得误差的平方和最小，即

$$\min_x \left\| f(x,\text{xdata}) - \text{ydata} \right\|_2^2 = \min_x \sum_i \left[f(x,\text{xdata}_i) - \text{ydata}_i \right]^2 \tag{2-16}$$

也就是，若给定数据 $(x_i, y_i)(i = 1,2,\cdots,n)$，设拟合函数的形式为

$$S(x) = a_0\phi_0(x) + a_1\phi_1(x) + \cdots + a_n\phi_n(x) \tag{2-17}$$

式中，$\phi_k(x)(k = 0,1,\cdots,n)$ 为已知的线性无关函数。

求系数 $a_0, a_1,\cdots,a_n$，使得

$$\phi(a_0,a_1,\cdots,a_n) = \sum_{i=1}^{n}\left[S(x_i) - y_i\right]^2 = \sum_{i=1}^{n}\left[\sum_{k=0}^{m} a_k\phi_k(x_i) - y_i\right]^2 \tag{2-18}$$

最小，若

$$\sum_{i=1}^{n}\left[\sum_{k=0}^{m} a_k\phi_k(x_i) - y_i\right]^2 = \min_{\substack{S(x)\in\phi \\ 0\leqslant k\leqslant m}} \sum_{i=0}^{n}\left[\sum_{k=0}^{m} a_k\phi_k(x_i) - y_i\right]^2 \tag{2-19}$$

则称相应的

$$S(x) = a_0^*\phi_0(x) + a_1^*\phi_1(x) + \cdots + a_n^*\phi_n(x) \tag{2-20}$$

为最小二乘拟合函数。

特别是，若

$$S(x) = a_0^* + a_1^* x + \cdots + a_n^* x^m \tag{2-21}$$

则称 $S(x)$为 n 次最小二乘拟合多项式。

最小二乘法进行直线拟合的矩阵分析方法如下所述。

首先，从曲线拟合的最简单情况——直线拟合来引入问题。如果待拟合点集近似排列在一条直线上，我们可以设直线 $y=ax+b$ 为其拟合方程，系数 $\boldsymbol{A} = [a \quad b]$ 为待求解项，已知

$$\begin{cases} \boldsymbol{X} = [x_1 \quad x_2 \quad x_3 \quad \cdots \quad x_k]^{\mathrm{T}} \\ \boldsymbol{Y} = [y_1 \quad y_2 \quad y_3 \quad \cdots \quad y_k]^{\mathrm{T}} \end{cases} \tag{2-22}$$

用矩阵形式表达为

$$\boldsymbol{Y} = \boldsymbol{X}_0 \boldsymbol{A}$$

式中，

$$X_0=\begin{bmatrix} x_1 & x_2 & \cdots & x_k \\ 1 & 1 & \cdots & 1 \end{bmatrix}^{\mathrm{T}} \tag{2-23}$$

要求解 $\boldsymbol{A}$，可在方程两边同时左乘 $\boldsymbol{X}_0$ 的逆矩阵，如果它是一个方阵且非奇异的话。

但是，一般情况下 $\boldsymbol{X}_0$ 连方阵都不是，所以我们在此需要用 $\boldsymbol{X}_0$ 构造一个方阵，即方程两边同时左乘 $\boldsymbol{X}_0$ 的转置矩阵，得到方程：$\boldsymbol{X}_0^{\mathrm{T}}\boldsymbol{Y}=\boldsymbol{X}_0^{\mathrm{T}}\boldsymbol{X}_0\boldsymbol{A}$。

此时，方程的系数矩阵 $\boldsymbol{X}_0^{\mathrm{T}}\boldsymbol{X}_0$ 为方阵，所以两边同时左乘新系数矩阵 $\boldsymbol{X}_0^{\mathrm{T}}\boldsymbol{X}_0$ 的逆矩阵，便可求得系数向量 $\boldsymbol{A}$，即 $\left(\boldsymbol{X}_0^{\mathrm{T}}\boldsymbol{X}_0\right)^{-1}\boldsymbol{X}_0^{\mathrm{T}}\boldsymbol{Y}=\boldsymbol{A}$。

方程 $\boldsymbol{A}=\left(\boldsymbol{X}_0^{\mathrm{T}}\boldsymbol{X}_0\right)^{-1}\boldsymbol{X}_0^{\mathrm{T}}\boldsymbol{Y}$ 右边各部分均已知，所以可以直接求解得到拟合直线得方程系数向量 $\boldsymbol{A}$。

【例 2-6】 对如下两个序列的数据进行拟合。

$$\boldsymbol{x}=[0\ \ 8\ \ 16\ \ 24\ \ 32\ \ 40\ \ 48\ \ 56\ \ 64\ \ 72\ \ 80\ \ 88\ \ 96\ \ 104\ \ 112\ \ 120]$$

$$\boldsymbol{y}=[0\ \ 0.02\ \ 0.046\ \ 0.078\ \ 0.102\ \ 0.128\ \ 0.155\ \ 0.179\ \ 0.207\ \ 0.231\ \ 0.255\ \ 0.281\ \ 0.305\ \ 0.34\ \ 0.378\ \ 0.406]$$

MATLAB 程序如下：

```
clear
clc
x=[0   8   16   24   32   40   48   56   64   72   80   88   96   104
112   120];
y1=[0   0.02   0.046   0.078   0.102   0.128   0.155   0.179   0.207
0.231   0.255   0.281   0.305   0.34   0.378   0.406];
y=y1(1,:);
figure(1)
plot(x,y,'o')
X0=[x' ones(length(x),1)];
Y=y';
A=inv(X0'*X0)*X0'*Y
hold on
yfit=[x' ones(length(x),1)]*A;
plot(x',yfit)
```

计算结果如下，拟合曲线如图 2-11 所示。

```
A =
    0.0033
   -0.0059
yfit =
   -0.0059    0.0208    0.0475    0.0742    0.1009    0.1277    0.1544
```

```
0.1811    0.2078    0.2345    0.2612    0.2879    0.3146    0.3414    0.3681
0.3948
```

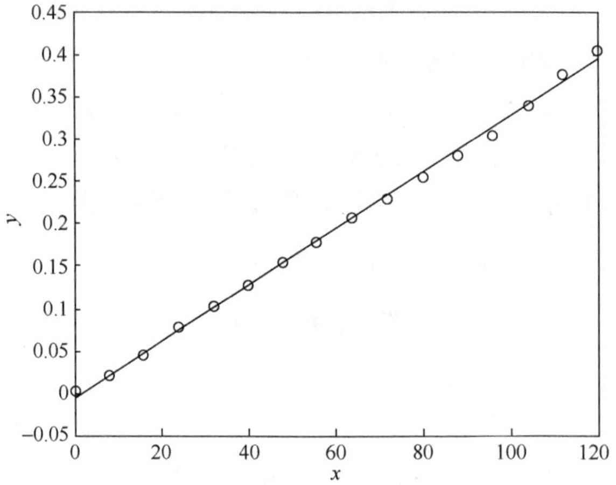

图 2-11　拟合结果

误差计算的结果如图 2-12 所示，MATLAB 代码如下。

```
figure(2)
plot(yfit-Y)
```

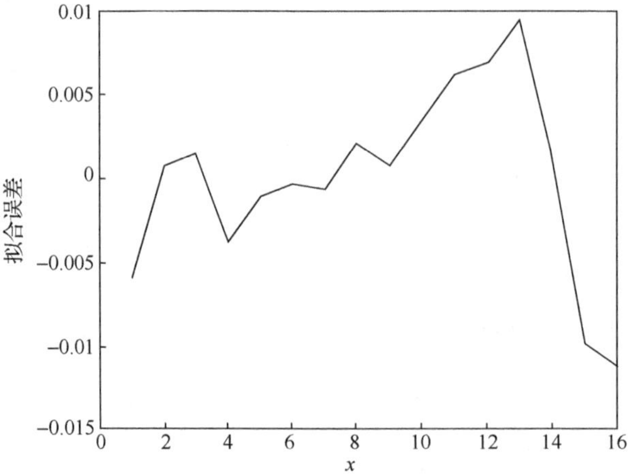

图 2-12　拟合误差

2.5.3　曲线拟合算法

当样本点的分布不为直线时，我们可用多项式曲线拟合，即拟合曲线方程为 n 阶多项式

$$y=\sum_{i=0}^{n}a_ix^i=a_nx^n+a_{n-1}x^{n-1}+\cdots+a_1x+a_0 \tag{2-24}$$

用矩阵形式表示为

$$\boldsymbol{Y} = \boldsymbol{X}_0\boldsymbol{A}$$

式中，$\boldsymbol{A} = \left[a_n \ a_{n-1} \ \cdots \ a_2 \ a_1 \ a_0\right]^{\mathrm{T}}$ 表示待求解项为系数向量；

$$\boldsymbol{X}_0 = \begin{bmatrix} x_1^n & x_1^{n-1} & \cdots & x_1^2 & x_1 & 1 \\ x_2^n & x_2^{n-1} & \cdots & x_2^2 & x_2 & 1 \\ \vdots & \vdots & & \vdots & \vdots & \vdots \\ x_k^n & x_k^{n-1} & \cdots & x_k^2 & x_k & 1 \end{bmatrix} \tag{2-25}$$

曲线拟合方程 $\boldsymbol{Y} = \boldsymbol{X}_0\boldsymbol{A}$ 的求解方法与上面直线的求解方法一样，也是方程 $\boldsymbol{Y} = \boldsymbol{X}_0\boldsymbol{A}$ 两边同时左乘 $\boldsymbol{X}_0$ 的转置矩阵得到 $\boldsymbol{X}_0^{\mathrm{T}}\boldsymbol{Y} = \boldsymbol{X}_0^{\mathrm{T}}\boldsymbol{X}_0\boldsymbol{A}$，再同时在新方程两边同时左乘 $\boldsymbol{X}_0^{\mathrm{T}}\boldsymbol{X}_0$ 的逆矩阵，得到 $\left(\boldsymbol{X}_0^{\mathrm{T}}\boldsymbol{X}_0\right)^{-1}\boldsymbol{X}_0^{\mathrm{T}}\boldsymbol{Y} = \boldsymbol{A}$，其左边各部分均已知，所以可直接求解得到拟合曲线方程系数向量。

【例 2-7】 对样本点 (x, y) 进行多项式曲线拟合，其中 x=[2　4　5　6　6.8　7.5　9　12　13.3　15]，y=[−10　−6.9　−4.2　−2　0　2.1　3　5.2　6.4　4.5]。

编写 MATLAB 代码如下，用于计算一组样本数据的曲线拟合。

```
clear
clc
x=[2,4,5,6,6.8,7.5,9,12,13.3,15];
y=[-10,-6.9,-4.2,-2,0,2.1,3,5.2,6.4,4.5];
[~,k]=size(x);
for n=1:9
    X0=zeros(n+1,k);
    for k0=1:k              %构造矩阵 X0
        for n0=1:n+1
            X0(n0,k0)=x(k0)^(n+1-n0);
        end
    end
    X=X0';
    ANSS=(X'*X)\X'*y';
    for i=1:n+1             %answer 矩阵存储每次求得的方程系数，按列存储
       answer(i,n)=ANSS(i);
   end
    x0=0:0.01:17;
    y0=ANSS(1)*x0.^n;       %根据求得的系数初始化并构造多项式方程
    for num=2:1:n+1
        y0=y0+ANSS(num)*x0.^(n+1-num);
    end
    subplot(3,3,n)
    plot(x,y,'*')
    hold on
    plot(x0,y0)
end
suptitle('不同次数方程曲线拟合结果，从 1 到 9 阶')
```

拟合曲线计算所得的结果如图 2-13 所示。可以发现，当多项式的阶数过低时，曲线并不能很好地反映出样本点的分布情况；当阶数过高时，会出现过拟合的情况。对比不同阶数的拟合效果，如图 2-14 所示。

变量 - answer

answer

10x9 double

	1	2	3	4	5	6	7	8	9
1	1.1975	-0.1258	-0.0093	0.0015	-9.0119e-04	-1.5152e-04	2.7279e-05	6.8763e-05	8.4703e-05
2	-9.8415	3.3897	0.1039	-0.0596	0.0396	0.0068	-0.0018	-0.0046	-0.0062
3	0	-17.3205	1.7738	0.6846	-0.6558	-0.1144	0.0475	0.1304	0.1947
4	0	0	-14.2686	-0.7923	4.8955	0.8764	-0.6444	-2.0117	-3.4391
5	0	0	0	-10.8349	-13.8911	-2.9872	4.7726	18.4683	37.5623
6	0	0	0	0	2.8779	5.6062	-18.9758	-102.8694	-262.3496
7	0	0	0	0	0	-14.6495	39.0024	337.6838	1.1679e+03
8	0	0	0	0	0	0	-41.3843	-590.1989	-3.1807e+...
9	0	0	0	0	0	0	0	403.7282	4.7785e+03
10	0	0	0	0	0	0	0	0	-2.9948e+...

图 2-13　拟合计算结果

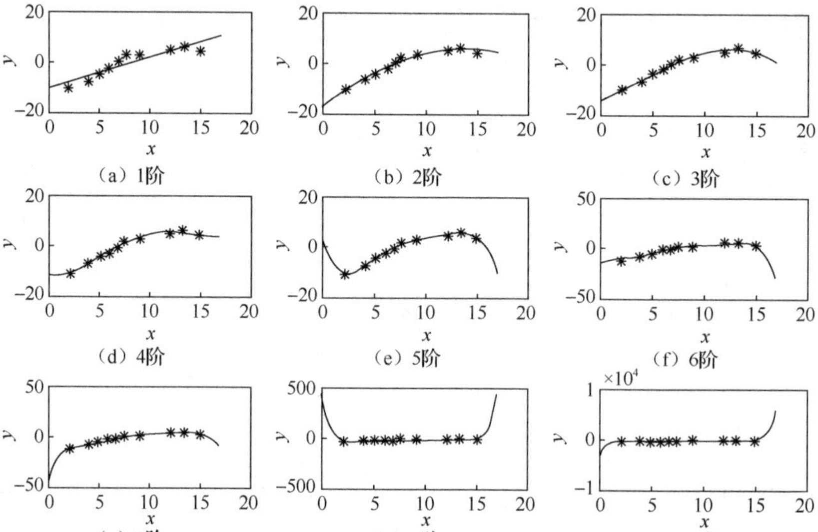

（a）1阶　（b）2阶　（c）3阶

（d）4阶　（e）5阶　（f）6阶

（g）7阶　（h）8阶　（i）9阶

图 2-14　不同阶数的曲线拟合结果对比（1～9 阶）

2.6　MATLAB 中的拟合算法

在 MATLAB 中，也有现成的曲线拟合函数 polyfit，其也是基于最小二乘原理实现的，具体用法为

```
ans=polyfit(x,y,n)
```

式中，x、y 为待拟合点的坐标向量；n 为多项式的阶数。

【例 2-8】 用 polyfit 函数对两列数据进行拟合，其中 $\boldsymbol{x}$=[2　4　5　6　6.8　7.5　9　12　13.3　15]，$\boldsymbol{y}$=[−10　−6.9　−4.2　−2　0　2.1　3　5.2　6.4　4.5]。

MATLAB 程序如下：

```
clear
clc
x=[2,4,5,6,6.8,7.5,9,12,13.3,15];
[~,k]=size(x);
y=[-10,-6.9,-4.2,-2,0,2.1,3,5.2,6.4,4.5];
for n=1:9
ANSS=polyfit(x,y,n);          %用 polyfit 拟合曲线
    for i=1:n+1               %answer 矩阵存储每次求得的方程系数，按列存储
       answer(i,n)=ANSS(i);
    end
    x0=0:0.01:17;
    y0=ANSS(1)*x0.^n;      %根据求得的系数初始化并构造多项式方程
    for num=2:1:n+1
        y0=y0+ANSS(num)*x0.^(n+1-num);
    end
    subplot(3,3,n)
    plot(x,y,'*')
    hold on
    plot(x0,y0)
end
suptitle('不同次数方程曲线拟合结果，从 1 到 9 阶')
```

拟合曲线结果如图 2-15 与图 2-16 所示。可以发现，当多项式的阶数过低时，曲线并不能很好地反映出样本点的分布情况；当阶数过高时，同样会出现过拟合的情况。

变量 - answer

answer

10x9 double

	1	2	3	4	5	6	7	8	9
1	1.1975	-0.1258	-0.0093	0.0015	-9.0119e-04	-1.5152e-04	2.7279e-05	6.8847e-05	3.2826e-05
2	-9.8415	3.3897	0.1039	-0.0596	0.0396	0.0068	-0.0018	-0.0046	-0.0024
3	0	-17.3205	1.7738	0.6846	-0.6558	-0.1144	0.0475	0.1306	0.0726
4	0	0	-14.2686	-0.7923	4.8955	0.8764	-0.6445	-2.0143	-1.2529
5	0	0	0	-10.8349	-13.8911	-2.9872	4.7727	18.4919	13.3246
6	0	0	0	0	2.8779	5.6062	-18.9759	-103.0025	-90.3577
7	0	0	0	0	0	-14.6495	39.0025	338.1255	389.5807
8	0	0	0	0	0	0	-41.3845	-590.9790	-1.0258e+...
9	0	0	0	0	0	0	0	404.2806	1.4903e+03
10	0	0	0	0	0	0	0	0	-913.2832

图 2-15　拟合计算结果

MATLAB 提供了 lsqcurvefit 函数用于解决最小二乘曲线拟合问题。其调用格式如下。

➢　x=lsqcurvefit(fun,x0,xdata,ydata)：fun 为拟合函数；(xdata,ydata)为一组观测数据，满足 ydata=fum(xdata,x)；以 x_0 为初始点求解该数据拟合问题。

➢　x=lsqcurvefit(fun,x0,xdata,ydata,lb,ub)：以 x_0 为初始点求解该数据拟合问题，lb、ub 为向量，分别是变量 x 的下界与上界。

➢　x=lsqcurvefit(fun,x0,xdata,ydata,lb,ub,options)：options 为指定优化参数，具体含

义见软件帮助文件。

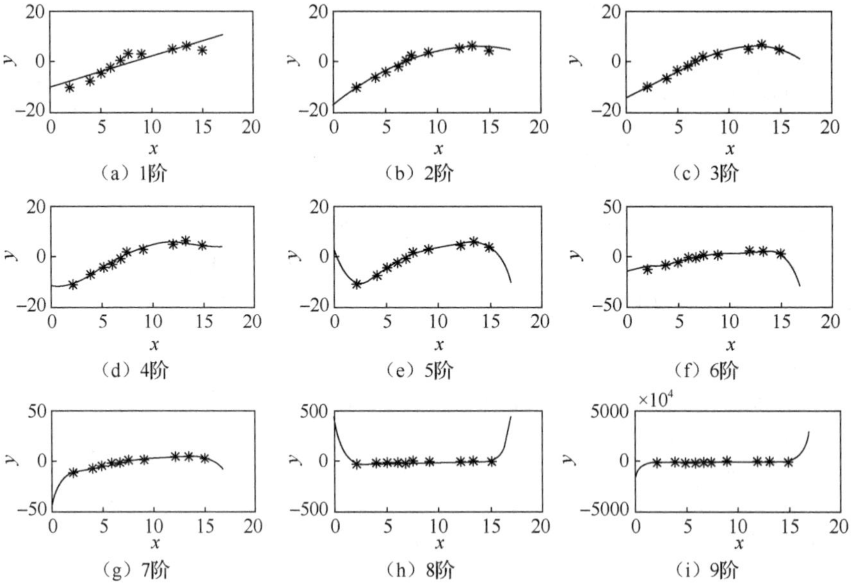

图 2-16　不同阶数的曲线拟合结果（1～9 阶）

2.7　工 程 算 例

2.7.1　齿轮齿形渐开线的插值

对如图 2-17 所示的齿轮齿形的渐开线轮廓线进行插值的算法用【例 2-9】加以说明。

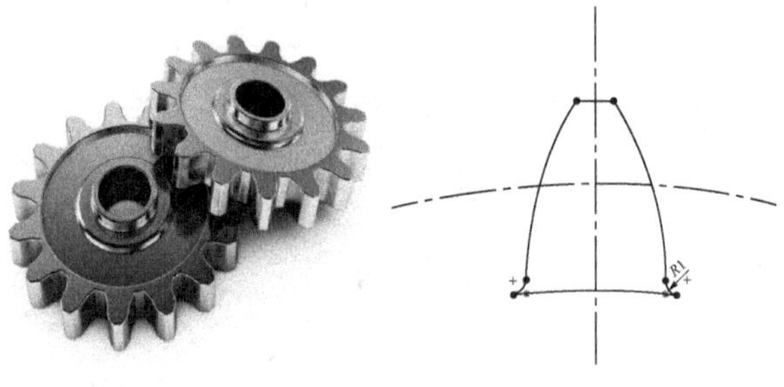

（a）　　（b）

图 2-17　齿轮与齿廓曲线示意图

【例 2-9】 根据渐开线的参数方程进行插值，插值范围为 x=30°～70°，其间的已知点为不均等间距，已知 $\boldsymbol{\varphi}=[32^\circ\ \ 36^\circ\ \ 44^\circ\ \ 53^\circ\ \ 61^\circ\ \ 70^\circ]$，求 $\varphi_{\_\text{intp}}=50^\circ$ 时的逼近值。渐开线的参数方程如下所示：

$$\begin{cases} x=r(\cos\varphi+\varphi\sin\varphi) \\ y=r(\sin\varphi-\varphi\cos\varphi) \end{cases}\quad (\varphi\text{是参数})$$

MATLAB 程序如下：

```
clear
clc
phi=[32 36 44 53 61 70]*pi/180;
r=20;
x=r.*(cos(phi)+phi.*sin(phi));
y=r.*(sin(phi)-phi.*cos(phi));
n = length(phi)-1;
phi_intp=50*pi/180;
Pn_x = 0;
for i = 0:n
L_x = x(i+1);
  for j=0:i-1
      L_x = L_x*(phi_intp-phi(j+1))/(phi(i+1)-phi(j+1));
  end
  for j=i+1:n
      L_x = L_x*(phi_intp-phi(j+1))/(phi(i+1)-phi(j+1));
  end
Pn_x = Pn_x +L_x;
end
Pn_x
delta_x=Pn_x-r.*(cos(phi_intp)+phi_intp.*sin(phi_intp))
Pn_y = 0;
for i = 0:n
L_y = y(i+1);
  for j=0:i-1
      L_y = L_y*(phi_intp-phi(j+1))/(phi(i+1)-phi(j+1));
  end
  for j=i+1:n
      L_y = L_y*(phi_intp-phi(j+1))/(phi(i+1)-phi(j+1));
  end
Pn_y = Pn_y +L_y;
end
Pn_y
delta_y=Pn_y-r.*(sin(phi_intp)-phi_intp.*cos(phi_intp))
plot(x,y,'-o')
hold on
plot (Pn_x,Pn_y,'*')
grid on
```

计算得到的渐开线插值结果如下：

```
Pn_x =
   26.2258
delta_x =
   2.0256e-06
Pn_y =
    4.1021
```

```
delta_y =
  3.4019e-06
```

所得到的插值曲线如图 2-18 所示。

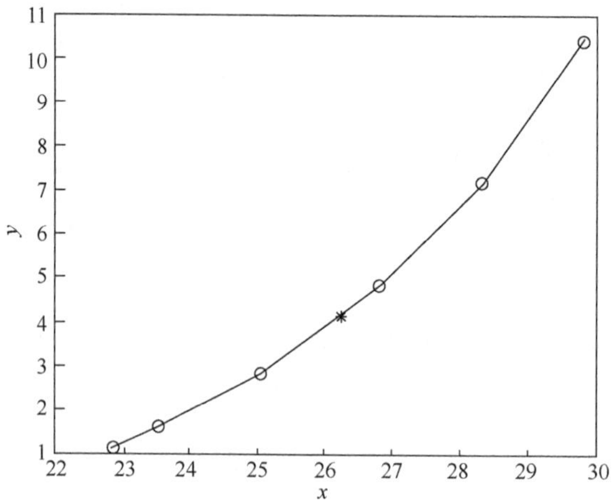

图 2-18　渐开线插值结果

2.7.2　机器人末端运动的曲线插值

【例 2-10】 根据表 1-1 中的某机器人 D-H 参数，采用拉格朗日插值法确定 $\theta_1=0°$ 时的机器人末端位置。在机器人运动过程中，$\boldsymbol{\theta}_1=[-76° \ \ -53° \ \ -32° \ \ -11° \ \ 15° \ \ 38° \ \ 53° \ \ 75°]$，$\boldsymbol{\theta}_3=[-46° \ \ -13° \ \ 22° \ \ 43° \ \ 61° \ \ 85° \ \ 118° \ \ 127°]$，给定关节转角 $\theta_2=\theta_4=\theta_5=\theta_6=0°$。

MATLAB 程序如下：

```
clear all
clc
th1=[-76 -53 -32 -11 15 38 53 75]*pi/180;
th3=[-46 -13 22 43 61 85 118 127]*pi/180; th2=0;
th4=0; th5=0; th6=0;
ang=[0 -90 0 -90 90 -90]*pi/180;
a=[0 0 431.8 20.32 0 0];
d=[0 149.09 0 433.07 0 0];
P=[];
for i=1:length(th1)
       T1=[cos(th1(i)) -sin(th1(i)) 0 a(1);...,
      sin(th1(i))*cos(ang(1))   cos(th1(i))*cos(ang(1))   -sin(ang(1))
-d(1)*sin(ang(1));...,
      sin(th1(i))*sin(ang(1))   cos(th1(i))*sin(ang(1))   cos(ang(1))
d(1)* cos(ang(1));0 0 0 1];
       T2=[cos(th2) -sin(th2) 0 a(2);...,
        sin(th2)*cos(ang(2)) cos(th2)*cos(ang(2)) -sin(ang(2)) -d(2)*
```

```
sin(ang(2));...,
            sin(th2)*sin(ang(2))  cos(th2)*sin(ang(2))  cos(ang(2))  d(2)*
cos(ang(2));0 0 0 1];
           T3=[cos(th3(i)) -sin(th3(i)) 0 a(3);...,
            sin(th3(i))*cos(ang(3)) cos(th3(i))*cos(ang(3)) -sin(ang(3))
-d(3)*sin(ang(3));...,
          sin(th3(i))*sin(ang(3)) cos(th3(i))*sin(ang(3)) cos(ang(3)) d(3)*
cos(ang(3));0 0 0 1];
           T4=[cos(th4) -sin(th4) 0 a(4);...,
            sin(th4)*cos(ang(4)) cos(th4)*cos(ang(4)) -sin(ang(4)) -d(4)*
sin(ang(4));...,
            sin(th4)*sin(ang(4))  cos(th4)*sin(ang(4))  cos(ang(4))  d(4)*
cos(ang(4));0 0 0 1];
           T5=[cos(th5) -sin(th5) 0 a(5);...,
            sin(th5)*cos(ang(5))    cos(th5)*cos(ang(5))    -sin(ang(5))
-d(5)*sin(ang(5));...,
            sin(th5)*sin(ang(5))  cos(th5)*sin(ang(5))  cos(ang(5))  d(5)*
cos(ang(5));0 0 0 1];
           T6=[cos(th6) -sin(th6) 0 a(6);...,
            sin(th6)*cos(ang(6)) cos(th6)*cos(ang(6)) -sin(ang(6)) -d(6)*
sin(ang(6));...,
            sin(th6)*sin(ang(6))  cos(th6)*sin(ang(6))  cos(ang(6))  d(6)*
cos(ang(6));0 0 0 1];
           T=T1*T2*T3*T4*T5*T6;
           P=[P T(1:3,4)];
    end
    x=P(1,:);
    y=P(2,:);
    z=P(3,:);
    n = length(x)-1;
    th1_intp=0*pi/180;
    Pn_x = 0;
    for i = 0:n
    L_x = x(i+1);
      for j=0:i-1
         L_x = L_x*(th1_intp-th1(j+1))/(th1(i+1)-th1(j+1));
      end
      for j=i+1:n
         L_x = L_x*(th1_intp-th1(j+1))/(th1(i+1)-th1(j+1));
      end
    Pn_x = Pn_x +L_x;
    end
    Pn_y = 0;
    for i = 0:n
    L_y = y(i+1);
      for j=0:i-1
```

```
    L_y = L_y*(th1_intp-th1(j+1))/(th1(i+1)-th1(j+1));
  end
  for j=i+1:n
    L_y = L_y*(th1_intp-th1(j+1))/(th1(i+1)-th1(j+1));
  end
Pn_y = Pn_y +L_y;
end
Pn_z = 0;
for i = 0:n
L_z = z(i+1);
  for j=0:i-1
    L_z = L_z*(th1_intp-th1(j+1))/(th1(i+1)-th1(j+1));
  end
  for j=i+1:n
    L_z = L_z*(th1_intp-th1(j+1))/(th1(i+1)-th1(j+1));
  end
Pn_z = Pn_z +L_z;
end
plot3(x,y,z,'-o')
hold on
plot3 (Pn_x,Pn_y,Pn_z,'*')
grid on
```

插值结果如图 2-19 所示。

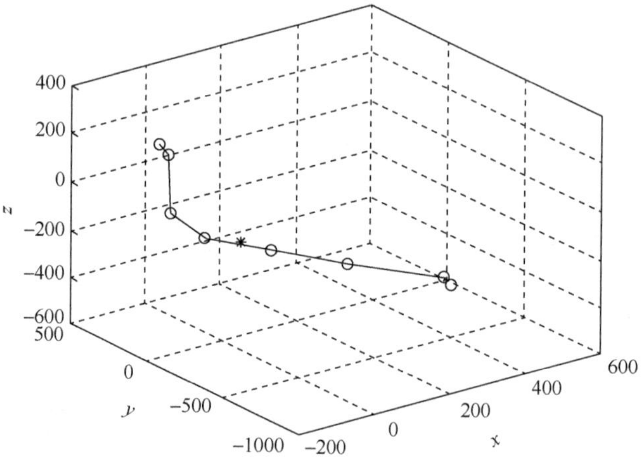

图 2-19　某机器人末端的运动曲线插值结果

2.7.3　焊接机械臂的末端运动拟合

利用焊接机械臂，如图 2-20 所示，操作焊枪对一个齿轮型面进行补焊修复。已知齿轮型面为渐开线函数。虽然测取了 n 个参考数据点为依据，仍然需要采用拉格朗日插值法确定焊枪的末端位置，以方便机械臂进行运动控制、准确定位到补焊位置。

图 2-20　焊接机械臂

【例 2-11】 给定 $\boldsymbol{\varphi}=[32^\circ\ \ 36^\circ\ \ 44^\circ\ \ 53^\circ\ \ 61^\circ\ \ 70^\circ]$，利用渐开线的参数方程，计算齿轮型面曲线的数值点，并对焊接机械臂的末端运动位置进行拟合。渐开线的参数方程如下所示：

$$\begin{cases} x = r(\cos\varphi+\varphi\sin\varphi) \\ y = r(\sin\varphi-\varphi\cos\varphi) \end{cases} \quad (\varphi\text{是参数})$$

MATLAB 程序如下：

```
clear
clc
phi=[32 36 44 53 61 70]*pi/180;
r=200;
x=r.*(cos(phi)+phi.*sin(phi));
y=r.*(sin(phi)-phi.*cos(phi));
plot(x(1,:),y(1,:),'o');
hold on
% A=x(1,:);
% B=y(1,:);
polyfit(x,y,3);
C=ans(1,:);                    %将拟合结果保存至变量里
m=C(1,1)*x.^3+C(1,2)*x.^2+C(1,3)*x+C(1,4);
plot(x,m,'bl');
```

拟合结果如图 2-21 所示。

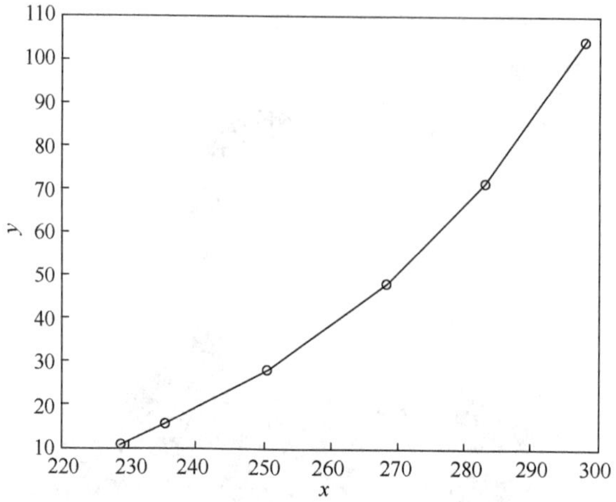

图 2-21　机械臂末端位置的拟合结果

2.7.4　管路卡箍的加载曲线拟合

【例 2-12】 对于图 2-22 所示的管路卡箍加载试验，对获得的测试数据进行拟合。

图 2-22　管路卡箍

MATLAB 程序如下：

```
clear all
x1=[0,3.1,7.3,11.7,16.3,22,28;28,26.7,23.4,19.7,15.4,11,0];   %x 方向数据
x2=[0,3.5,5.1,7.6,10.1,13,17;17,16.5,15.9,13.5,10.8,7.8,0];   %y 方向数据
y=[0,10,20,30,40,50,60;60,50,40,30,20,10,0];%力数据
plot(x1(1,:),y(1,:),'o');
hold on
A=x1(1,:);
B=y(1,:);
```

```
polyfit(A,B,3);                %拟合加载曲线，这里用的是三次拟合
C=ans(1,:);                    %将拟合结果保存至变量里
m=C(1,1)*A.^3+C(1,2)*A.^2+C(1,3)*A+C(1,4);
%三次拟合出的数据为三次方项系数、二次方项系数、一次方项系数和常数
plot(A,m,'bl');
hold on
plot(x1(2,:),y(2,:),'rx');
hold on
D=x1(2,:);
E=y(2,:);
polyfit(D,E,3);            %拟合卸载曲线，其余和拟合加载曲线一致
F=ans(1,:);
n=F(1,1)*D.^3+F(1,2)*D.^2+F(1,3)*D+F(1,4);
plot(D,n,'r');
legend('加载数据','加载拟合曲线','卸载数据','卸载拟合曲线');
xlabel('位移/10^-^5m');ylabel('力/N');
axis([0 30 0 65])
```

程序中的 x1 和 x2 分别为 x 方向与 y 方向上的分力，对其分别进行拟合，结果如图 2-23 与图 2-24 所示。

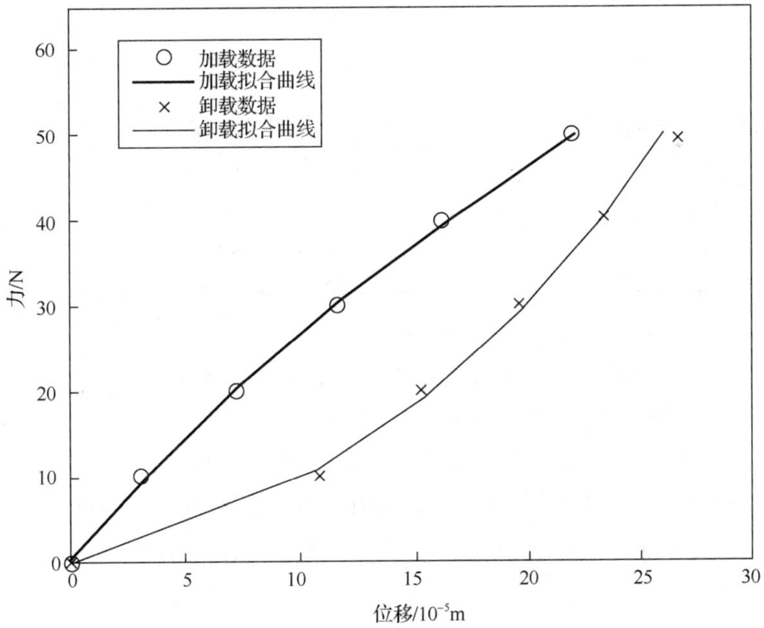

图 2-23　x 方向分力的拟合曲线

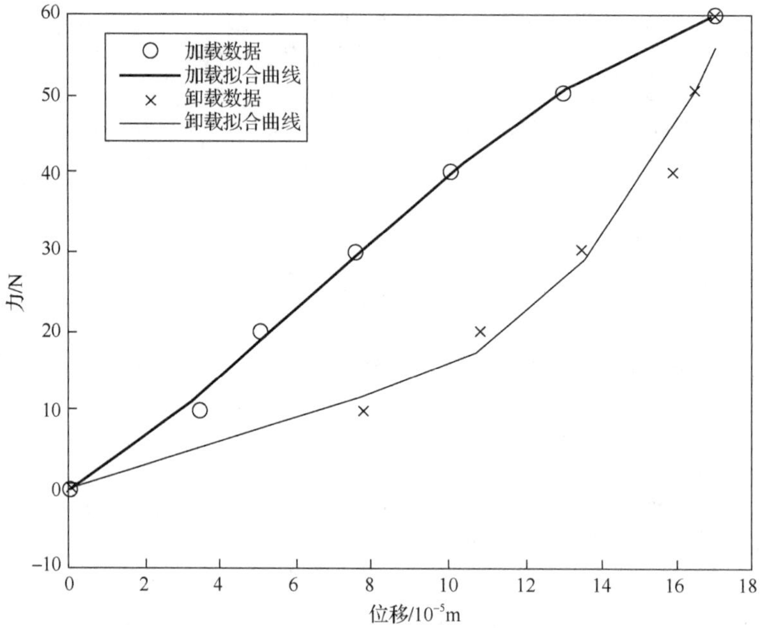

图 2-24　y 方向分力的拟合曲线

习　　题

2-1　对样本点 (x,y) 进行多项式曲线拟合，其中 $\boldsymbol{x}$=[2.5　4　5　6　6.8　7.5　9　11.2　13.5]，$\boldsymbol{y}$=[−10.1　−6.9　−4.2　−2　0　2.1　3　5.2　6.6]。

2-2　对下列测试数据进行拟合。

x	0	0.2	0.4	0.6	0.8	1.0	1.2	1.4	1.6
y	0	2.1	3.4	4.3	5.6	6.5	7.8	8.3	8.9

2-3　用 polyfit 函数对两列数据进行拟合，其中 $\boldsymbol{x}$=[1.0　2.9　5.1　6.0　6.8　7.5　9.1　11.9　13.3　14.9]，$\boldsymbol{y}$=[−10.1　−6.8　−4.3　−1.0　0.1　2.3　3.4　5.2　4.4　3.5]。

2-4　对于谐波函数 y=sin$x$ 进行插值，插值范围为 x=30°～60°，其间的已知点为不均等间距，如 $\boldsymbol{x}_i$=[30　35　41　46　52　60]，求 $x_{\_intp}=50$ 时的逼近值。

2-5　对于函数 $f(x)=\dfrac{\cos x}{2x}$ 进行插值，插值范围为 x=0°～50°，其间的已知点为不均等间距，如 $\boldsymbol{x}_i$=[0　7　15　21　29　35　41　47　50]，求 $x_{\_intp}=25$ 时的逼近值。

2-6　对于函数 $f(x)=x^2\ln x$ 进行插值，插值范围为 x=0~5，其间的已知点为不均等间距，如 $\boldsymbol{x}_i$=[0　0.7　1.5　2.1　2.9　3.5　4.1　4.7　5.0]，求 $x_{\rm intp}=2.5$ 时的逼近值。

2-7　已知渐开线的参数方程如下所示：

$$\begin{cases} x=r(\cos\varphi+\varphi\sin\varphi) \\ y=r(\sin\varphi-\varphi\cos\varphi) \end{cases} \quad (\varphi\text{是参数})$$

根据渐开线的参数方程进行插值，插值范围为 x=30°～70°，其间的已知点为不均等间距，已知 $\boldsymbol{\varphi}=[30^\circ\quad 36^\circ\quad 47^\circ\quad 54^\circ\quad 62^\circ\quad 70^\circ]$，求 $\varphi_{\_\text{intp}}=50^\circ$ 时的逼近值。

2-8　根据表 1-1 中的某机器人 D-H 参数，采用拉格朗日插值法确定 $\theta_1=0^\circ$ 时的机器人末端位置。在机器人运动过程中，$\boldsymbol{\theta}_1=[-74^\circ\quad -51^\circ\quad -35^\circ\quad -22^\circ\quad -11^\circ\quad 15^\circ\quad 37^\circ\quad 54^\circ\quad 78^\circ]$，$\boldsymbol{\theta}_3=[-43^\circ\quad -11^\circ\quad 19^\circ\quad 30^\circ\quad 43^\circ\quad 61^\circ\quad 89^\circ\quad 113^\circ\quad 120^\circ]$，给定关节转角 $\theta_2=\theta_4=\theta_5=\theta_6=0^\circ$。

2-9　利用下列测试数据，求 $x_{\text{intp}}=1.0$ 时的逼近值。

x	0	0.1	0.3	0.5	0.7	0.9	1.1	1.3	1.5
y	0	1.1	2.4	3.3	4.6	5.0	7.8	8.3	8.9

2-10　给定 $\boldsymbol{\varphi}=[32^\circ\quad 36^\circ\quad 40^\circ\quad 44^\circ\quad 53^\circ\quad 58^\circ\quad 63^\circ\quad 70^\circ]$，利用渐开线的参数方程，计算齿轮型面曲线的数值点，并对焊接机械臂的末端运动位置进行拟合。渐开线的参数方程如下所示：

$$\begin{cases} x=r(\cos\varphi+\varphi\sin\varphi) \\ y=r(\sin\varphi-\varphi\cos\varphi) \end{cases}\quad (\varphi\text{是参数})$$

第 3 章　微分和积分算法

函数的微分与积分运算在工程中应用广泛。本章主要介绍面向机械工程计算与分析的函数微分和积分，特别是数值微分和积分的基本原理与算法。

3.1　函数极限的求解方法

函数极限问题的定义为：设函数 $f(x)$ 在点 x_0 的某一去心邻域内有定义，如果对于任意给定的正数 ε（无论它多小），总存在正数 δ，使得当 x 满足不等式 $0<|x-x_0|<\delta$ 时，对应的函数值 $f(x)$ 都满足不等式

$$|f(x)-A|<\varepsilon \tag{3-1}$$

那么，常数 A 就称为函数 $f(x)$ 当 $x\to x_0$ 时的极限，记为

$$\lim_{x\to x_0} f(x)=A \text{ 或 } f(x)\to A \quad (x\to x_0) \tag{3-2}$$

上述定义中的 x_0 可以是某确定的值，也可以是无穷大。

当常数 A 满足 $A=f(x)$ 时，即 $\lim\limits_{x\to x_0} f(x)=f(x)$ 时，称函数 $f(x)$ 在点 x_0 处连续。函数在某一点连续又可分为左连续和右连续。

如果

$$\lim_{x\to x_0^-} f(x)=f(x_0-0) \tag{3-3}$$

存在且等于 $f(x_0)$，就称函数 $f(x)$ 在点 x_0 处左连续。

如果

$$\lim_{x\to x_0^+} f(x)=f(x_0+0) \tag{3-4}$$

存在且等于 $f(x_0)$，就称函数 $f(x)$ 在点 x_0 处右连续。

MATLAB 符号运算工具箱提供了 limit 函数用于求解函数极限问题，其调用格式如下：

- limit(expr, x, a)：求函数 expr 关于自变量 x 在 a 处的极限。
- limit(expr, a)：求函数 expr 关于默认自变量在 a 处的极限。
- limit(expr)：求函数 expr 关于默认自变量的极限。
- limit(expr, x, a, 'left')：求函数 expr 关于自变量 x 在 a 处的左极限。
- limit(expr, x, a, 'right')：求函数 expr 关于自变量 x 在 a 处的右极限。

【例 3-1】 求 $\lim\limits_{x\to 0}\dfrac{\sin x}{x}$ 及 $\lim\limits_{h\to 0}\dfrac{\sin(x+h)-\sin x}{h}$。

MATLAB 程序如下：

```
syms x h;
limit(sin(x)/x)
limit((sin(x+h)-sin(x))/h, h, 0)
```

计算结果如下：

```
ans =
        1
ans =
        cos(x)
```

【例 3-2】 求 $\lim\limits_{x \to 0^+} x^{\sin x}$。

MATLAB 程序如下：

```
clear all;
syms x;
expr=x^(sin(x));
L=limit(expr, x, 0, 'right')
```

计算结果如下：

```
L=1
```

3.2　函数导数的求解方法

函数 $y = f(x)$ 的导数在数学上表示为

$$\lim_{x \to x_0} \frac{f(x) - f(x_0)}{x - x_0} \tag{3-5}$$

设函数 $y = f(x)$ 在某个邻域内有定义，当自变量 x 在 x_0 处取得增量 Δx 时，相应的函数 y 取得增量 $\Delta y = f(x_0 + \Delta x) - f(x_0)$；如果 Δy 与 Δx 之比在 $\Delta x \to 0$ 时的极限存在，则称函数 $y = f(x)$ 在点 x_0 处可导，并称这个极限为函数 $y = f(x)$ 在点 x_0 处的导数，记为 $y'\big|_{x=x_0}$，即

$$y'\big|_{x=x_0} = \lim_{\Delta x \to 0} \frac{\Delta y}{\Delta x} = \lim_{\Delta x \to 0} \frac{f(x_0 + \Delta x) - f(x_0)}{\Delta x} \tag{3-6}$$

MATLAB 提供了 diff 函数用于实现函数的导数，其可以解出给定函数的各阶导数。其调用格式如下：

- Y= diff(F)：求函数 F 的导数。
- Y = diff(F,n)：求函数 F 的 n 阶导数。
- Y= diff(F,var,n)：求多元函数 F 对变量 var 的 n 阶导数。

【例 3-3】 求 $y = 2^{x/2} + \sqrt{x}\ln 2x$ 的二阶导数。

MATLAB 程序如下：

```
clear all
syms x;
```

```
f=2^(x/2)+x^(1/2)*log(2*x);
d=diff(f,2)
```

计算结果如下：

```
d =
(2^(x/2)*log(2)^2)/4 - log(2*x)/(4*x^(3/2))
```

【例 3-4】 给定函数 $f(x)=\dfrac{\sin x}{x^3+2x^2+5x+8}$，求其关于自变量 x 的一阶与五阶导数，并绘制函数 $f(x)$ 与其一阶导数的曲线。

MATLAB 程序如下：

```
clear all;
syms x;
f=sin(x)/(x^3+2*x^2+5*x+8);
```

可以按书写习惯显示函数 $f(x)$，程序如下：

```
pretty(f)
```

计算结果如下：

```
     sin(x)
---------------------------
  3       2
x  + 2 x   + 5 x + 8

%计算函数的一阶导数
f1=diff(f,x)
```

计算结果如下：

```
f1 =
cos(x)/(x^3 + 2*x^2 + 5*x + 8) - (sin(x)*(3*x^2 + 4*x + 5))/(x^3 + 2*x^2
+ 5*x + 8)^2
```

进行绘图表示，如图 3-1 所示。

```
x1=0:0.001:5;
y=subs(f,x,x1);
y1=subs(f1,x,x1);
plot(x1,y,x1,y1,'r');
%计算函数的五阶导数
f5=diff(f,x,5)
f5 =
cos(x)/(x^3 + 2*x^2 + 5*x + 8) + (60*sin(x))/(x^3 + 2*x^2 + 5*x + 8)^2
+ (10*cos(x)*(6*x + 4))/(x^3 + 2*x^2 + 5*x + 8)^2 + (48*sin(x)*(6*x + 4))/(x^3
+ 2*x^2 + 5*x + 8)^3 + (6*sin(x)*(72*x + 48))/(x^3 + 2*x^2 + 5*x + 8)^3 +
(240*cos(x)*(3*x^2 + 4*x + 5))/(x^3 + 2*x^2 + 5*x + 8)^3 - (5*sin(x)*(3*x^2
```

```
+ 4*x + 5))/(x^3 + 2*x^2 + 5*x + 8)^2 + (30*cos(x)*(6*x + 4)^2)/(x^3 + 2*x^2
+ 5*x + 8)^3 - (20*cos(x)*(3*x^2 + 4*x + 5)^2)/(x^3 + 2*x^2 + 5*x + 8)^3 +
(120*cos(x)*(3*x^2 + 4*x + 5)^4)/(x^3 + 2*x^2 + 5*x + 8)^5 - (360*sin(x)*(3*x^2
+ 4*x + 5)^2)/(x^3 + 2*x^2 + 5*x + 8)^4 + (60*sin(x)*(3*x^2 + 4*x + 5)^3)/(x^3
+ 2*x^2 + 5*x + 8)^4 - (120*sin(x)*(3*x^2 + 4*x + 5)^5)/(x^3 + 2*x^2 + 5*x
+ 8)^6 - (60*sin(x)*(6*x + 4)*(3*x^2 + 4*x + 5))/(x^3 + 2*x^2 + 5*x + 8)^3
- (180*cos(x)*(6*x + 4)*(3*x^2 + 4*x + 5)^2)/(x^3 + 2*x^2 + 5*x + 8)^4 -
(90*sin(x)*(6*x + 4)^2*(3*x^2 + 4*x + 5))/(x^3 + 2*x^2 + 5*x + 8)^4 +
(240*sin(x)*(6*x + 4)*(3*x^2 + 4*x + 5)^3)/(x^3 + 2*x^2 + 5*x + 8)^5
```

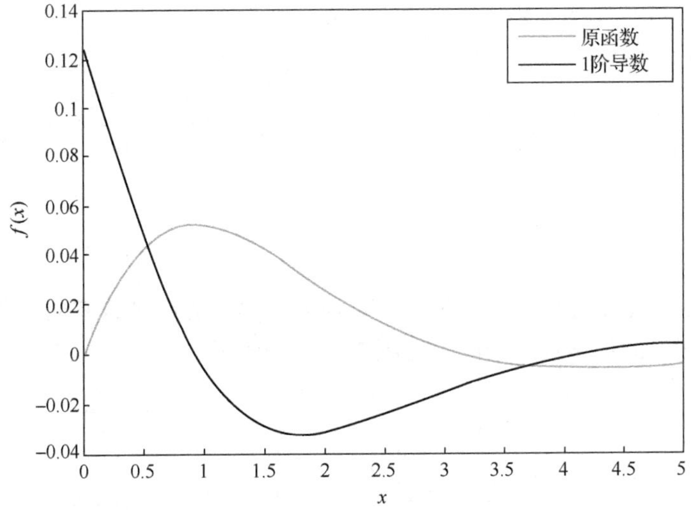

图 3-1　函数及其导数的求解结果

【例 3-5】 求二元函数 $f = f(x,y) = (y^2 + 2y + x)e^{-(x^2+2y^2+4xy)}$ 的偏导数，并且用图形加以表示。

MATLAB 程序如下：

```
clear all;
syms x y;
f=(y^2+2*y+x)*exp(-(x^2+2*y^2+4*x*y));
fx=simplify(diff(f,x))       %计算二元函数 f 对 x 的偏导，并化简
fx =
-exp(- x^2 - 4*x*y - 2*y^2)*(2*x^2 + 2*x*y^2 + 8*x*y + 4*y^3 + 8*y^2 -
1)
fy= simplify(diff(f,y) )     %计算二元函数 f 对 y 的偏导，并化简
fy =
-2*exp(- x^2 - 4*x*y - 2*y^2)*(2*x^2 + 2*x*y^2 + 6*x*y + 2*y^3 + 4*y^2
- y - 1)
```

下面进行绘图表示。

```
%绘制原函数的三维图形
[x,y]=meshgrid(-3:0.1:3,-2:0.1:2);
f=(y.^2+2*y+x).*exp(-(x.^2+2*y.^2+4*x.*y));
surf(x,y,f)

%绘制偏导数的三维图形
fx=-exp(- x.^2 - 4*x.*y - 2*y.^2).*(2*x.^2 + 2*x.*y.^2 + 8*x.*y + 4*y.^3 + 8*y.^2 - 1);
figure;
surf(x,y,fx)
set(gcf,'color','w');
fy=-2*exp(- x.^2 - 4.*x.*y - 2*y.^2).*(2*x.^2 + 2*x.*y.^2 + 6*x.*y + 2*y.^3 + 4*y.^2 - y - 1);
figure;
surf(x,y,fy)
set(gcf,'color','w');
```

原函数的三维图形如图 3-2（a）所示，原函数对 x 的偏导数三维图形如图 3-2（b）所示，原函数对 y 的偏导数三维图形如图 3-2（c）所示。

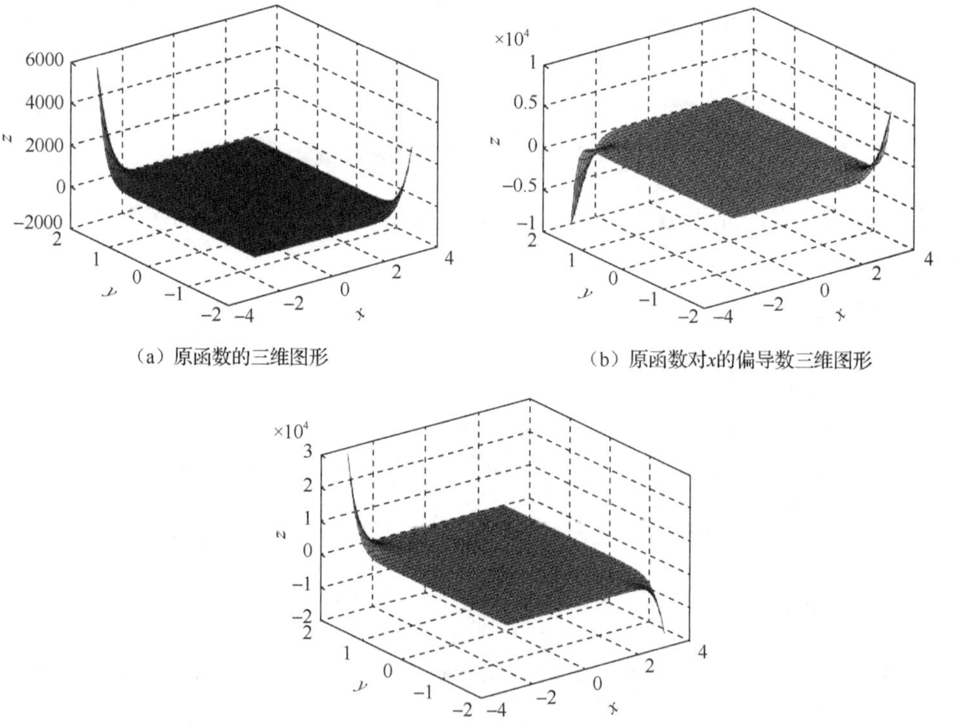

（a）原函数的三维图形

（b）原函数对x的偏导数三维图形

（c）原函数对y的偏导数三维图形

图 3-2　函数的导数计算结果

求解得到的结果如下：

```
fx =
-exp(- x^2 - 4*x*y - 2*y^2)*(2*x^2 + 2*x*y^2 + 8*x*y + 4*y^3 + 8*y^2 - 1)
fy =
-2*exp(- x^2 - 4*x*y - 2*y^2)*(2*x^2 + 2*x*y^2 + 6*x*y + 2*y^3 + 4*y^2
- y - 1)
```

3.3　函数求导的工程算例

【例 3-6】 对单自由度振动系统的微分运动方程进行函数求导分析。

设振动系统的运动微分方程为

$$m\ddot{x}+c\dot{x}+kx=F_0\mathrm{e}^{\mathrm{j}\omega t} \tag{3-7}$$

其响应的解设为

$$x=\bar{x}\mathrm{e}^{\mathrm{j}e t} \tag{3-8}$$

式中，j表示虚数单位；ω 表示激励的频率；$\bar{x}$ 表示稳态响应的复振幅。

将式（3-8）代入式（3-7），有

$$\bar{x}=H(\omega)F_0 \tag{3-9}$$

式中，

$$H(\omega)=\frac{1}{k-m\omega^2+\mathrm{j}c\omega} \tag{3-10}$$

经整理，可以得到振动微分方程如下：

$$\ddot{x}+2\xi\omega_0\dot{x}+\omega_0^2x=\frac{F_0}{k}\omega_0^2\mathrm{e}^{\mathrm{j}\omega t} \tag{3-11}$$

式中，$\xi=\dfrac{c}{2\sqrt{km}}$ 为复频响应函数；$\omega_0=\sqrt{\dfrac{k}{m}}$。

单自由度振动系统的位移响应 $x(t)$、速度 v 和加速度 a 满足微分关系：

$$x(t)=A_0\sin(\omega t) \tag{3-12}$$

$$v=\mathrm{d}x/\mathrm{d}t \tag{3-13}$$

$$a=\mathrm{d}v/\mathrm{d}t \tag{3-14}$$

可以利用 MATLAB 软件进行上述振动方程的分析与求解。

MATLAB 程序如下：

```
clear
clc
syms t F0 W x v a A0 W0 k E
```

```
x=A0*sin(W*t);
v=diff(x,t);
a=diff(v,t);
Left=a+2*E*W0*v+W0^2*x;
Right=F0*W0^2*exp(W*t)/k;
A0=simplify(Right/(Left/A0))
```

计算结果如下：

```
A0 =
(F0*W0^2*exp(W*t))/(W0^2*k*sin(W*t) - W^2*k*sin(W*t) + 2*E*W*W0*k*
cos(W*t))
```

3.4 数值微分算法

数值微分属于数值方法，是用函数的值及其他已知条件来估计函数导数的方法。即根据函数在一些离散点的函数值，推算它在某点的导数或高阶导数的近似值的方法。其原理是，通常用差商代替微商，或者用一个能够近似代替该函数的较简单的可微函数（如多项式或样条函数等）的相应导数作为所求导数的近似值。下面介绍几种简单的数值微分算法。

1. 有限差分法

有限差分法最简单的方式是使用有限差分近似。

简单的两点估计法是计算经$(x, f(x))$及邻近点$(x+h, f(x+h))$两点形成割线的斜率，选择一个小的数值h表示x的小变化，h可以是正值或是负值。其斜率为

$$\frac{f(x+h)-f(x)}{h} \tag{3-15}$$

式（3-15）即为牛顿的差商，也称为一阶均差。

割线斜率和切线斜率有些差异，差异大约和h成正比。若h近似于0，则割线斜率近似于切线斜率。因此，函数f在x处真正的斜率是割线趋近切线时的差商：

$$f'(x)=\lim_{h\to 0}\frac{f(x+h)-f(x)}{h} \tag{3-16}$$

若直接将h用0取代会得到除以零的结果，因此计算导数需要其他方式。

同样的，切线斜率也可以用$(x-h, f(x-h))$和$(x, f(x))$两点的割线斜率近似。

另外一种两点估计法是用经过$(x-h, f(x-h))$和$(x+h, f(x+h))$两点的割线，其斜率为

$$\frac{f(x+h)-f(x-h)}{2h} \tag{3-17}$$

式（3-17）称为对称差分，其一次项误差相消，因此割线斜率和切线斜率的差和 h^2 成正比。对于很小的 h，这个值比单边近似还要准确。特别的是，式（3-17）虽计算点 x 的斜率，但不会用到函数在点 x 的数值。

数值微分是用离散方法近似计算函数的导数值或偏导数值。

向前差商公式：

$$f'(x) \approx \frac{f(x+h)-f(x)}{h} \tag{3-18}$$

向后差商公式：

$$f'(x) \approx \frac{f(x)-f(x-h)}{h} \tag{3-19}$$

中心差商公式：

$$f'(x) \approx \frac{f(x+h)-f(x-h)}{2h} \tag{3-20}$$

二阶导数的中心差商公式：

$$f''(x) \approx \frac{f(x+h)-2f(x)+f(x-h)}{h^2} \tag{3-21}$$

【例 3-7】 对机械振动响应函数进行数值微分，可以得到相应的速度值。

MATLAB 程序如下：

```
freq=1800/60;A=1e-3;
W=2*pi*freq
T0=1/freq
dt=T0/100
t=[0:dt:(0.1-dt)]
x=A*sin(W.*t)+rand(size(t))*0.0001;
figure(1)
plot(t,x)
xlabel('时间');ylabel('位移');
x
V=[];
for i=1:(0.1/dt-dt-dt)
    vi=(x(i+1)-x(i))/dt;
    V=[V vi]
end
V=[V vi]
figure(2)
plot(t,V)
xlabel('时间');ylabel('速度');
```

计算结果如图 3-3 所示。

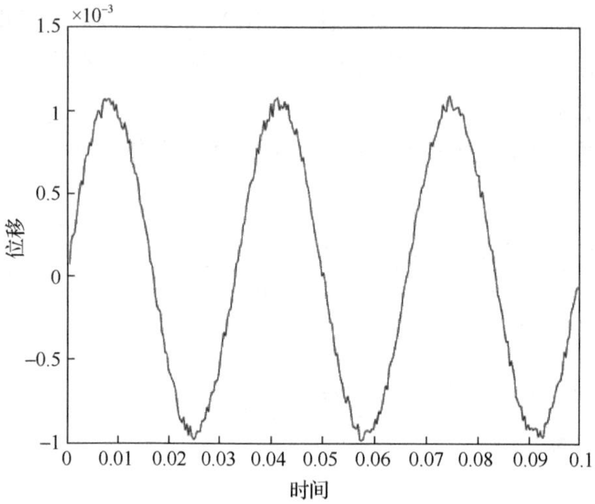

（a）位移曲线

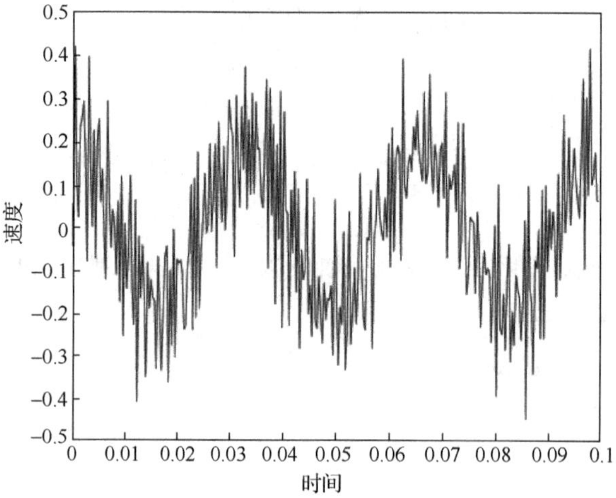

（b）速度曲线

图 3-3　振动响应

2. 高阶数值微分方法

可采用更高阶估计导数的方法，并可以用于估计高阶导数。下面介绍一种一阶导数的五点法（一维下的五点模版）。

一阶导数五点法根据包括本点在内的相邻 5 个数据点就可以确定插值公式。各个节点的一阶导数是以某点（图中第 3 点）为中心点 k，加上两侧相邻各 2 点（共 5 个点）来确定的，如图 3-4 所示。

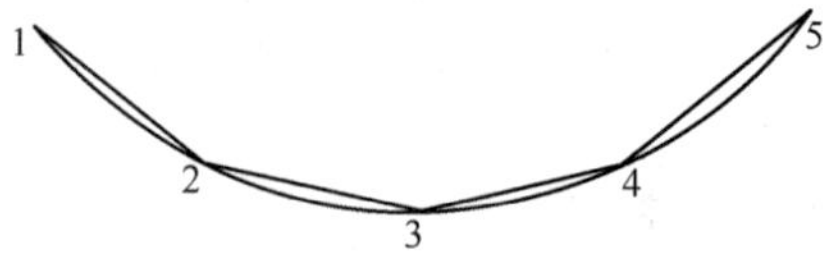

图 3-4　一维下的五点

中心点处导数为

$$f'(x)=\frac{-f(x+2h)+8f(x+h)-8f(x-h)+f(x-2h)}{12h}+\frac{h^4}{30}f^{(5)}(c) \tag{3-22}$$

式中，$c\in[x-2h,x+2h]$。

3. 算例

【例 3-8】 利用数值微分法，求 $y=4x^2+3\sin x$ 在 $x=1$ 处的导数值。

（1）利用导函数求出其一阶和二阶导数值，MATLAB 程序如下：

```
>> clear
clc
syms x;
% 利用导函数求出其一阶和二阶导数值
dy_1=diff(4*x^2+3*sin(x)) %计算一阶近似导数
x=1;
double(subs(dy_1))
```

计算结果如下：

```
dy_1 = 8*x + 3*cos(x)
ans=  9.6209

dy_2=diff(4*x^2+3*sin(x),2) %计算二阶近似导数
x=1;
double(subs(dy_2))
```

计算结果如下：

```
dy_2 = 8 - 3*sin(x)
ans=  5.4756
```

（2）利用一阶和二阶中心差商公式求导，MATLAB 程序如下：

```
clear
clc
syms x;
x=1;
h=[0.1 0.01 0.001 0.0001];
x1=x+h;
x2=x-h;
y=4*x.^2+3.*sin(x)
y1=4*x1.^2+3.*sin(x1)
y2=4*x2.^2+3.*sin(x2)
ysw_1=(y1-y2)./(2.*h)
ysw_2=(y1+y2-2.*y)./(h.^2)
```

计算结果如下：

```
ysw_1=  9.6182    9.6209    9.6209    9.6209
yaw_2=  5.4777    5.4756    5.4756    5.4756
```

【例 3-9】 设 $f(x)=\mathrm{e}^x$，对 h=0.01，计算 $f'(1.8)$ 的近似值。

解：根据式（3-18）～式（3-20）和式（3-22），得到

$$f'(1.8)\approx\frac{1}{h}[f(1.81)-f(1.8)]=6.0800$$

$$f'(1.8)\approx\frac{1}{h}[f(1.80)-f(1.79)]=6.0195$$

$$f'(1.8)\approx\frac{1}{2h}[f(1.81)-f(1.79)]=6.0497$$

$$f'(1.8)\approx\frac{1}{12h}[f(1.78)-8f(1.79)+8f(1.81)-f(1.82)]=6.0496$$

对比精确值 $\mathrm{e}^{1.8}$=6.0496，计算结果显然与它们的余项相一致。最后的结果相对更精确。

MATLAB 程序如下：

```
h=0.01;
y1=(exp(1.8+h)-exp(1.8))/h
y2=(exp(1.8)-exp(1.8-h))/h
y3=(exp(1.8+h)-exp(1.8-h))/(2*h)
y4=(exp(1.8-2*h)-8*exp(1.8-h)+8*exp(1.8+h)-exp(1.8+2*h))/(12*h)
```

计算结果如下：

```
y1 =    6.0800
y2 =    6.0195
y3 =    6.0497
y4 =    6.0496
```

3.5　函数的积分算法

函数的积分问题可分为不定积分、定积分、无穷积分与多重积分。

1. 不定积分

不定积分的数学表达式为

$$\int f(x)\mathrm{d}x=F(x)+C\quad (C\text{ 为任意常数})\tag{3-23}$$

对于可积函数，MATLAB 工具箱中提供了 int 函数用于实现积分求解，其调用格式如下：

- int(F)：计算函数 F 的默认自变量不定积分。
- int(F,x)：计算函数 F 关于变量 x 的不定积分。

对于 int 函数得出的 $F(x)$为原函数，不定积分应该是 $F(x)+C$ 组成的函数，C 为任意

常数。

【例 3-10】 考虑函数 $f(x)=\dfrac{\sin x}{x^3+2x^2+5x+8}$，用 diff 函数求其一阶导数后，再对其导数进行积分运算，可验证该命令是否可以得到正确的结果。

MATLAB 程序如下：

```
clear all
syms x;
f=sin(x)/(x^3+2*x^2+5*x+8);
df=diff(f);            %求 f 函数的一阶导数
rf=int(df)             %对其导数进行积分运算
```

计算结果如下：

```
>> rf
rf =
sin(x)/(x^3 + 2*x^2 + 5*x + 8)
```

计算结果表明，利用 int 函数能够得到正确的积分结果。

2. 定积分、无穷积分与多重积分

定积分的数学表达式为

$$\int_a^b f(x)\mathrm{d}x = F(b)-F(a) \tag{3-24}$$

此外，无穷积分可表示为 $\int_a^{+\infty} f(x)\mathrm{d}x$、$\int_{-\infty}^{a} f(x)\mathrm{d}x$、$\int_{-\infty}^{+\infty} f(x)\mathrm{d}x$ 三类形式；多重积分可表示为 $\iint f(x,y)\mathrm{d}x\mathrm{d}y$、$\iiint f(x,y,z)\mathrm{d}x\mathrm{d}y\mathrm{d}z$ 等多类形式。

对于积分的这三类问题，仍然可以用 MATLAB 提供的 int 函数来解决。定积分和无穷积分可以归结为一类问题，即当定积分的积分域为无穷大时，便可认为是无穷积分问题，用−inf 表示。例如：symsxint(exp(−x^2), −inf, +inf)，结果为 $\dfrac{\pi}{2}$。其调用格式如下：

int(F, x, a, b)

式中，F 为被积分函数；x 为积分变量；a 和 b 分别为积分的上下限。

另外，可以利用 rsums 命令得到一个界面，里面用梯形近似表示积分值，窗体右上方的数字是近似积分值，梯形数越大，近似积分的精度越高。rsums 命令调用格式如下：

rsums (F, [a, b])

式中，F 为被积分函数；a 和 b 分别为积分的上下限。

【例 3-11】 对 $f(x)=\dfrac{x+\cos x}{1+\sin x}$，在区间 $\left[0,\dfrac{\pi}{2}\right]$ 求其定积分，并绘图。

MATLAB 程序如下：

```
>> clear all
```

```
syms x
f=(x+cos(x))/(1+sin(x));
rf=int(f,x,0,pi/2)
rsums(f,[0,pi/2])        %用积分公式近似面积图
```

计算结果如下，近似积分的结果如图 3-5 所示。

```
rf =
log(4)
```

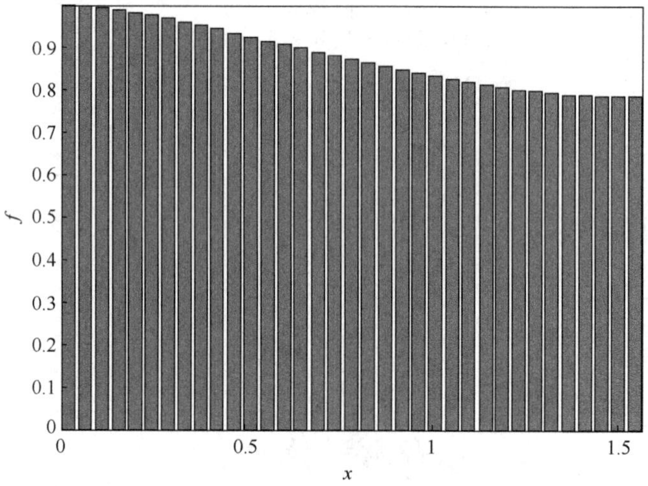

图 3-5　近似积分的结果

【例 3-12】 求多重积分 $f(x)=\int_1^2\int_{\sqrt{x}}^{x^2}\int_{\sqrt{y}}^{x^3y^2}(x^3+y^3+z^3+3xyz)\mathrm{d}x\mathrm{d}y\mathrm{d}z$。

MATLAB 程序如下：

```
clear
clc
syms x y z;
f=x^3+y^3+z^3+3*x*y*z;
r_int3=int(int(int(f,z,sqrt(y),x^3*y^2),y,sqrt(x),x^2),x,1,2)
digits(5);
vpa(r_int3)
```

计算结果如下：

```
r_int3 =
(64*2^(1/4))/117  -  (1161038*2^(1/2))/5355  +  (128*2^(3/4))/57  +
1332086745284257/687292320
ans= 1.9379e6
```

3.6　数值积分算法

数值积分可以用来求函数定积分的近似值。

对于可以使用初等函数来表示其积分的函数，只需要求出不定积分然后代入值就能得到其定积分。但是，有许多难求的函数和没法使用初等函数表示的函数，当想要求出它们的定积分的时候，需要使用数值积分算法。

前面公式虽然在理论上或在解决实际问题中都起了很大的作用。但它并不能完全解决定积分的计算问题。因为定积分的计算常常会碰到以下三种情况：

（1）被积函数 $f(x)$的原函数不易找到。许多很简单的函数，例如

$$\frac{\sin x^2}{x},\quad \frac{1}{\ln x},\quad e^{-x^2}$$

等，其原函数都不能用初等函数表示成有限形式。

（2）被积函数 $f(x)$没有具体的解析表达式。其函数关系由表格或图形表示，无法求出原函数。

（3）尽管 $f(x)$的原函数能表示成有限形式，但其表达式相当复杂。例如定积分

$$\int_b^a \frac{\mathrm{d}x}{1+x^4}$$

的被积函数 $\frac{1}{1+x^4}$ 的原函数就比较复杂，从数值计算角度来看，计算量太大。

许多实际问题中的被积函数还有列表函数或其他形式的非连续函数的定积分也不能用不定积分方法求解。对于这些情况，就需要使用数值积分的方法来进行求解。

数值积分法是求定积分的近似值的数值方法。即用被积函数的有限个抽样值的离散或加权平均近似值代替定积分的值。在已知函数的微分方程时，求解函数下一时刻的值。数值积分法是计算机仿真中常用的一种方法，主要包括欧拉法、梯形法和龙格-库塔法。

3.6.1　欧拉法和辛普森公式

欧拉法的表达式可以写成下面形式：

$$y(k+1)=\int_k^{k+1} y'(k)\mathrm{d}k \tag{3-25}$$

用欧拉法近似替代则有 $y'=f(k,y)$，这样即可得到

$$\int_k^{k+1} y'(k)\mathrm{d}k = f(k,y)\cdot h + y(k) \tag{3-26}$$

式中，$y'(k)$ 为函数 $y(k)$ 在 k 时刻的导数；h 为积分的步长（也可以说是采样周期）。

欧拉法的主要思想是用当前时刻的值 $y(k)$ 加当前时刻 $y'(k)\cdot h$（积分步长）来近似替代 $y(k+1)$ 时刻的值，即

$$y(k+1)=f(k)\cdot h + y(k) \tag{3-27}$$

这种方法误差来源于，在 h 区间内 $y'(t)$ 是变化的，而这里都用 $y(k)$ 替代了。

梯形法是在欧拉法的基础上进行改进的算法，也称为改进的欧拉法。在用欧拉法求

出 $y(k+1)$ 之后，再求出 $y(k+1)$ 处的导数 $f\left(k+1, y(k+1)\right)$。再用求梯形面积的方法求解这个积分的大小，即可得到

$$y(k+1)=y(k)+\frac{1}{2}h\cdot(f(k+1,y(k+1))+f(k,y(k))) \tag{3-28}$$

用矩形逼近的时候有很多空缺，如图 3-6 所示。使用梯形去逼近，就能大大提高精度，如图 3-7 所示。若用梯形的面积近似地代替曲边梯形的面积，则得到计算定积分的梯形公式为

$$\int_b^a f(x)\mathrm{d}x \approx \frac{b-a}{2}[f(a)+f(b)] \tag{3-29}$$

若用抛物线代替曲线 $f(x)$，则可得到抛物线公式（或辛普森公式）为

$$\int_b^a f(x)\mathrm{d}x \approx \frac{b-a}{6}[f(a)+4f(\frac{a+b}{2})+f(b)] \tag{3-30}$$

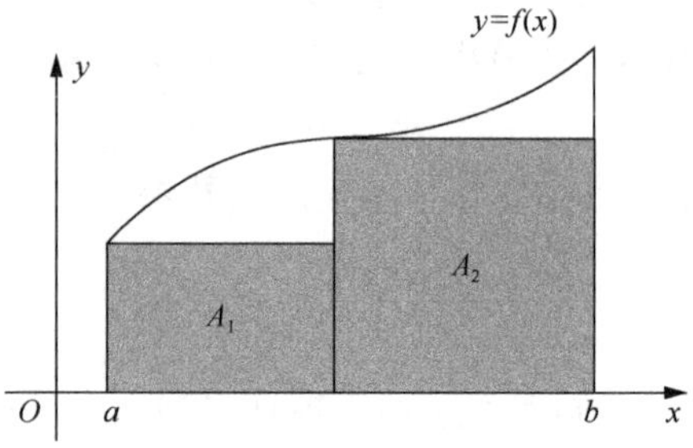

图 3-6　矩形逼近示意图

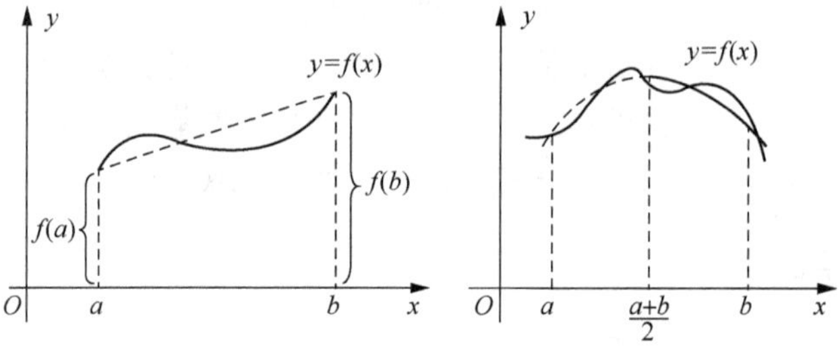

图 3-7　梯形逼近示意图

【例 3-13】 试分别用梯形公式和抛物线公式计算如下积分：

$$\int_{0.5}^1 \sqrt{x}\mathrm{d}x$$

解：利用梯形公式得

$$\int_{0.5}^1 \sqrt{x}\mathrm{d}x \approx \frac{1-0.5}{2}(\sqrt{0.5}+\sqrt{1}) \approx 0.4267767$$

利用抛物线公式得

$$\int_{0.5}^1 \sqrt{x}\mathrm{d}x \approx \frac{1-0.5}{6}(\sqrt{0.5}+4\sqrt{0.75}+\sqrt{1}) \approx 0.43093403$$

MATLAB 程序如下：

```
clear
clc
syms x;
f=sqrt(x);
rr=int(f,x,0.5,1)
vpa(rr)
```

计算结果如下：

```
ans=  0.43096440627115082519971854596505
```

结果表明，利用抛物线公式获得的计算结果，其精度明显高于梯形公式。

3.6.2　自适应辛普森数值积分

对于变化缓慢的被积函数，使用等间距离散采样步长可以保证整体计算的精度。然而如果被积函数在某个范围内变化很剧烈，则为了保证计算精度就需要使用更小的采样步长，否则积分发散或失真。因此，如果设计一种算法能在被积函数变化范围比较大时采样点密集，而在函数值变化缓慢的区间采用较稀疏的采样点，就可以使用较少的采样点数得到很高的求解精度。这种算法也相应地被称为自适应数值积分法。下面介绍一些实现自适应数值积分的 MATLAB 函数。

1. quad 函数

MATLAB 提供了 quad 函数采用自适应辛普森（Simpson）积分公式用于计算数值积分问题，quad 函数可以用来计算一元定积分问题。其调用格式如下：

➢　q = quad(fun,a,b)：q 为计算的积分结果；fun 为函数的句柄；a 与 b 分别是积分的下限与上限，对于 a 与 b 的大小关系没有限制，如果用户交换 a 与 b 的位置，所得结果是前面加一个负号。

➢　q = quad(fun,a,b,tol)：tol 为精度控制量，其为一个较小的数，默认值为 le-6。

➢　q = quad(fun,a,b,tol,trace)：trace 参数用于在迭代过程中表示向量[fcnt,a,b-a,q]，其中输入参数 fun、a 与 b 是必需的。

➢　[q,fcnt] = quad(…)：fcnt 为被积函数计算的次数。

【例 3-14】 用自适应辛普森积分公式计算积分 $\int_{0.5}^{1}\sqrt{x}\mathrm{d}x$。

MATLAB 程序如下：

```
syms x
f=inline(sqrt(x))  %内联函数
quad(@(x)f(x),0.5,1)
```

计算结果如下：

```
>> intexamp6
```

```
f =
内联函数:
     f(x) = sqrt(x)
ans =
    0.4310
```

在 MATLAB 命令窗口、程序或函数中创建局部函数时，可用内联函数 inline。inline 函数形式相当于编写 m 函数文件，但不需编写 m 文件就可以描述出某种数学关系。inline 函数的一般形式为

FunctionName=inline('函数内容', '所有自变量列表')

例如：求解 $F(x)=x^2\cos(ax)-b$，在命令窗口输入：

```
Fofx=inline('x. ^2.*cos(a.*x)-b','x','a','b')
```

注意，调用 inline 函数时，只能由一个 MATLAB 表达式组成，并且只能返回一个变量，不允许[u,v]这种向量形式。因而，任何要求逻辑运算或乘法运算以求得最终结果的场合，都不能应用 inline 函数。

【例 3-15】 计算积分 $f=\int_0^2 \frac{1}{x^3-2x-5}\mathrm{d}x$。

被积函数可用两种方法定义，即用一个函数文件或内联函数 inline 来定义。

方法一：首先用函数文件定义，MATLAB 程序如下：

```
function y=li4_35qual(x)
y=1./(x.^3-2*x-5);
```

其实现积分的 MATLAB 程序如下：

```
>> q=quad('li4_35qual',0,2)
```

计算结果如下：

```
q =
  -0.460501739742492
```

方法二：直接用内联函数定义，MATLAB 程序如下：

```
>> f=inline(1/(x^3-2*x-5));
q=quad(@(x)f(x),0,2)
```

计算结果如下：

```
q=
-0.4605
```

2. quadl 函数

MATLAB 提供了 quadl 函数采用自适应洛巴托(Lobatto)积分法用于计算数值积分。其调用格式如下：

- q = quadl(fun,a,b)
- q = quadl(fun,a,b,tol)
- quadl(fun,a,b,tol,trace)
- [q,fcnt] = quadl (···)

从调用格式可观察到，quadl 函数与 quad 函数完全相同，它们的输入、输出参数的意义也相同，这里不再介绍。quad 函数一般对于不光滑函数较低精度有效，而 quadl 函数对于光滑函数较高精度有效。

3. quadgk 函数

MATLAB 提供了 quadgk 函数采用自适应高斯-克朗罗德（Gauss-Kronrod）积分法用于计算数值积分，其可以用来解决含有无穷区间端点的积分、端点中等奇异的积分以及沿分段线性路径积分。其调用格式如下：

- q=quadgk(fun,a,b)：q 为输出结果；fun 是被积函数对应的句柄；a、b 是积分的上下限。
- [q,errbnd] = quadgk(fun,a,b)：errbnd 为一个绝对误差的近似范围，其不大于 max(AbsTol,RelTol*|q|)。
- [q,errbnd] = quadgk(fun,a,b,paraml,vall,param2,val2,···)：paraml 与 param2 表示属性名，val1 与 val2 为属性的相应取值，其中属性名包括 AbsTol 是绝对误差范围，其默认值是 1e-10；RelTol 是相对误差范围，其默认值为 le-6。

Waypoints 是积分区间内所有中断点按单调递增或者递减顺序组成的一个向量，其中奇异点不能包含在 Waypoint 向量中，奇异点只能是区间端点；MaxIntervalCount 是允许区间的最大数目，其默认值是 650，超过这个数值 MATLAB 将会以警告的方式通知用户。

【例 3-16】 计算积分 $f=\int_0^{\infty} x^5 \mathrm{e}^{-x} \sin x \mathrm{d}x$，RelTol 值设为 1e−8，AbsTol 值设为 1e−12，其余属性采用默认值。

MATLAB 程序如下：

```
>> clear all;
>> [q,errbnd]=quadgk(@(x)x.^5.*exp(-x).*sin(x),0,inf,'RelTol',1e-8,
'AbsTol',1e-12)
```

计算结果如下：

```
q =
  -15.0000
errbnd =
   9.4386e-09
```

【例 3-17】 计算积分 $q=\int_0^4 p(x)\mathrm{d}x$，式中 $p(x)$ 为分段线性函数。

$$p(x)=\begin{cases} x & (x\in[0,1]) \\ \sin x & (x\in[1,2]) \\ \cos x & (x\in[2,3]) \\ x^2-2x & (x\in[3,4]) \end{cases}$$

首先，定义一个 li4_40quadgk.m 的文件，MATLAB 程序如下：

```
function y=li4_40quadgk(x)
y=x.^2-2*x;
%被积函数表达式
y((x)>=0&x<=1)=x(x>=0&x<=1);
y(x>1&x<2)=sin(x(x>1&x<2));
y(x>=2&x<3)=cos(x(x>=2&x<3));
```

其实现积分的 MATLAB 程序如下：

```
>> clear all;
>> q=quad(@(x)li4_40quadgk(x),0,4,'AbsTol',1e-4)   %利用 quad 求积分
     9     0.0000000000     1.08632000e+00     0.5730288848
    11     1.0863200000     1.82736000e+00     0.0321423255
    13     2.9136800000     1.08632000e+00     5.2703678459
```

计算结果如下：

```
q =
     5.875539056087324
>> q=quadgk(@(x)li4_40quadgk(x),0,4,'AbsTol',1e-4) %利用 quadgk 求积分
```

计算结果如下：

```
q =
    6.021587109872701
>> %设置中断点，利用 quadgk 求积分
>> q=quadgk(@(x)li4_40quadgk(x),0,4,'Waypoints',[1,2,3],'AbsTol',1e-3)
```

计算结果如下：

```
q =
    6.021605056982800
```

由以上结果可以看出，利用 quadgk 函数可成功地求解一些特殊的积分问题，对于含有断点的函数可以通过设置断点的属性来改善结果。比较上面的结果可以看出，设置断点位置和不设置断点位置得到的结果在较小的小数位上不一样。

4. dblquad 函数

MATLAB 提供了 dblquad 函数用于计算二重积分。这是一个在矩形范围内计算二重积分的函数。其调用格式如下：

➢ q = dblquad(fun,xmin,xmax,ymin,ymax)：在[xmin,xmax,ymin,ymax]的矩形内计算 fun(x, y)的二重积分，此时默认的求解积分的数值方法为 quad，默认的公差为 1e-6。

➢ q = dblquad(fun,xmin,xmax,ymin,ymax,tol)：在[xmin,xmax,ymin,ymax]的矩形内计算 fun(x, y)的二重积分，默认的求解积分的数值方法为 quad，用自定义公差 tol 来代替默认公差。

➢ q=dblquad(fun,xmin,xmax,ymin,ymax,tol,method)：在[xmin,xmax,ymin,ymax]的矩形内计算 fun(x, y)的二重积分，用 method 进行求解数值积分方法的选择，用自定义公差 tol 来代替默认公差。

【例 3-18】 计算 $f=\int_0^{2\pi}\int_0^{\pi}(y\sin x+x\cos y)\mathrm{d}x\mathrm{d}y$ 的积分。

先建立一个函数型 m 文件，MATLAB 程序如下：

```
function f=integrnd(x,y)
f=y*sin(x)+x*cos(y)
```

实现积分的 MATLAB 程序如下：

```
>> clear all
>> Q=dblquad(@integrnd,0,pi,0,2*pi)
```

计算结果如下：

```
Q =
39.4784
```

【例 3-19】 计算 $f=\iint_E \cos(x^2-2xy+y)\mathrm{d}x\mathrm{d}y$ 的积分，E 表示椭圆 $\frac{x^2}{2}+\frac{y^2}{5}=1$ 的内部区域。

MATLAB 程序如下：

```
>> clear all;
>>tol=1e-6;          %设置精度
>>    f=dblquad(@(x,y)cos(x.^2-2*x*y+y).*(x.^2/2+y.^2/5<=1),-sqrt(2),
sqrt(2), -sqrt(5),sqrt(5),tol)
```

计算结果如下：

```
f =
   2.7045
```

3.7 数值积分的龙格-库塔法

龙格-库塔（Runge-Kutta）法是一种在工程上应用广泛的高精度单步数值积分算法，用于数值求解微分方程。这里主要介绍工程中常用的四阶龙格-库塔法。

对于微分方程 $y' = f(x, y)$，根据一阶精度的拉格朗日中值定理，有

$$y(i+1) = y(i) + h \cdot K_1 \tag{3-31}$$

式中，$K_1 = f\left(x(i), y(i)\right)$。

当用点 $x(i)$ 处的斜率近似值 K_1 与右端点 $x(i+1)$ 处的斜率 K_2 的算术平均值作为平均斜率 K^* 的近似值，那么就会得到二阶精度的改进拉格朗日中值定理：

$$y(i+1) = y(i) + \frac{h}{2} \cdot \left(K_1 + K_2\right) \tag{3-32}$$

式中，$K_1 = f\left(x(i), y(i)\right)$；$K_2 = f\left(x(i)+h, y(i)+h \cdot K_1\right)$。

经数学推导、求解，可以得出四阶龙格-库塔公式，也就是在工程中应用广泛的经典龙格-库塔法：

$$y(i+1) = y(i) + \frac{h}{6} \cdot \left(K_1 + 2K_2 + 2K_3 + K_4\right) \tag{3-33}$$

式中，

$$K_1 = f\left(x(i), y(i)\right)$$
$$K_2 = f\left(x(i)+h/2, y(i)+h \cdot K_1/2\right)$$
$$K_3 = f\left(x(i)+h/2, y(i)+h \cdot K_2/2\right)$$
$$K_4 = f\left(x(i)+h, y(i)+h \cdot K_3\right)$$

K_1 是时间段开始时的斜率；K_2 是时间段中点的斜率，可以通过欧拉法采用斜率 K_1 来决定 y 在点 $x(i)+h/2$ 的值；K_3 也是中点的斜率，但是这次采用斜率 K_2 决定 y 值；K_4 是时间段终点的斜率，其 y 值用 K_3 决定。

依此类推，如果在区间 $\left[x(i), x(i+1)\right]$ 内多预估几个点上的斜率值 $K_1, K_2, \cdots, K_m$，并用它们的加权平均数作为平均斜率 K^* 的近似值，显然能构造出具有很高精度的高阶计算公式。

通常，采用截断误差来对数值积分算法的精度进行评价。截断误差指的是准确解和由数值方法求出的近似解之间的误差。数值积分是对真实值做泰勒级数展开。而欧拉法在数值积分时，取的是泰勒级数的第一项，梯形法取的是泰勒级数的前两项，四阶龙格-库塔法取的是泰勒级数前三项，它们的截断误差是泰勒级数剩下的部分。

【例 3-20】 采用牛顿方法或拉格朗日方法建立的如图 3-8 所示的单自由度系统的振动方程为

$$m\ddot{x} + c\dot{x} + kx = F(t)$$

给定参数 $m=1$、$k=10^5$ 和 $c=0.05m+0.01k$，采用龙格-库塔法求振动响应 $x(t)$。

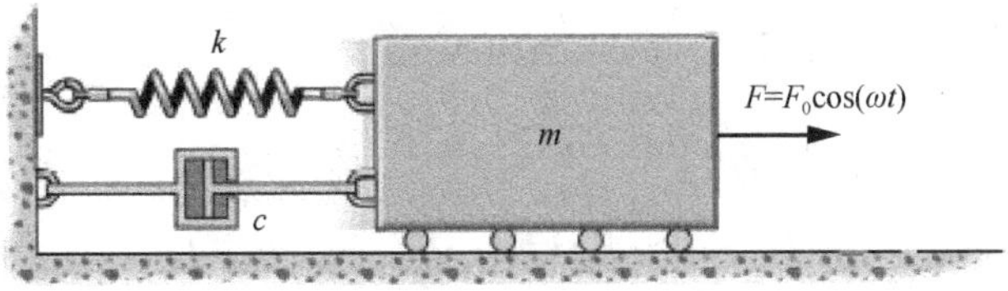

图 3-8　机械振动系统的力学原理示意图

MATLAB 程序如下：

```
clc
clear
eps=1e-6;                         %调整数据精度
N=2;
Fen=200;                          %细分的份数，调整龙格-库塔法的步进精度
for i=1:1:N
    y(i)=1e-7;
end
wxy=[];
freq=10;                          %频率
h=1/freq/Fen;                     %设置龙格-库塔法的步长
for i=1:1:150*Fen
    t=i*h;
    y=rkutta0320(t,h,y,freq);
    if i>(90*Fen)                 %取计算结果的后段的稳定解
       wxy=[wxy;t,y];
    end
end

%计算幅值频谱图
fs=1/h;                           %采样频率
xx=wxy(:,2);
Nf=length(xx);
f=fs/(Nf)*(0:Nf-1)*2*pi;
yk=fft(xx,Nf);
Pxx1=abs(yk)*2/Nf;
%输出计算结果、位移曲线、幅值谱图
figure (1)
plot(wxy(:,1),wxy(:,2));
xlabel('时间');
ylabel('幅值');
figure(2)
plot(f(1:Nf/2),Pxx1(1:Nf/2),'-k');
xlabel('频率');
ylabel('幅值');
xlim([0 500]);
grid on;
```

```
%--------------------------------------
%fun0320.m
function d=fun0320(t,h,y,freq)
m=1;
k=1e5;
c=0.05*m+0.01*k;
F0=30000;
w=freq*2*pi;
%  令d(1)=dx; d(2)=d(dx);
d(1)=y(2);
d(2)=F0/m*cos(w*t)-c/m*y(2)-k/m*y(1);
end

% rkutta0320.m
function yout=rkutta0320(t,h,y,freq)
N=length(y);
for i=1:1:N
    a(i)=0;
    d(i)=0;
    b(i)=0;
    y0(i)=0;
end
a(1)=h/2;    a(2)=h/2;
a (3) =h;    a (4) =h;
d=fun0320(t,h,y,freq);
b=y;
y0=y;
for k=1:1:3
    for i=1:1:N
        y(i)=y0(i)+a(k)*d(i);
        b(i)=b(i)+a(k+1)*d(i)/3;
    end
tt=t+a(k);
    d=fun0320(tt,h,y,freq);
end
for i=1:1:N
yout(i)=b(i)+h*d(i)/6;
end
end
```

计算结果如图 3-9 所示。

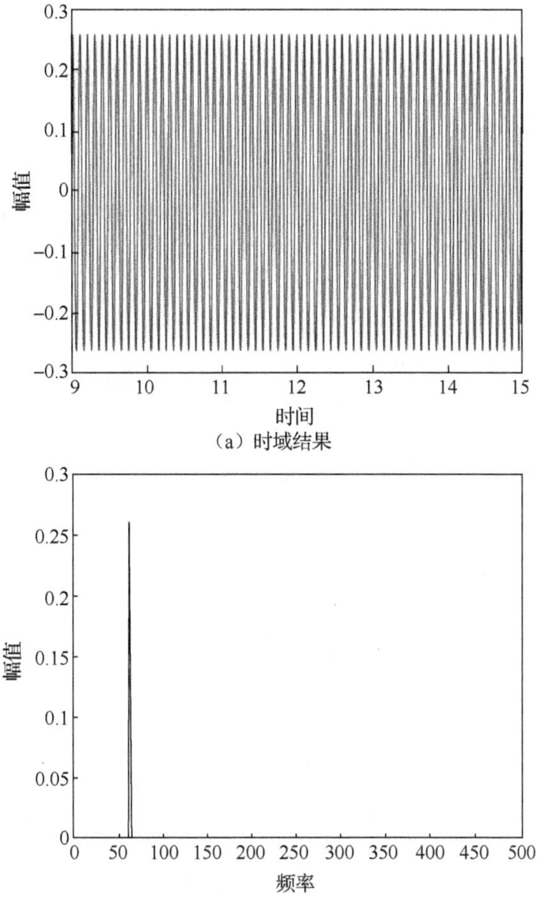

（a）时域结果

（b）频域结果

图 3-9　机械振动系统的响应数值结果

【例 3-21】 利用龙格-库塔法求解非线性振动方程的响应。

给定非线性振动方程为

$$m\ddot{x} + c\dot{x} + kx + k_3x^3 = f\cos(\omega t)$$

式中，m=1；c=0.04；k=1；k_3=0.2；f=3；ω=0.9。

MATLAB 程序如下：

```
clc
clear
eps=1e-6;                                   %调整数据精度
N=2;
Fen=200;                                    %细分的份数
for i=1:1:N
y(i)=1e-7;
end
```

```
wxy=[];
w=0.9;
h=2*pi/w/Fen;                          %设置龙格-库塔法的步进
   for i=1:1:150*Fen
       t=i*h;
       y=rkutta0321(t,h,y,w);
       if i>(90*Fen)                   %取计算结果的后段的稳定解
          wxy=[wxy;t,y];
       end
   end
%计算幅值频谱图
fs=1/h;                                %取采样频率
xx=wxy(:,2);
Nf=length(xx);
f=fs/(Nf)*(0:Nf-1)*2*pi;
yk=fft(xx,Nf);
Pxx1=abs(yk)*2/Nf;

figure (1)
plot(wxy(:,2),wxy(:,3))
xlabel('幅值');
ylabel('速度');
figure (2)
plot(wxy(:,1),wxy(:,2));
xlabel('时间');
ylabel('幅值');
figure(3)
plot(f(1:Nf/2),Pxx1(1:Nf/2),'-k');     %计算出的 y 轴是各个频率下响应的幅值
xlabel('频率');
ylabel('幅值');
axis([0 10 0 3])
grid on;
%-------------------------------------------------------------
% fun0321.m
function  d=fun0321(t,y,w)
r=0.04;
k=1;
k3=0.2;
f=3;
d(1)=y(2);
d(2)=-r*y(2)-k*y(1)-k3*y(1)^3+f*cos(w*t);
end
%------------------------------------------------------------
```

```
% rkutta0321.m
function yout=rkutta0321(t,h,y,w)
N=length(y);
for i=1:1:N
    a(i)=0;
    d(i)=0;
    b(i)=0;
    y0(i)=0;
end
a(1)=h/2;   a(2)=h/2;
a(3)=h;     a(4)=h;
d=fun0321(t,y,w);
b=y;
y0=y;
for k=1:1:3
    for i=1:1:N
        y(i)=y0(i)+a(k)*d(i);
        b(i)=b(i)+a(k+1)*d(i)/3;
    end
    tt=t+a(k);
    d=fun0321(tt,y,w);
end
for i=1:1:N
     yout(i)=b(i)+h*d(i)/6;
end
end
```

计算得到的该振动系统的位移曲线、相平面图和利用快速傅里叶变换（fast Fourier transform，FFT）计算得到的谱图如图 3-10 所示。

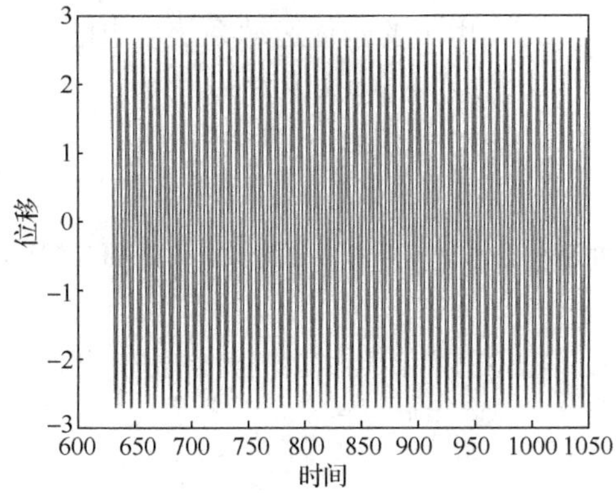

（a）位移曲线

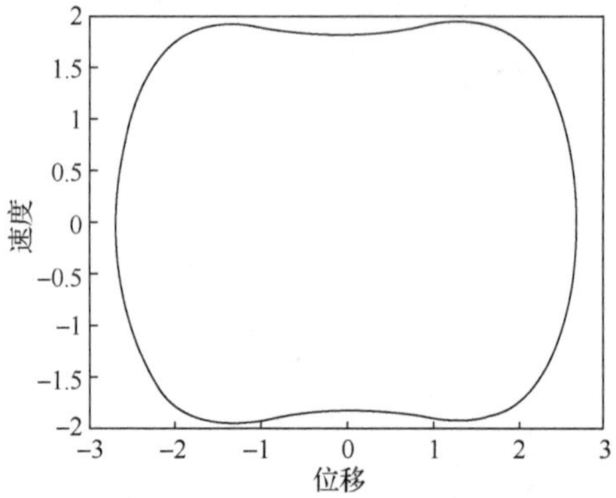

（b）相平面图

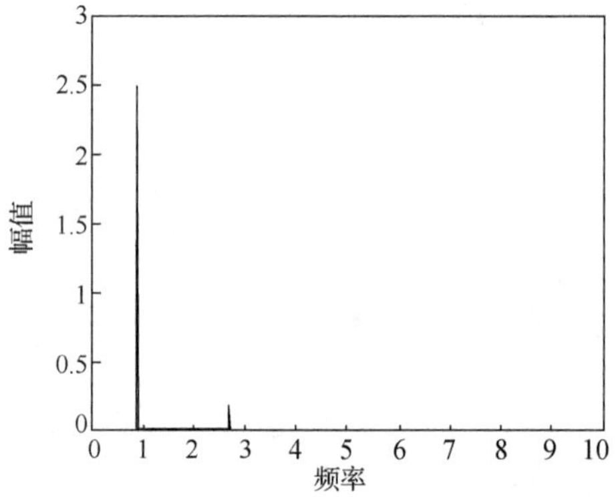

（c）FFT谱图

图 3-10　非线性振动方程的数值积分结果

3.8　MATLAB 中的数值积分 ode45 函数

使用 MATLAB 中的 ode45 函数进行常微分方程数值求解是十分重要的一项内容，介绍如下。此外，也可以使用“helpode45”命令查看 ode45 函数的帮助文档。

【例 3-22】 对于某无外力作用下的刚体运动系统，求解如下方程组：

$$\begin{cases} y_1' = y_2 y_3, y_1(0) = 0 \\ y_2' = -y_1 y_3, y_2(0) = 1 \\ y_3' = -0.51 y_1 y_2, y_3(0) = 1 \end{cases}$$

首先，建立系统运动方程，文件名为 odefun.m，MATLAB 程序如下：

```
% odefun.m
function dy=odefun(t,y)
  dy=zeros(3,1); % a column vector
  dy(1)=y(2)*y(3);
  dy(2)=-y(1)*y(3);
  dy(3)=-0.51*y(1)*y(2);
end
```

然后，创建命令文件，文件名为 ch03a22.m，MATLAB 程序如下：

```
clear
clc
tspan=[0,12];%时间跨度取 0-12，可以空格分隔，也可以用逗号分隔
y0=[0,1,1];%初始值
[T,Y]=ode45(@odefun,tspan,y0);%调用语句
plot(T,Y(:,1),'-',T,Y(:,2),'-.',T,Y(:,3),'.')%绘图
legend('x','y','z')
```

得到所求方程的曲线图如图 3-11 所示。

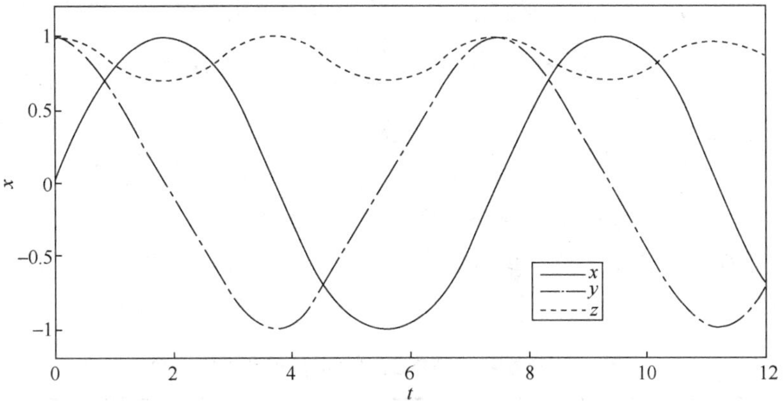

图 3-11　计算结果

【例 3-23】 在 fun0323.m 文件里面定义微分方程组，利用上面的积分公式进行计算。MATLAB 程序如下：

```
function dx = fun0323(t, x)
dx = zeros(2, 1);
dx(1) = -x(1).^3 - x(2);
dx(2) = x(1) - x(2).^3;end
```

运行命令：

```
[t,x] = ode45(@fun, [0,30], [1;0.5]);
```

这里，[0, 30]是 t 的区间；[1; 0.5]是初值。
计算得到的结果将会有一列 t 和两列 x。

3.9　高斯积分法

高斯积分法是计算复杂函数的定积分时通常采用的一种数值方法。对于一维定积分问题

$$\int_{-1}^{1} f(\xi)\mathrm{d}\xi \tag{3-34}$$

近似地化为加权求和问题。在积分区间选定某些点，称为积分点，求出积分点处的函数值，然后再乘以与这些积分点相对应的求积系数（又称加权系数），再求和，所得的结果认为是被积函数的近似积分值。这种求积方法表达如下：

$$\int_{-1}^{1} f(\xi)\mathrm{d}\xi \approx \sum_{i=1}^{n} H_i f(\xi_i) \tag{3-35}$$

式中，n 是积分点的个数；ξ_i 是积分点 i 的坐标；H_i 是加权系数。

高斯积分法采用以上这种格式，式（3-35）中积分点坐标 ξ_i 及其对应的加权系数 H_i 如表 3-1 所示。逐次利用一维高斯求积公式可以构造出二维和三维高斯求积公式：

$$\int_{-1}^{1}\int_{-1}^{1} f(\xi,\eta)\mathrm{d}\xi\mathrm{d}\eta \approx \sum_{i=1}^{n}\sum_{j=1}^{m} H_i H_j f(\xi_i,\eta_j) \tag{3-36}$$

$$\int_{-1}^{1}\int_{-1}^{1}\int_{-1}^{1} f(\xi,\eta,\zeta)\mathrm{d}\xi\mathrm{d}\eta\mathrm{d}\zeta \approx \sum_{i=1}^{n}\sum_{j=1}^{m}\sum_{k=1}^{l} H_i H_j H_k f(\xi_i,\eta_j,\zeta_k) \tag{3-37}$$

高斯积分的阶数通常根据等参元的阶数和节点数来选取。例如，平面 4 节点等参元可取 2 阶，平面 8 节点等参元可取 3 阶，空间 8 节点等参元可取 2 阶，而空间 20 节点等参元可取 3 阶。

表 3-1　高斯积分法中的积分点坐标和加权系数

积分点数n	积分点坐标	加权系数 H_i
2	±0.5773503	1.0000000
3	0.0000000	0.8888889
	±0.7745967	0.5555556
4	±0.8611363	0.3478548
	±0.3399810	0.6521452
5	0.0000000	0.5688889
	±0.9061798	0.2369269
	±0.5384693	0.4786287

按照一维情况类似方式，首先给出如下二重积分公式：

$$I = \int_{-1}^{1}\mathrm{d}x\int_{-1}^{1} f(x,y)\mathrm{d}y = \sum_{k=1}^{m}\sum_{l=1}^{m} A_{kl} H_j f(x_k,y_l) \tag{3-38}$$

这是标准的二维高斯积分 $m\times m$（即 x 轴和 y 轴分别取 m 个点对应 m^2 个点）公式的表达式，式（3-38）中 x_k 称作高斯积分点，A_{kl} 称作 x_k 对点处的权重。m=1,2,3 时对应的示意图如图 3-12 所示。

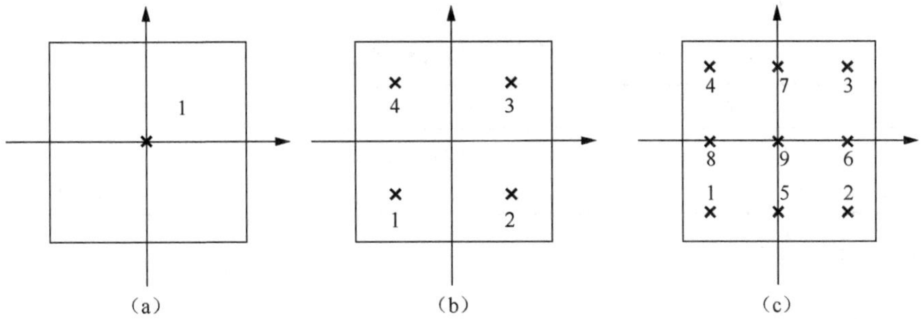

图 3-12　高斯二重积分的取样点示意图（m=1,2,3）

部分高斯积分点和权重对应列表如表 3-2 所示。

表 3-2　部分高斯积分点和权重

高斯点个数 m^2（$m\times m$）	高斯点(x_i,y_i)	权重 A_i	精度（$2m-1$）
1（1×1）	$x_1=y_1=0$	$A_1=4$	1
4（2×2）	$x_1=-1/\sqrt{3}, y_1=-1/\sqrt{3}$ $x_2=1/\sqrt{3}, y_2=-1/\sqrt{3}$ $x_3=1/\sqrt{3}, y_3=1/\sqrt{3}$ $x_4=-1/\sqrt{3}, y_4=1/\sqrt{3}$	$A_1=A_2=A_3=A_4=1$	3
9（3×3） 令 $gpt=\sqrt{\dfrac{3}{5}}$	$x_1=-gpt, y_1=-gpt$ $x_2=gpt, y_2=-gpt$ $x_3=gpt, y_3=gpt$ $x_4=-gpt, y_4=gpt$ $x_5=0, y_5=-gpt$ $x_6=gpt, y_6=0$ $x_7=0, y_7=gpt$ $x_8=-gpt, y_8=0$ $x_9=0, y_9=0$	$A_1=A_2=A_3=A_4=25/81$ $A_5=A_6=A_7=A_8=40/81$ $A_9=64/81$	5

一般二重积分近似值也就是使用 2×2、3×3 公式就完全足够了，不需要太多的点。因此可以得到高斯积分的坐标表达式为

$$I=\int_{-1}^{1}\mathrm{d}x\int_{-1}^{1}f(x,y)\mathrm{d}y=\sum_{i=1}^{m^2}A_i f(x_i,y_i)$$

【例 3-24】 使用高斯积分法进行如下定积分的计算，并且与 MATLAB 自带函数 integral2 计算的结果进行比较，给出误差。定积分为

$$I=\int_{a}^{b}\mathrm{d}x\int_{c}^{d}f(x,y)\mathrm{d}y$$

式中，a=1.4；b=2；c=1；d=1.5；$f(x,y)=\ln(x+2y)$；ln 是以 e 为底的对数函数。

使用 MATLAB 的 integral2 函数计算结果为

```
I=0.429554527548275
```

计算结果如表 3-3 所示。

表 3-3　计算结果

高斯点数 m^2（$m\times m$）	积分值 I_m	误差 norm（I_m-I）
4（2×2）	0.429556088022242	1.56e-6
9（3×3）	0.429554531152490	3.60e-9

MATLAB 程序如下：

```
clc; clear;
% compute int_a^b [ int_c) ^d  f(x,y)]
%(x,y)\ in [a,b]X[c,d]
% setup the integral interval and gauss point and weight
a=1.4;b=2;
c=1;d=1.5;
fun=@(x,y)log(x+2*y);
fprintf('**********************************************\n')
for gauss=2:3% m points rule in 2 dimensional case
   if gauss==2
fprintf('*******2*2 points gauss rule result *******!')
gpt=1/sqrt(3);
        s(1)=-gpt;t(1)=-gpt;
        s(2)=gpt;t(2)=-gpt;
        s(3)=gpt;t(3)=gpt;
        s(4)=-gpt;t(4)=gpt;
wt=[1 1 1 1];
   elseif gauss==3
gpt=sqrt(0.6);
fprintf('*******3X3 points gauss rule *******')
        s(1)=-gpt;t(1)=-gpt; wt(1)=25/81;
        s(2)=gpt;t(2)=-gpt; wt(2)=25/81;
        s(3)=gpt;t(3)=gpt; wt(3)=25/81;
        s(4)=-gpt;t(4)=gpt; wt(4)=25/81;
        s(5)=0.0;t(5)=-gpt; wt(5)=40/81;
        s(6)=gpt;t(6)=0.0; wt(6)=40/81;
        s(7)=0.0;t(7)= gpt; wt(7)=40/81;
        s(8)=-gpt;t(8)=0.0; wt(8)=40/81;
        s(9)=0.0;t(9)=0.0; wt(9)=64/81;
   end
   %区间变换到[-1, 1] X [-1, 1]
jac=(b-a)*(d-c)/4;
   x=(b+a+(b-a)*s)/2;
   y=(d+c+(d-c)*t)/2;
   f=fun(x,y);
   comp=wt(:).*f(:).*jac;%无论一个向量是行还是列，写成 x(: )都会变成列向量

format long
```

```
    comp=sum(comp)
    exact=integral2(fun,a,b,c,d);
fprintf('the error is norm(comp-exact)=%10.6e\n\n',norm(comp-exact))
end
fprintf('*****************************************\n')
fprintf('MATLAB built-in function"integral21"\n')
exact
format short
```

计算结果如下：

```
***********************************************
*******2*2 points gauss rule result *******!
comp =
    0.4296
the error is norm(comp-exact)=1.560474e-06

*******3X3 points gauss rule *******
comp =
    0.4296
the error is norm(comp-exact)=3.604215e-09

*****************************************
MATLAB built-in function"integral21"
exact =
    0.4296
```

【例 3-25】 利用高斯求积公式计算 $y=\dfrac{\sin x}{1+x^2}$ 的值。

MATLAB 程序如下：

```
%建立 m 文件
function s=guassl(a,b,n)
syms x;
h=(b-a)/n;
s=0.0;
for m=0:(1*n/2-1)
    s=s+h*(guassf(a+h*(1-1/sqrt(3)+2*m))+guassf(a+h*(1+1/sqrt(3)+2*m)));
end
s;
I=int(sin(x),0,1);
c=(I-s)/I;
d=vpa(c,10);
end
```

建立函数 $y=\dfrac{\sin x}{1+x^2}$

```
function y=guassf(x)
y=sin(x)/(1+x*x);
end
```

在命令窗口输入：

```
s=guassl(0,1,20)
```

计算结果如下：

```
s =
    0.3218
```

习　　题

3-1　试计算下列各式的极限。

（a）$\lim\limits_{x\to\infty}\left(2^x+8^x\right)^{\frac{1}{x}}$；（b）$\lim\limits_{x\to\infty}\dfrac{(5x+7)^x(x-3)^{2x-3}}{(3x+1)^{4x+1}}$。

3-2　试计算下列各式的双重极限。

（a）$\lim\limits_{\substack{x\to-5\\y\to2}}\dfrac{xy+x^2y}{(x-2y)^3}$；（b）$\lim\limits_{\substack{x\to0\\y\to2}}\dfrac{x}{\left(x^2+y^2\right)e^{x^2+y^2}}$。

3-3　试计算下列各式的导数。

（a）$y(x)=\sqrt{x\cos x\left(1+e^x\right)}$；（b）$y(x)=\dfrac{\sqrt{1-x\sin 2x}}{1+e^x}$。

3-4　试计算下列各式的三阶导数。

（a）$y(x)=\sqrt{\cos x\left(x-e^x\right)}$；（b）$y(x)=\dfrac{\sqrt{1-x}}{x\left(1+e^x\right)}$。

3-5　已知方程组$\begin{cases}x=\ln(\sin 2x)\\y=\cos x\left(x-e^x\right)\end{cases}$，计算$\left.\dfrac{dy}{dx}\right|_{t=\frac{\pi}{3}}$和$\left.\dfrac{d^2y}{dx^2}\right|_{t=-\frac{\pi}{3}}$。

3-6　已知方程$f=\sin^{-1}y\left(1+e^x\right)$，试验证$\dfrac{\partial^2 f}{\partial x\partial y}=\dfrac{\partial^2 f}{\partial y\partial x}$。

3-7　试计算下列各式的不定积分。

（a）$\int\dfrac{x+a}{(x-2)^2}dx$；（b）$-\int\cos x\left(1+x^2\right)dx$。

3-8　试计算下列各式的定积分。

（a）$\int_0^1\dfrac{x+x^2}{(x-2)^3}dx$；（b）$\int_{-2}^2\dfrac{1+x^2}{\cos x}dx$。

3-9　试计算下列各式的多重积分。

（a）$\int_0^1\int_0^{2x}\frac{x^2+4}{y-1}\mathrm{d}y\mathrm{d}x$；（b）$\int_0^3\int_0^{\sqrt{2x}}\left(x^2+4\right)\left(3y+1\right)\mathrm{d}y\mathrm{d}x$。

3-10　已知振动微分方程如下：

$$\ddot{x}+2\xi\omega_0\dot{x}+\omega_0^2x=\omega_0^2\mathrm{e}^{\mathrm{j}\omega t}$$

式中，$\xi=1$ 为复频响应函数；$\omega_0=\sqrt{2}$。位移响应 $x(t)$ 满足微分关系 $x(t)=A_0\sin(\omega t)$。试计算该系统的振动幅值 A_0。

第 4 章　级数展开和积分变换算法

级数是指将数列的项依次用加号连接起来的函数。典型的级数有正项级数、交错级数、幂级数、傅里叶级数等。级数是研究函数的一个重要工具，在理论和实际应用中都处于重要地位。一方面能借助级数表示许多常用的非初等函数，微分方程的解就常用级数表示；另一方面又可将函数表示为级数，从而借助级数去研究函数，例如用幂级数研究非初等函数以及进行近似计算。

积分变换在数学理论和工程应用中都是非常有用的工具。积分变换可以将某些难以分析的问题映射到其他域内再进行分析。主要的积分变换有傅里叶变换、拉普拉斯（Laplace）变换等，以及其他一些积分变换，如梅林变换和汉克尔变换，它们可以通过傅里叶变换或拉普拉斯变换转化而来。在这里，主要介绍与傅里叶变换有关的算法。

4.1　泰 勒 级 数

泰勒（Taylor）级数的定义为：对于单变量函数 $f(x)$，若函数 $f(x)$ 在 x_0 处 n 阶可微，则

$$f(x)=\sum_{k=0}^{n}\frac{f^{(k)}(x)}{k!}(x-x_0)^k+R_n(x) \tag{4-1}$$

式中，$f^{(k)}(x)$ 为 $f(x)$ 的 k 阶导数；$R_n(x)$ 为余项。

常用的余项公式如下。

Peano 型余项为

$$R_n(x)=o((x-x_0)^n) \tag{4-2}$$

拉格朗日型余项为

$$R_n(x)=\frac{f^{(n+1)}(\xi)}{(n+1)!}(x-x_0)^{n+1} \tag{4-3}$$

式中，ξ 介于 $x_0 \sim x$ 之间。

特别地，当 $x_0=0$ 时的带拉格朗日型余项的泰勒公式为

$$f(x)=f(0)+f'(0)x+\frac{f''(0)}{2!}x^2+\cdots+\frac{f^{(n)}(0)}{n!}x^n+\frac{f^{(n+1)}(\xi)}{(n+1)!}x^{n+1}\quad(0<\xi<x) \tag{4-4}$$

称为 Maclaurin 公式。

MATLAB 提供 taylor 函数用于实现泰勒级数展开，调用格式如下。

- taylor(f)：以系统的默认变量 x 进行泰勒级数展开。
- taylor(f,n)：以系统的默认变量 x 进行泰勒级数展开，n 为展开的阶数，其要求

为一个正整数。

➤　taylor(f,a)：用于返回 f 的泰勒级数展开，展开点为 a，a 可以为符号变量或数值。

➤　taylor(f,n,v)：用于返回 f 的泰勒级数展开，其中 f 为符号表达式，n 为展开的阶数参数，实际返回 $n-1$ 阶，v 为符号自变量。

➤　taylor(f,n,v,a)：按 $n=a$ 进行泰勒级数展开。

【例 4-1】 对函数 $f(x)=a\cos x+b\sin x$ 进行 8 阶泰勒级数展开，并求 $f(x)$ 在 $\pi/2$ 处的 8 阶泰勒级数展开的具体表达式。

MATLAB 程序如下：

```
clear all;
syms a b x;
f=a*cos(x)+b*sin(x);
f1=taylor(f,'Order',8)
f2=taylor(f,x,pi/2)
```

计算结果如下：

```
f1 =
- (b*x^7)/5040 - (a*x^6)/720 + (b*x^5)/120 + (a*x^4)/24 - (b*x^3)/6 -
(a*x^2)/2 + b*x + af2= b-(a*(pi/2-x)^3)/6+(a*(pi/2-x)^5)/120-(a*(pi/2-x)^7)/
5040-(b*(pi/2-x)^2)/2+(b*(pi/2-x)^4)/23-(b*(pi/2-x)^6)/720+a*(pi/2-x)
f2 =
b - (a*(pi/2 - x)^3)/6 + (a*(pi/2 - x)^5)/120 - (b*(pi/2 - x)^2)/2 +
(b*(pi/2 - x)^4)/24 + a*(pi/2 - x)
```

【例 4-2】 对函数 $f(x)=\sin x$ 进行泰勒级数展开，并对比泰勒级数展开的计算精度。

MATLAB 程序如下：

```
clear all
syms x
f=sin(x)
x0=0;
x1=5*pi/180
y=taylor(f,x,x1,'order',1)
vpa(y)
x1
```

计算结果如下：

```
f = sin(x)
x1 = 0.0873
y = sin(pi/36)
ans = 0.087155742747658173558064270837474
x1 = 0.0873
```

4.2　傅里叶级数展开

傅里叶（Fourier）级数展开是法国数学家傅里叶提出的，任何周期函数都可以用正弦函数和余弦函数构成的无穷级数来表示。选择正弦函数与余弦函数作为基函数是因为它们是正交的，傅里叶级数为一种特殊的三角级数，根据欧拉公式，三角函数又能化成指数形式，也可认为傅里叶级数为一种指数级数。

傅里叶级数的定义为：设函数 $f(x)$ 在区间 $[0,2\pi]$ 上绝对可积，且令

$$\begin{cases} a_n = \dfrac{1}{\pi}\displaystyle\int_0^{2\pi} f(x)\cos(nx)\mathrm{d}x \quad (n=1,2,\cdots) \\ b_n = \dfrac{1}{\pi}\displaystyle\int_0^{2\pi} f(x)\sin(nx)\mathrm{d}x \quad (n=1,2,\cdots) \end{cases} \tag{4-5}$$

式中，a_n、b_n 为 $f(x)$ 的傅里叶系数。

也就是，给定一个周期为 T 的函数 $x(t)$，那么它可以表示为如下无穷级数：

$$x(t) = \sum_{k=-\infty}^{\infty} a_k \mathrm{e}^{\mathrm{j}k\frac{2\pi}{T}t} \tag{4-6}$$

式中，j 为虚数单位；a_k 可以按式（4-7）计算：

$$a_k = \frac{1}{T}\int_T x(t)\mathrm{e}^{-\mathrm{j}k\frac{2\pi}{T}t}\mathrm{d}t \tag{4-7}$$

或者，已知 x_i 处的函数值 $f_i = f(x_i)$，傅里叶级数如下：

$$f(x) = \frac{1}{2}a_0 + \sum_{k=1}^{\infty}[a_k\cos(kx) + b_k\sin(kx)] \tag{4-8}$$

式中，前 $2n+1$ 个系数 $a_k(k=0,1,\cdots,n)$ 和 $b_k(k=1,2,\cdots,n)$ 的近似值可以按如下方法确定。式（4-8）写成展开式如下：

$$\begin{aligned} f(t) &= a_0 + a_1\cos(\omega t) + b_1\sin(\omega t) \\ &\quad + a_2\cos(2\omega t) + b_2\sin(2\omega t) + \cdots \\ &\quad + a_n\cos(n\omega t) + b_n\sin(n\omega t) + \cdots \\ &= a_0 + \sum_{n=1}^{\infty}\left[a_n\cos(n\omega t) + b_n\sin(n\omega t)\right] \end{aligned} \tag{4-9}$$

式中，

$$a_0 = \frac{1}{T}\int_{t_0}^{t_0+T} f(t)\mathrm{d}t \tag{4-10}$$

$$a_n = \frac{2}{T}\int_{t_0}^{t_0+T} f(t)\cos(n\omega t)\mathrm{d}t \tag{4-11}$$

$$b_n = \frac{2}{T}\int_{t_0}^{t_0+T} f(t)\sin(n\omega t)\mathrm{d}t \tag{4-12}$$

【例 4-3】 计算 $f(x)=x^3$ 在区间$[0,2\pi]$上的傅里叶系数。

根据式（4-9）～式（4-12），编写在区间$[0,2\pi]$上的傅里叶系数展开计算函数 fouriertay.m 代码。

MATLAB 程序如下：

```
function [a0,an,bn]=fouriertay(f)
syms x n
a0=int(f,0,2*pi)/pi;
an=int(f*cos(n*x),0,2*pi)/pi;
bn=int(f*sin(n*x),0,2*pi)/pi;
```

计算本例中具体函数级数的 MATLAB 程序如下：

```
>> clear all;
syms x;
f=x^3;
[a0,an,ab]=fouriertay(f)
```

计算结果如下：

```
a0 =
4*pi^3
an =
(2*(6*sin(pi*n)^2+4*pi^3*n^3*sin(2*pi*n)-6*pi^2*n^2*(2*sin(pi*n)^2-1)
-6*pi*n*sin(2*pi*n)))/(pi*n^4)
ab =
-(sin(2*pi*n)*(6/n^4 - (12*pi^2)/n^2) - cos(2*pi*n)*((12*pi)/n^3 -
(8*pi^3)/n))/pi
```

【例 4-4】 计算 $f(x)=x^3$ 在区间$[-\pi,\pi]$上的傅里叶系数。

编写在区间$[-\pi,\pi]$上的傅里叶系数展开 fouriertaypi.m 函数代码如下：

```
function [a0,an,bn]=fouriertaypi(f)
syms x n
a0=int(f,-pi, pi)/pi;
an=int(f*cos(n*x),-pi,pi)/pi;
bn=int(f*sin(n*x),-pi,pi)/pi;
```

MATLAB 程序如下：

```
>> clear all;
syms x;
f=x^3;
[a0,an,bn]=fouriertaypi(f)
```

计算结果如下：

```
a0 = 0
an = 0
bn = -(2*sin(pi*n)*(6/n^4 - (3*pi^2)/n^2) - 2*cos(pi*n)*((6*pi)/n^3 - pi^3/n))/pi
```

【例 4-5】 方波信号为周期奇函数，其函数表达式为

$$f(t)=\begin{cases}1 & (0<t<\pi)\\ -1 & (\pi<t<2\pi)\end{cases}$$

分别选取级数的项数 $n=2$、10、50、100，对其进行傅里叶系数展开。

解：首先，计算 $f(t)$ 傅里叶系数，可以得到

$$a_0=\frac{2}{T}\int_0^T f(t)\mathrm{d}t=0$$

$$a_j=\frac{2}{T}\int_0^T f(t)\cos(j\omega t)\mathrm{d}t=0$$

$$b_j=\frac{2}{T}\int_0^T f(t)\sin(j\omega t)\mathrm{d}t=\frac{2}{T}\left[\frac{1}{j\omega}+\frac{1}{j\omega}\cos(j2\pi)-2\frac{1}{j\omega}\cos(j\pi)\right]$$

当 j 为偶数时，$b_j=0$，当 j 为奇数时

$$b_j=\frac{2}{T}\frac{1}{j\omega}\left[1+\cos(j2\pi)-2\cos(j\pi)\right]=\frac{4}{j\omega}$$

因此，方波信号 $f(t)$ 的傅里叶级数展开式为

$$\begin{aligned}f(t)&=a_0+\sum_{j=1}^{n}\left[a_j\cos(j\omega t)+b_j\sin(j\omega t)\right]\\&=\sum_{j=1,3,5,\cdots}^{n}\left[b_j\sin(j\omega t)\right]\\&=\frac{4}{\pi}\sum_{j=1,3,5,\cdots}^{n}\frac{\sin(j\omega t)}{j}\end{aligned}$$

MATLAB 程序如下：

```
clear
n=input('the number of series is '); % 级数的项数
A=4/pi;
w=2;
for i=1:101
    ti=(i-1)/10;
    phi=0;
    J=0;
    for j=1:n
        J=2*j-1;
        phi=phi+sin(J*w*ti)/J;
    end
```

```
    f(i)=A*phi;
    t(i)=ti;
end
plot(t,f)
set(gca,'XTick',0:pi/2:3*pi)
set(gca,'XTickLabel',{'0','pi/2','pi','3*pi/2','2*pi','5*pi/2','3*pi'})
ylim([-2,2])
grid on
```

分别选取级数项数 $n=2$、10、50、100，结果如图 4-1 所示。

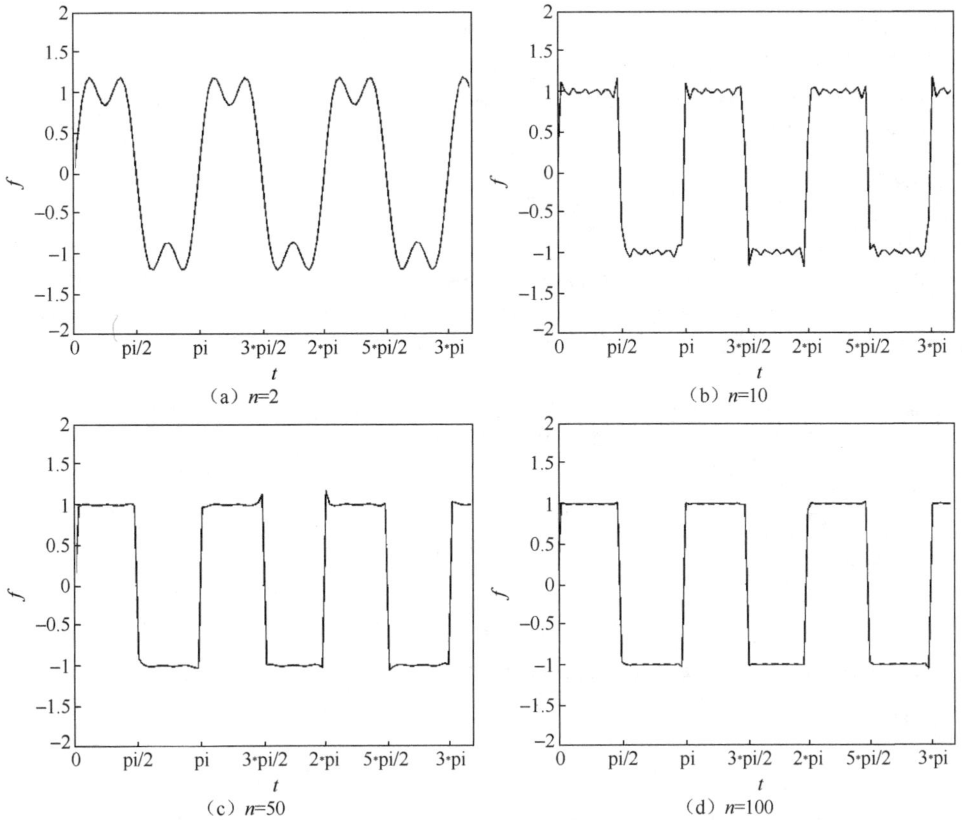

（a）n=2　（b）n=10　（c）n=50　（d）n=100

图 4-1　方波函数傅里叶系数展开示意图

4.3　级数求和方法

4.3.1　级数求和的基本原理

对于通式 u_n 的级数，其前 m 项和的数学表示方法为

$$S_m=\sum_{n=0}^{n=m}u_n \tag{4-13}$$

MATLAB 的符号运算工具箱中提供了求已知通项的有穷和无穷级数和函数为 symsum，其调用格式如下：

- r = symsum(expr)：计算 expr 关于系统默认变量的有限项和。
- r = symsum(expr,v)：v 为求和变量，求和将由 v 等于 1 求至 v^{-1} 。
- r = symsum(expr,a,b)：求级数 expr 关于系统默认的变量从 a 到 b 的有限项和。
- r = symsum(expr,v,a,b)：求级数 expr 关于变量 v 从 a 到 b 的有限项和。

【例 4-6】 求解级数 $s = a^n + b^n + ab$ 的前 $n-1$ 项和。

MATLAB 程序如下：

```
>> clear all;
syms a bi n;
s=a^i+b^i+a*b;
S=symsum(s,i,0,n-1)
```

计算结果如下：

```
S =
    piecewise([a == 1 and b == 1, 3*n], [a == 1 and b ~= 1, b*n-(n-b*n-b^n+1)/(b
- 1)], [a ~= 1 and b == 1, a*n-(n-a*n-a^n+1)/(a - 1)], [a ~= 1 and b ~= 1,
a*b*n-(a+b+a^n+b^n-a*b^n-a^n*b-2)/(a-1)*(b-1)])
```

【例 4-7】 求解无穷级数 $s = \frac{e^2}{3} + \frac{e^3}{9} + \frac{e^4}{55} + \frac{e^5}{513} + \cdots + (-1)^{n-1}\frac{e^{n+1}}{2n^{n+1}}$ 的和。

MATLAB 程序如下：

```
>> clear all;
syms n;
format long;
s=symsum((-1)^(n-1)*exp(n+1)/(2*n^n+1),n,1,inf)
S=double(s)    %把表达式转化为数值显示
```

计算结果如下：

```
s =
sum(((-1)^(n - 1)*exp(n + 1))/(2*n^n + 1), n == 1..Inf)
S =
   0.989061728960761
```

【例 4-8】 求级数和 $\sum_{n=1}^{\infty}\frac{1}{n}$ 与 $\sum_{n=1}^{\infty}\frac{1}{n^3}$ 。

MATLAB 程序如下：

```
>> clear all;
syms n
s1=1/n;
v1=symsum(s1,1,inf)
s2=1/n^3;
```

```
v2=symsum(s2,1,inf)
vpa(v2)
```

计算结果如下：

```
v1 = Inf
v2 = zeta(3)
ans =1.2020569031595942853997381615114
```

从上面的求解结果可知：从数学分析的级数理论，可知道第一个级数是发散的，因此用 MATLAB 求出的值为 Inf。zeta(3)表示 zeta 函数在 3 处的值，其中 zeta 函数的定义为

$$\xi(w)=\sum_{k=1}^{\infty}\frac{1}{k^{w}} \tag{4-14}$$

可以得到 zeta(3)的值为 1.2021。

需要说明的是，并不是对所有的级数 MATLAB 都能够计算出结果，当它求不出级数和时会给出求和形式。

4.3.2　傅里叶系数逼近

1. 功能

根据函数 $f(x)$ 在区间 $[0,2\pi]$ 上的 $2n+1$ 个等距点

$$x_i=\frac{2\pi}{2n+1}(i+0.5)\quad (i=0,1,\cdots,2n) \tag{4-15}$$

处的函数值 f_i=$f(x_i)$，求傅里叶级数

$$f(x)=\frac{1}{2}a_0+\sum_{k=1}^{\infty}[a_k\cos(kx)+b_k\sin(kx)] \tag{4-16}$$

的前 $2n+1$ 个系数 $a_k(k=0,1,\cdots,n)$ 和 $b_k(k=1,2,\cdots,n)$ 的近似值。

2. 方法说明

设函数在区间 $[0,2\pi]$ 上的 $2n+1$ 个点

$$x_i=\frac{2\pi}{2n+1}(i+0.5)\quad (i=0,1,\cdots,2n) \tag{4-17}$$

处的函数值 $f_i=f(x_i)$，计算傅里叶级数的前 $2n+1$ 个系数 $a_k(k=0,1,\cdots,n)$ 和 $b_k(k=1,2,\cdots,n)$ 的近似值的方法如下：

对于 $k=0,1,\cdots,n$ 做如下运算。

（1）按下列迭代公式计算 u_1 与 u_2：

$$\begin{cases}u_{2n+2}=u_{2n}=0\\ u_j=f_j+2u_{j+1}\cos(k\theta)-u_{j+2}\quad (j=2n,2n-1,\cdots,2,1)\end{cases} \tag{4-18}$$

式中，$\theta=\dfrac{2\pi}{2n+1}$。计算如下递推公式：

$$\cos(k\theta)=\cos\theta\cos[(k-1)\theta]-\sin\theta\sin[(k-1)\theta] \tag{4-19a}$$

$$\sin(k\theta)=\sin\theta\cos[(k-1)\theta]-\cos\theta\sin[(k-1)\theta] \tag{4-19b}$$

（2）按下列公式计算 a_k 与 b_k：

$$\begin{cases} a_k=\dfrac{2}{2n+1}[f_0+u_1\cos(k\theta)-u_2] \\ b_k=\dfrac{2}{2n+1}u_1\sin(k\theta) \end{cases} \tag{4-20}$$

在 $x_i=\dfrac{2\pi}{2n+1}(i+0.5)(i=0,1,\cdots,2n)$ 处的函数值 $f(x_i)(i=0,1,\cdots,2n)$。式中，n 为整型变量；a 为双精度实型一阶数组，长度为 $n+1$，返回傅里叶级数中的系数 $a_k(k=0,1,\cdots,n)$；b 为双精度实型一阶数组，长度为 $n+1$，返回傅里叶级数中的系数 $b_k(k=1,2,\cdots,n)$；$b_0=0$。

MATLAB 程序如下：

```
function [a,b] = kafour(f,n)
t=2*pi/(2*n+1);
ct=1;
st=0;
for i=0:n
    u1=0;
    u2=0;
    for j=2*n:-1:1
        u0=f(j)+2*ct*u1-u2;
        u2=u1;
        u1=u0;
    end
    a(i+1)=(2/(2*n+1))*(f(1)+u1*ct-u2);
    b(i+1)=(2/(2*n+1))*u1*st;
    u0=c*ct-s*st;
    ct=cos(t)*cos((k-1)*t)-sin(t)*sin((k-1)*t);
    st=sin(t)*cos((k-1)*t)-cos(t)*sin((k-1)*t);
end
```

【例 4-9】 利用离散周期函数的傅里叶逼近如下函数：

$$y=\sum_{k=0}^{n-1}c_i\mathrm{e}^{\mathrm{j}kx}$$

MATLAB 程序如下：

```
function c=DFF(f,N)
%用傅里叶级数逼近已知的离散周期函数
%离散数据点：f
```

```
%展开项数：N
%离散傅里叶逼近系数：c
c(1:N)=0;
for(m=1:N)
    for(n=1:N)
        c(m)=c(m)+f(n)*exp(-i*m*n*2*pi/N);
    end
    c(m)=c(m)/N
end
```

【例 4-10】 对下列数据进行傅里叶逼近。

N	1	2	3	4	5	6
Y	0.8415	0.9093	0.1411	−0.7568	−0.9589	−0.2794

MATLAB 程序如下：

```
y=[0.8415 0.9093 0.1411 -0.7568 -0.9589 -0.2794];
c=DFF(y,6)
```

计算结果如下：

```
c=
Columns 1 through 6
-0.092575000000000 - 0.500346177036459i
-0.025975000000000 - 0.019384535288042i
-0.025100000000000 + 0.000000000000000i
-0.025975000000000 + 0.019384535288042i
-0.092575000000000 + 0.500346177036459i
-0.017200000000000 - 0.000000000000001i
```

4.4　积 分 变 换

积分变换方法是非常重要的工程计算手段。重要的积分变换有傅里叶变换、Laplace 变换等。积分变换的基本原理是，通过参变量积分将一个已知函数变为另一个函数。已知 $f(x)$，如果

$$F(s)=\int_a^b K(s,x)f(x)\mathrm{d}x \tag{4-21}$$

存在，则称 $F(s)$ 为 $f(x)$ 以 $K(s,x)$ 为核的积分变换。式中，a 和 b 可为无穷。

4.4.1　傅里叶变换

傅里叶变换是将函数表示成一簇具有不同幅值的三角函数（正弦和/或余弦函数）或者它们的积分的线性组合。傅里叶变换具有多种不同的变体形式，如连续傅里叶变换和

离散傅里叶变换。傅里叶分析（Fourier analysis）主要是研究函数的傅里叶变换及其性质。对于连续傅里叶变换，定义为

$$F(\omega)=\frac{1}{\sqrt{2\pi}}\int_{-\infty}^{+\infty}f(t)\mathrm{e}^{-\mathrm{j}\omega t}\mathrm{d}t \tag{4-22}$$

例如，在信号处理领域，通常需要将时域的信号 $f(t)$ 转变到频域 $F(\omega)$ 来得到信号的频域特性。此时就需要傅里叶变换。

采用 MATLAB 提供的 fourier 函数进行傅里叶变换，其调用格式如下：

➢ F = fourier(f)：f 返回对默认自变量 x 的傅里叶变换，默认的返回形式是 $f(\omega)$，即 $f=f(x)=>F=F(\omega)$；如果 $f=f(\omega)$，则返回 $F=F(t)$，即求 $F(\omega)=\int_{-\infty}^{+\infty}f(x)\mathrm{e}^{-\mathrm{j}\omega x}\mathrm{d}x$。

➢ F = fourier(f,v)：返回傅里叶变换以 v 为默认变量，即求 $F(\omega)=\int_{-\infty}^{+\infty}f(x)\mathrm{e}^{-\mathrm{j}\omega x}\mathrm{d}x$。

➢ F = fourier(f,u,v)：以 v 代替 x 并对 u 积分，即求 $F(\omega)=\int_{-\infty}^{+\infty}f(u)\mathrm{e}^{-\mathrm{j}\omega u}\mathrm{d}u$。

【例 4-11】 假设一个简单的简谐周期信号，时域表达为

$$x(t)=\cos(2\pi\cdot 50t)+\cos(2\pi\cdot 200t)$$

其时域波形如图 4-2 所示，对其进行傅里叶变换。

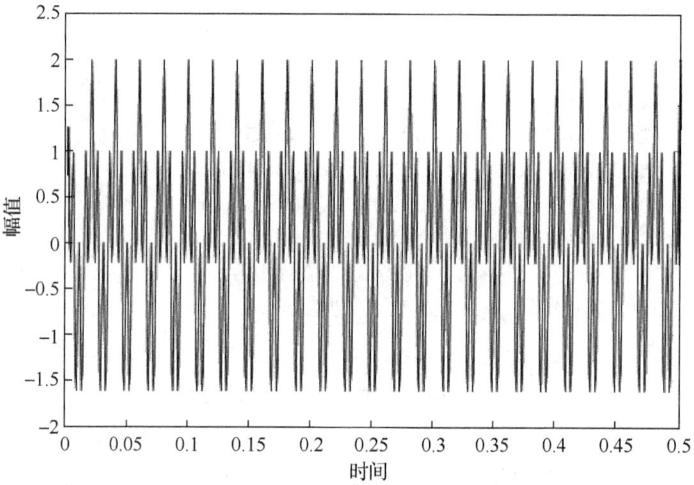

图 4-2 时域信号图

MATLAB 程序如下：

```
clear
clc
h=0.001;
t=0.001:h:0.5;
x=cos(2*pi*50.*t)+cos(2*pi*200.*t);
fs=1/h;                                    %取采样频率
Nf=length(x);
f=fs/(Nf)*(0:Nf-1);
```

```
y=fft(x,Nf);
Px=abs(y)*2/Nf;

plot(f(1:Nf/2),Px(1:Nf/2),'-k');  %计算出的 y 是各个频率下响应的幅值
xlabel('w');
ylabel('幅值');
grid on;
```

傅里叶变换结果如图 4-3 所示。

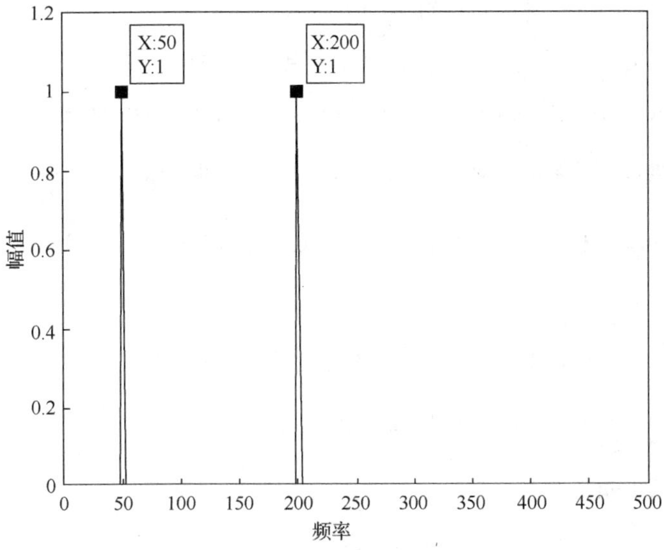

图 4-3 频域图

【例 4-12】 计算 $f(\omega)=x\mathrm{e}^{-|\omega|}$ 的傅里叶变换。

MATLAB 程序如下：

```
syms x w;
f=x*exp(-abs(w));
F=fourier (f)  %进行傅里叶变换
```

计算结果如下：

```
F =
pi*exp(-abs(w))*dirac(1, w)*2*i
```

【例 4-13】 计算 $g(x)=\dfrac{4\sin(3x)}{x}$ 的傅里叶变换。

MATLAB 程序如下：

```
clear all;
syms x;
g=4*sin(3*x)/x;
G=fourier(g)
```

计算结果如下：

```
G =
4*pi*heaviside(3 - w) - 4*pi*heaviside(- w - 3)
```

4.4.2　傅里叶逆变换

傅里叶逆变换的一般定义为

$$f(x)=\frac{1}{2\pi}F(\omega)\mathrm{e}^{\mathrm{j}\omega x}\,\mathrm{d}\omega \tag{4-23}$$

MATLAB 提供了 ifourier 函数用于实现傅里叶逆变换，其调用格式如下：

➢ f=ifourier(F)：F 返回对默认自变量 ω 的傅里叶逆变换，默认的返回形式是 $f(x)$，即 $F=F(\omega)$=>$f=f(x)$；如果 $F=F(x)$，则返回 $f=f(t)$，即 $f(\omega)=\int_{-\infty}^{+\infty}\frac{1}{2\pi}F(x)\mathrm{e}^{\mathrm{j}\omega x}\,\mathrm{d}\omega$。

➢ f = ifourier(F,u)：返回傅里叶逆变换以 u 为默认变量，即求 $f(u)=\frac{1}{2\pi}\int_{-\infty}^{+\infty}F(x)\mathrm{e}^{-\mathrm{j}\omega x}\,\mathrm{d}u$。

➢ f = ifourier(F,v,u)：以 v 代替 ω 的傅里叶逆变换，即求 $f(v)=\frac{1}{2\pi}\int_{-\infty}^{+\infty}F(v)\mathrm{e}^{-\mathrm{j}vx}\mathrm{d}v$。

【例 4-14】 求 $f(\omega)=\mathrm{e}^{-(\omega^2/2)/3a^2}$ 的傅里叶逆变换。

MATLAB 程序如下：

```
>> clear all;
syms a w real;
f=exp(-((w^2/2)/(3*a^2)));
iF=ifourier(f)      %逆傅里叶变换
```

计算结果如下：

```
iF =
exp(-(3*a^2*x^2)/2)/(2*pi^(1/2)*(1/(6*a^2))^(1/2))
```

4.5　离散傅里叶变换

离散傅里叶变换（discrete Fourier transform，DFT）是信号分析的基本方法，通过它可以把信号从时间域变换到频率域，进而研究信号的频谱结构和变化规律。

对于 N 点时间 $X_n(n=0,1,\cdots,N-1)$ 序列，它的 DFT 为

$$X_k=\sum_{n=0}^{N-1}x_n\mathrm{e}^{-\frac{2\pi\mathrm{j}}{N}kn}\quad(k=0,2,\cdots,N-1) \tag{4-24}$$

时域中信号有 N 点，每点间隔 dt，即采样频率 f_s=1/dt。所以时域信号长度为 Ndt，那么频谱每点的间隔 F 就是 1/(Ndt)。这里的采样间隔 F=1/(Ndt)=f_s/ N 称为频谱分辨率，

表示对 $x(n)$在一个频谱周期内的 N 点等间隔采样。

傅里叶变换结果和原来信号有相同的点数，所以 $m=N$，又第一点一定对应 0 频率，所以频域信号的横坐标就是(0:m−1)/(Ndt)。

式（4-24）还可以写成如下形式，相应的逆变换也可以定义如下：

$$x(n) \xrightarrow{\text{DFT}} X(k) = \sum_{n=0}^{N-1} x(n) W_N^{kn} \quad (k = 0,1,\cdots,N-1) \tag{4-25}$$

$$X(k) \xrightarrow{\text{IDFT}} x(n) = \frac{1}{N} \sum_{k=0}^{N-1} X(k) W_N^{-kn} \quad (n = 0,1,\cdots,N-1) \tag{4-26}$$

式中，$X(k)$ 表示 DFT 后的数据；$x(n)$ 可以为复数；$W_N^{-kn} = \mathrm{e}^{-\mathrm{j}\frac{2\pi}{N}kn}$ 也为复数；IDFT 表示逆离散傅里叶变换。

实际上，$x(n)$ 一般是实信号，即其虚部为 0。此时，式（4-25）可以展开为

$$X(k) = \sum_{n=0}^{N-1} x(n) \left[\cos\left(2\pi k \frac{n}{N} \right) - \mathrm{j}\sin\left(2\pi k \frac{n}{N} \right) \right] \quad (k = 0,1,2,\cdots,N-1) \tag{4-27}$$

从这个公式可以看出，变换后的数据就是原信号对 cos 和 sin 的相关操作，即进行相乘求和（连续信号即为积分）。

【例 4-15】 下面用一个计算实例对上述 DFT 加以说明。给定的原信号 x 是一个简谐波的叠加。所利用的 MATLAB 代码编写均参照上面的公式。

MATLAB 程序如下：

```
clear all;
N=256;dt=0.02;
n=0:N-1;
t=n*dt;
A0=7;freq=15;
x1=A0*sin(2*pi*freq*t);
x=x1+4*sin(2*pi*freq*3*t);
m=N;
a=zeros(1,m);b=zeros(1,m);
for k=0:m-1
for ii=0:N-1
a(k+1)=a(k+1)+2/N*x(ii+1)*cos(2*pi*k*ii/N); b(k+1)=b(k+1)+2/N*x(ii+1)*
sin(2*pi*k*ii/N);
end
c(k+1)=sqrt(a(k+1)^2+b(k+1)^2);
end
subplot(211);
plot(t,x);title('原始信号'),xlabel('时间/t');
f=(0:m-1)/(N*dt);
subplot(212);
plot(f,c);hold on
title('Fourier');xlabel('频率');ylabel('振幅');
```

```
ind=find(c==max(c),1,'first');%寻找最大值的位置
x0=f(ind); %根据位置得到横坐标(频率)
y0=c(ind); %根据位置得到纵坐标(幅度)
plot(x0,y0,'ro');
hold off
```

DFT 后的结果如图 4-4 所示。

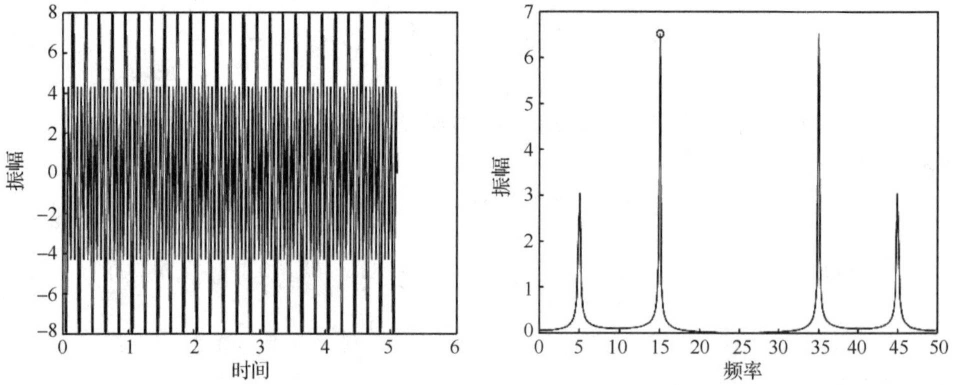

（a）原始信号　　　　（b）频域图

图 4-4　原始信号及其 DFT 变换结果

在 MATLAB 软件中 dft 函数可以直接进行 DFT 的计算，如【例 4-16】所示。

【例 4-16】 利用 dft 函数计算一个复杂信号的功率谱，得到的信号和谱图如图 4-5 所示。

MATLAB 程序如下：

```
clear all
clc
t=0.001:0.001:0.512;
x=sin(2*pi*50*t)+sin(2*pi*120*t)+randn(1,length(t));
Y=dft(x,512);
P=Y.*conj(Y)/512;
f=1000*(0:255)/512;
plot(f,P(1:256))
%-------------------------------------
function [Xk] = dft(xn,N)
n = 0:N-1;
k = 0:N-1;
WN = exp(-j*2*pi/N);
nk = n'*k ;
WNnk = WN.^nk;
Xk = xn*WNnk;
End
```

计算结果如图 4-5 所示。

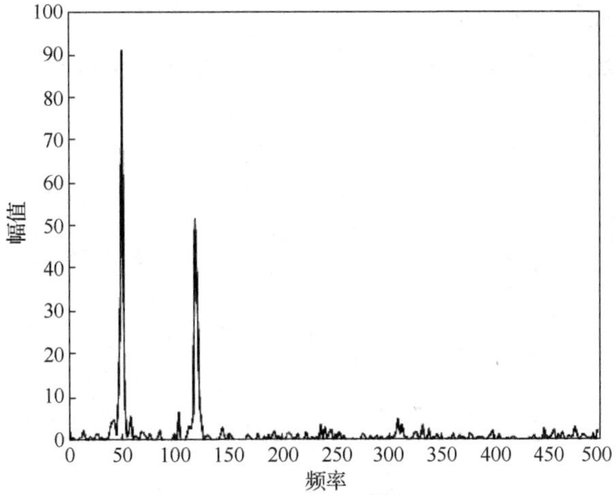

图 4-5　DFT 结果

4.6　快速傅里叶变换及其逆变换

FFT 是利用计算机方便地循环计算能力来实现 DFT 的高效、快速计算方法的统称。FFT 是 1965 年由 J. W. Cooley 和 T. W. Turkey 提出的。采用这种算法能使计算机计算 DFT 所需要的乘法次数大为减少，使算法复杂度由原本的 $o(N^2)$ 变为 $o(N\log N)$，特别是被变换的抽样点数 N 越多，FFT 算法计算量的节省就越显著。

FFT 的原理如下所述，对于 DFT：

$$X_k = \sum_{n=0}^{N-1} x_n \mathrm{e}^{-2\pi \mathrm{j}kn/N} \tag{4-28}$$

根据 DFT 的奇、偶、虚、实等特性，对 DFT 的算法进行改进，主要分为按时间抽取的 FFT 算法和按频率抽取的 FFT 算法。前者是将时域信号序列按偶奇分排，后者是将频域信号序列按偶奇分排。它们都借助于两个特点：一是周期性；二是对称性。

设 $x(n)$为 N 项的复数序列，由 DFT 变换，任一 $X(m)$的计算都需要 N 次复数乘法和 $N-1$ 次复数加法，而一次复数乘法等于四次实数乘法和两次实数加法，一次复数加法等于两次实数加法，即使把一次复数乘法和一次复数加法定义成一次“运算”（四次实数乘法和四次实数加法），那么求出 N 项复数序列的 $X(m)$，即 N 点 DFT 变换大约就需要 N^2 次运算。当 N=1024 点甚至更多的时候，需要 N^2=1048576 次运算。

在 FFT 中，利用式（4-26）中 W_N 的周期性和对称性，把一个 N 项序列（设 N=2k，k 为正整数），分为两个 N/2 项的子序列，每个 N/2 点 DFT 需要$(N/2)^2$ 次运算，再用 N 次运算把两个 N/2 点的 DFT 变换组合成一个 N 点的 DFT。这样变换以后，总的运算次数就变成 $N+2(N/2)^2=N+N^2/2$。继续上面的例子，N=1024 时，总的运算次数就变成了 525312 次，节省了大约 50%的运算量。而如果我们将这种“一分为二”的思想不断进行下去，直到分成两两一组的 DFT 运算单元，那么 N 点的 DFT 变换就只需要 Nlog2N 次的运算，N 在 1024 点时，运算量仅有 10240 次，是先前直接算法的 1%，点数越多，运算量的节约就越大，这就是 FFT 的优越性。

图 4-6 是 N=8 点的时域信号序列抽取、频域信号序列抽取时的流程示意图。

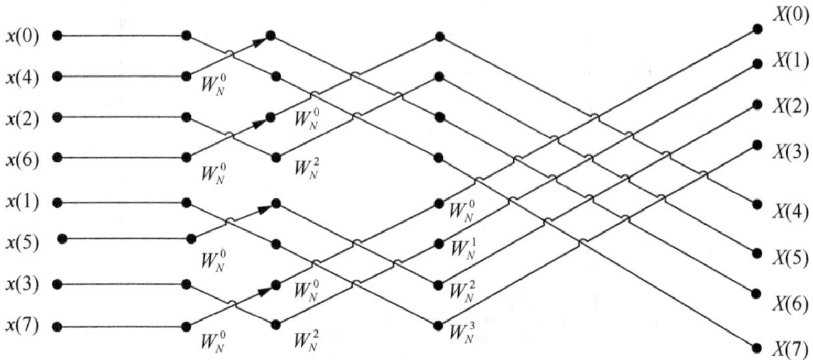

（a）时间抽取算法的信号流图（N=8）

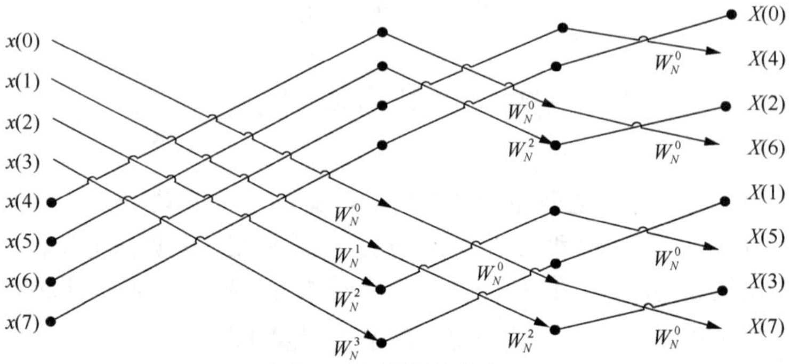

（b）频率抽取算法的信号流图（N=8）

图 4-6　FFT 的信号抽取和变换流程示意图

在 MATLAB 中，可以实现 FFT 的函数有多种，下面介绍常用的 fft 函数。其调用格式如下：

- Y=fft(X)：计算对向量 $\boldsymbol{X}$ 的 FFT，如果 $\boldsymbol{X}$ 是矩阵，fft 返回对每一列的 FFT。
- Y=fft(X,n)：计算向量的 n 点 FFT。当 $\boldsymbol{X}$ 的长度小于 n 时，系统将在 $\boldsymbol{X}$ 的尾部补 0，以构成 n 点数据；当 $\boldsymbol{X}$ 的长度大于 n 时，系统进行截尾。
- Y=fft(X,[],dim)或 Y= fft(X,n,dim)：计算对指定的第 dim 阶的 FFT。

【例 4-17】 两个不同频率的简谐波叠加信号的 FFT 分析。

MATLAB 程序如下：

```
clear
clc
fs=1024
dt=1/fs;
t=0:dt:2;
tn=t(1:1024*2);
wn=93;
xn=10*sin(2*pi*wn.*tn)+6*cos(2*pi*200.*tn);
```

```
plot(tn,xn)

Nf=length(xn)
yk=fft(xn,Nf)
Pxx=abs(yk)*2/Nf;
f=fs/Nf*(0:Nf-1);
figure (2)
plot(f(1:Nf/2),Pxx(1:Nf/2), '-k')
grid on
```

计算结果如图 4-7 所示。

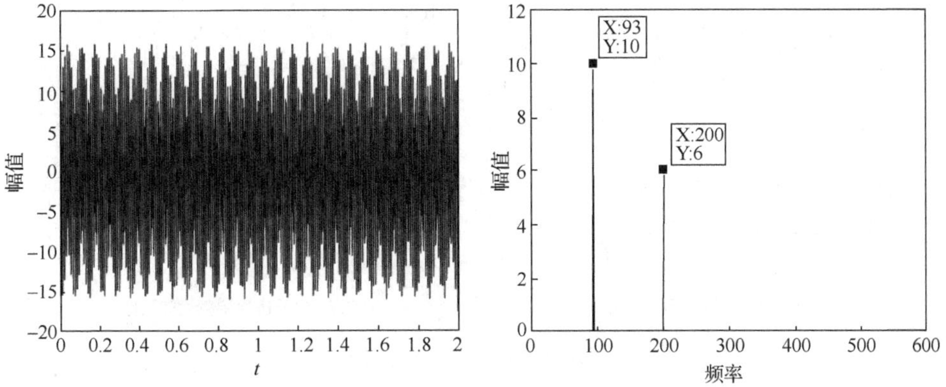

(a) 时域结果　　　　(b) 频域结果

图 4-7　FFT 方法分析结果

【例 4-18】 采用 FFT 来计算存在噪声的时域信号的频谱。设数据采样频率为 1000Hz，一个信号包含频率为 45Hz、振幅为 0.6 的余弦波和频率为 110Hz、振幅为 0.8 的余弦波，噪声为零平均值的随机噪声。

MATLAB 程序如下：

```
clear all;
Fs = 1000;                      %采样频率
T = 1/Fs;                       %采样区间
L = 1000;                       %信号长度
t = (0:L-1)*T;                  %时间向量
%包含频率为 45,振幅为 0.6、0.8,频率为 110Hz 的余弦波
x = 0.6*cos(2*pi*45*t)+0.8*sin(2*pi*110*t);
y = x+2*randn(size(t));         %加噪声
plot(Fs*t(1:50),y(1:50));
title('零平均值噪声信号');
xlabel ('时间 (milliseconds) ');
ylabel ('幅值');
figure;
NFFT=2^nextpow2(L);             %下一步的功率长度 y/2
```

```
Y=fft(y,NFFT)/L;
f=Fs/2*linspace(0,1,NFFT/2+1);
%绘制信号的单边振幅频谱图
plot(f,2*abs(Y(1:NFFT/2+1)))
title('y(t)单边振幅频谱')
xlabel('频率(Hz)')
ylabel('|Y(f)|')
```

计算结果如图 4-8 所示。

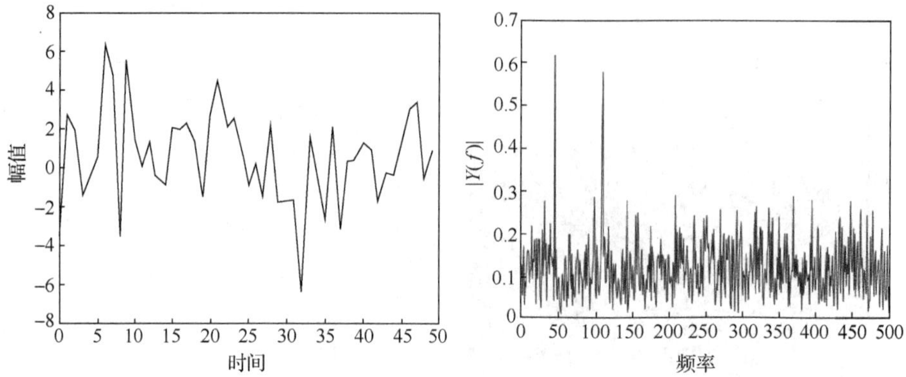

（a）零平均值噪声信号效果图　　（b）$y(t)$单边振幅频谱效果图

图 4-8　FFT 方法分析结果

另外，对于快速傅里叶逆变换（fast Fourier transform inverse，FFTI），MATLAB 提供了 ifft 函数用于实现一阶 FFTI。其调用格式如下：

➢ y = ifft(X)：计算 ***X*** 的 FFTI。
➢ y = ifft(X,n)：计算向量 ***X*** 的 *n* 点 FFTI。
➢ y = ifft(X,[],dim)或 y=ifft(X,n,dim)：计算对第 dim 阶的 FFTI。

【例 4-19】 对以下创建的矩阵实现 FFTI。

MATLAB 程序如下：

```
>> A=magic(4);  %创建 4 阶魔方矩阵
>> y=ifft(A)
```

计算结果如下：

```
y =
   8.5000 + 0.0000i   8.5000 + 0.0000i   8.5000 + 0.0000i   8.5000 + 0.0000i
   1.7500 + 0.2500i  -1.2500 - 0.7500i  -0.7500 - 1.2500i   0.2500 + 1.7500i
   4.0000 + 0.0000i  -4.0000 + 0.0000i  -4.0000 + 0.0000i   4.0000 + 0.0000i
   1.7500 - 0.2500i  -1.2500 + 0.7500i  -0.7500 + 1.2500i   0.2500 - 1.7500i
>> y=ifft(A,3)
y =
  10.0000 + 0.0000i   6.6667 + 0.0000i   6.3333 + 0.0000i  11.0000 + 0.0000i
   3.0000 - 1.1547i  -2.3333 + 1.1547i  -1.6667 + 1.1547i   1.0000 - 1.1547i
```

```
3.0000 + 1.1547i  -2.3333 - 1.1547i  -1.6667 - 1.1547i  1.0000 + 1.1547i
```

MATLAB 还提供了 fft2 函数用于实现二阶 FFT。其调用格式如下：

➢ Y=fft2(X)：计算对 ***X*** 的二阶 FFT。结果 ***Y*** 与 ***X*** 的阶数相同。

➢ Y=fft2(X,m,n)：计算结果为 $m\times n$，系统将视情况对 ***X*** 进行截尾或者以 0 来补齐。

4.7　Laplace 变换及其逆变换

法国数学家拉普拉斯提出 Laplace 变换，可以巧妙地将一般常系数微分方程映射成代数方程，奠定了很多工程领域（如电路分析、自动控制原理等）的数学基础。

一个时域函数的 Laplace 变换定义为

$$L(s)=\int_0^\infty f(t)\mathrm{e}^{-st}\mathrm{d}t \tag{4-29}$$

MATLAB 提供了 laplace 函数用于实现 Laplace 变换。其调用格式如下：

➢ laplace(F)：默认 t 为时域变量。

➢ laplace(F,t)：用 t 代替默认的变量 s。

➢ laplace(F,w,z)：用 w 代替默认的变量 s，用 z 代替默认的变量 t 和 s。

【例 4-20】 已知函数 f=cos(2t)+sinh(3t)，求取该函数的 Laplace 变换。

MATLAB 程序如下：

```
clear all; syms t;
f=cos(2*t)+sinh(3*t);
Lf=laplace(f)  %Laplace 变换结果
```

计算结果如下：

```
Lf =
s/(s^2 + 4) + 3/(s^2 - 9)

>> pretty(Lf)
```

计算结果如下：

```
   s          3
 ------  +  ------
   2          2
s  + 4     s  - 9
```

Laplace 逆变换的定义可表示为

$$f(t)=\int_{c-\mathrm{j}\infty}^{c+\mathrm{j}\infty} L(s)\mathrm{e}^{st}\mathrm{d}s \tag{4-30}$$

MATLAB 提供了 ilaplace 函数用于实现 Laplace 逆变换。其调用格式如下。

➢ F = ilaplace(L)：计算对默认自变量 s 的 Laplace 逆变换，默认的返回形式是 $F(t)$，

即 $L=L(s)$=>$F=F(t)$，如果 $L=L(t)$，则返回 $f=f(x)$，即 $f(w)=\int_{c-\mathrm{j}w}^{c+\mathrm{j}w}L(s)\mathrm{e}^{st}\mathrm{d}s$。

- F = ilaplace(L,y)：计算结果以 y 为默认变量，即求 $F(y)=\int_{c-\mathrm{j}w}^{c+\mathrm{j}w}L(y)\mathrm{e}^{sy}\mathrm{d}s$。
- F = ilaplace(L,y,x)：以 x 代替 t 的 Laplace 逆变换，即求 $F(x)=\int_{c-\mathrm{j}w}^{c+\mathrm{j}w}L(y)\mathrm{e}^{xy}\mathrm{d}y$。

【例 4-21】 计算 $g(a)=\dfrac{2}{(t^2-a)^3}$ 的 Laplace 逆变换。

MATLAB 程序如下：

```
clear all
syms t a ;
g=2/(t^2-a)^3;
iLg=ilaplace(g)     %Laplace 逆变换结果
```

计算结果如下：

```
iLg =
-(x^(5/2)*(sin(a^(1/2)*x*i)*(3/(a*x^2) + 1) - (cos(a^(1/2)*x*i)*3*i)/
(a^(1/2)*x)))/(4*(a^(1/2)*i)^(5/2)*(a^(1/2)*x*i)^(1/2))
```

4.8　Z 变换及其逆变换

离散序列信号的 Z 变换定义为

$$F(z)=\sum_{i=0}^{\infty}f(k)z^{-k} \tag{4-31}$$

MATLAB 提供了 ztrans 函数用于实现 Z 变换，其调用格式如下。

- F =ztrans(f)：默认变量 k 进行 Z 变换。
- F =ztrans(f,w)：用 w 代替默认变量 k 进行 Z 变换。
- F =ztrans(f,k,w)：进行 Z 变换，将 k 的函数变换为 w 的函数。

【例 4-22】 已知函数 $f(kT)=akT+2+(akT-2)\mathrm{e}^{-akT/2}$，对其进行 Z 变换。

MATLAB 程序如下：

```
clear all;
syms a k T;
f=a*k*T+2+(a*k*T-2)*exp(-(a*k*T)/2);
zf=ztrans(f)       %进行 Z 变换结果
```

计算结果如下：

```
zf =
(2*z)/(z-1)-(2*z)/(z-exp(-(T*a)/2))+(T*a*z)/(z - 1)^2 + (T*a*z*exp
((T*a)/2))/(z*exp((T*a)/2) - 1)^2
```

Z 逆变换的数学表示为

$$f(k)=\frac{1}{2\pi i}\int F(z)z^{k-1}\mathrm{d}z \tag{4-32}$$

MATLAB 提供了 iztrans 函数用于实现 Z 逆变换，其调用格式如下：

- f=iztrans(F)：默认变量为 z 进行 Z 逆变换。
- f=iztrans(F, k)：用 k 代替默认变量 z 进行 Z 逆变换。
- f=iztrans(F, w, k)：Z 逆变换，将 w 的函数变换成 k 的函数。

【例 4-23】 对 $F(z)=q/(z^{-1}-p)^m$ 函数进行逆 Z 变换，已知 $w=1,2,\cdots,8$ 。

MATLAB 程序如下：

```
clear all;
syms p q z
for i=1:8
      disp(simple(iztrans(q/(1/z-p)^i)))
end
```

计算结果如下：

```
piecewise([p ~= 0, -(q*(1/p)^n)/p])
piecewise([p ~= 0, (q*(n + 1)*(1/p)^n)/p^2])
piecewise([p ~= 0, -(q*(3*n + nchoosek(n - 1, 2))*(1/p)^n)/p^3])
piecewise([p ~= 0, (q*(1/p)^n*(6*n + 4*nchoosek(n - 1, 2) + nchoosek(n - 1, 3) - 2))/p^4])
piecewise([p ~= 0, -(q*(1/p)^n*(10*n + 10*nchoosek(n - 1, 2) + 5*nchoosek(n - 1, 3) + nchoosek(n - 1, 4) - 5))/p^5])
piecewise([p ~= 0, (q*(1/p)^n*(15*n + 20*nchoosek(n - 1, 2) + 15*nchoosek(n - 1, 3) + 6*nchoosek(n - 1, 4) + nchoosek(n - 1, 5) - 9))/p^6])
piecewise([p ~= 0, -(q*(1/p)^n*(21*n + 35*nchoosek(n - 1, 2) + 35*nchoosek(n - 1, 3) + 21*nchoosek(n - 1, 4) + 7*nchoosek(n - 1, 5) + nchoosek(n - 1, 6) - 14))/p^7])
piecewise([p ~= 0, (q*(1/p)^n*(28*n + 56*nchoosek(n - 1, 2) + 70*nchoosek(n - 1, 3) + 56*nchoosek(n - 1, 4) + 28*nchoosek(n - 1, 5) + 8*nchoosek(n - 1, 6) + nchoosek(n - 1, 7) - 20))/p^8])
```

习　题

4-1 对下列各式进行泰勒级数展开。

（1） $\int_0^a \frac{x+1}{(x-2)^2}\mathrm{d}x$；（2） $\int_0^a \frac{\cos x}{2x}\mathrm{d}x$ 。

4-2 对下列各式进行泰勒级数展开。

（1） $\ln\left(x+\sqrt{x^2-1}\right)$；（2） $\ln\frac{1-x}{1+x}$ 。

4-3 对下列各式进行泰勒级数展开。

（1）$\left(x+\sqrt{x^2-1}\right)^3$；（2）$\left(x+7x^2\right)^{1/3}$。

4-4　对下列各列各式进行傅里叶级数展开。

（1）$f(x)=\left(\pi+|x|\right)\sin x\ \ (-\pi\leqslant x<\pi)$；（2）$f(x)=\mathrm{e}^{|\sin x|}\ \ (-\pi\leqslant x<\pi)$。

4-5　对下式进行傅里叶级数展开。

$$f(x)=\begin{cases}\pi+x\\ 3x\end{cases}\quad(-\pi\leqslant x<\pi)$$

4-6　计算 $f(x)=\dfrac{\cos x}{2x}$ 的傅里叶变换。

4-7　求 $f(\omega)=\mathrm{e}^{-\frac{\omega^2}{3a^2}}$ 的傅里叶逆变换。

4-8　已知信号 $x=A\sin(20\pi t)$，对其进行 DFT。

4-9　已知信号 $x=5\sin(20\pi t)+20\sin(100\pi t)$，对其进行 DFT。

4-10　已知函数 $f=\sin(2t)+2\cos(10t)$，求取该函数的 Laplace 变换。

第 5 章　方程求解算法

求解出使方程左右两边相等的未知数的值，称为方程求解。工程中有着大量方程求解的任务，主要包括线性代数方程组求解和微分方程组求解。

5.1　线性方程组的求解算法

线性代数方程的求解问题广泛应用于工程技术之中，在各种数据处理中，线性代数方程组的求解是常见的任务之一。线性代数方程组的数值解法一般分为两大类：直接法和迭代法。

直接法就是经过有限步算术运算，可求得线性方程组精确解的方法（若计算过程没有舍入误差），在诸如舍入误差存在时，这种方法可求得近似解。直接法是解低阶稠密矩阵方程组及某些大型稀疏矩阵方程组的有效方法。直接法包括高斯消元法、矩阵三角分解法、追赶法和平方根法。

迭代法就是利用某种极限过程去逐步逼近线性方程组精确解的方法。迭代法需要计算机的存储单元少，程序简单，原始系数矩阵在计算过程始终不变，但存在收敛性及收敛速度问题。迭代法也是求解大型稀疏矩阵方程组（尤其是微分方程离散后得到的大型方程组）的重要方法。迭代法包括 Jacobi 法、逐次超松弛（successive over relaxation，SOR）法和对称逐次超松弛（symmetric successive over relaxation，SSOR）法等。

5.1.1　线性方程组求解

MATLAB 运算工具箱提供了 null 函数用于求解零空间，即满足齐次线性方程组 $\boldsymbol{Ax}=0$ 的解空间。实际上是求出解空间的一组解（基础解系）。其调用格式如下：

- Z=null(A)：$\boldsymbol{Z}$ 的列向量为方程组的正交规范基，满足 $\boldsymbol{Z}'\times\boldsymbol{Z}=\boldsymbol{I}$ 。
- Z=null(A, 'r')：$\boldsymbol{Z}$ 的列向量是方程 $\boldsymbol{Ax}=\boldsymbol{0}$ 的有理基。

【例 5-1】 求解如下齐次线性方程组：

$$\begin{cases} x_1+2x_2+2x_3+x_4=0 \\ 2x_1+x_2-2x_3-2x_4=0 \\ x_1-x_2-4x_3-3x_4=0 \end{cases}$$

MATLAB 程序如下：

```
A=[1 2 2 1;2 1 -2 -2;1 -1 -4 -3];
format rat                    %结果用有理分式显示
Z=null(A,'r')
```

计算结果如下：

```
Z=
      2           5/3
     -2          -4/3
      1             0
      0             1
```

或者 MATLAB 程序如下：

```
A=[1 2 2 1; 2 1 -2 -2;1 -1 -4 -3];
b=[0;0;0];
x=A\b  %左除法
Z=null(A,'r')
```

计算结果如下：

```
X =
      0
      0
      0
      0
Z =
        2           5/3
       -2          -4/3
        1             0
        0             1
```

x 的计算结果表明不能采用左除法求解齐次线性方程。

对于非其次方程组的求解，可用如下方法计算。

【例 5-2】 求解如下非齐次线性方程组：

$$\begin{cases} 3x_1 + x_2 - x_3 = 3.6 \\ x_1 + 2x_2 + 4x_3 = 2.1 \\ -x_1 + 4x_2 + 5x_3 = -1.4 \end{cases}$$

MATLAB 程序如下：

```
A=[3 1 -1;1 2 4;-1 4 5];
b=[3.6;2.1;-1.4];
x=A\b
```

计算结果如下：

```
x =
    163/110
    -76/165
    127/330
```

对于超定或其他无解的情况，还可以利用如下例子加以说明。

【例 5-3】 求解如下非齐次线性方程组：

$$\begin{cases} x_1 - 2x_2 + 3x_3 - x_4 = 1 \\ 3x_1 - x_2 + 5x_3 - 3x_4 = 2 \\ 2x_1 + x_2 + 2x_3 - 2x_4 = 3 \end{cases}$$

MATLAB 程序如下：

```
A=[1 -2 3 -1;3 -1 5 -3;2 1 2 -2];
b=[1 2 3]';
B=[A b];
n=4;                          %未知数个数
rA=rank(A)
rB=rank(B)
format rat
if rA==rB&rA==n
   x=A\b
elseif rA==rB&rA<n
   x0=A\b
   Z=null(A,'r')
else
   x='无解'
end
```

计算结果如下：

```
rA=
     2
rB=
     3
x=
     无解
```

再如，如下超定方程组，即方程个数大于未知数个数的线性方程组，通常只有近似的最小二乘解。可采用 MATLAB 函数加以计算，即 x=pinv(A)*b。

【例 5-4】 求解如下线性方程组：

$$\begin{cases} x_1 - 2x_2 + 3x_3 = 1 \\ 5x_1 + 8x_2 + 6x_3 = 3 \\ 9x_1 + 7x_2 + 6x_3 = 5 \\ 4x_1 - 5x_2 + x_3 = 2 \end{cases}$$

MATLAB 程序如下：

```
A=[1 -2 3;5 8 6;9 7 6;4 -5 1];
b=[1 3 5 2]';
x=pinv(A)*b
```

计算结果如下：

```
x =
    1049/1890
      56/3621
    349/11389
```

5.1.2　列主元高斯消元法

下面介绍列主元高斯消元法的原理，用以求解线性方程组。

记线性方程组

$$\begin{bmatrix} a_{11} & a_{12} & \cdots & a_{1n} \\ a_{21} & a_{22} & \cdots & a_{2n} \\ \vdots & \vdots & & \vdots \\ a_{n1} & a_{n2} & \cdots & a_{nn} \end{bmatrix}\begin{bmatrix} x_1 \\ x_2 \\ \vdots \\ x_n \end{bmatrix}=\begin{bmatrix} b_1 \\ b_2 \\ \vdots \\ b_n \end{bmatrix} \tag{5-1}$$

为

$$\boldsymbol{Ax=b} \tag{5-2}$$

式中，

$$\boldsymbol{A}=\begin{bmatrix} a_{11} & a_{12} & \cdots & a_{1n} \\ a_{21} & a_{22} & \cdots & a_{2n} \\ \vdots & \vdots & & \vdots \\ a_{n1} & a_{n2} & \cdots & a_{nn} \end{bmatrix},\quad \boldsymbol{x}=\begin{bmatrix} x_1 \\ x_2 \\ \vdots \\ x_n \end{bmatrix},\quad \boldsymbol{b}=\begin{bmatrix} b_1 \\ b_2 \\ \vdots \\ b_n \end{bmatrix} \tag{5-3}$$

记其增广矩阵为

$$\begin{bmatrix} \boldsymbol{A}^{(1)} & \boldsymbol{b}^{(1)} \end{bmatrix}=\begin{bmatrix} a_{11} & a_{12} & \cdots & a_{1n} & b_1 \\ a_{21} & a_{22} & \cdots & a_{2n} & b_2 \\ \vdots & \vdots & & \vdots & \vdots \\ a_{n1} & a_{n2} & \cdots & a_{nn} & b_n \end{bmatrix} \tag{5-4}$$

设主元 $a_{11}^{(1)} \neq 0$，记 $l_A=-\dfrac{a_{i1}^{(1)}}{a_{11}^{(1)}}\ (i=2,3,\cdots,n)$，用 l_A 乘增广矩阵 $\begin{bmatrix} \boldsymbol{A}^{(1)} & \boldsymbol{b}^{(1)} \end{bmatrix}$ 的第 1 行，再分别与第 i 行相加，得

$$\begin{bmatrix} \boldsymbol{A}^{(2)} & \boldsymbol{b}^{(2)} \end{bmatrix}=\begin{bmatrix} a_{11}^{(1)} & a_{12}^{(1)} & \cdots & a_{1n}^{(1)} & b_1^{(1)} \\ 0 & a_{22}^{(2)} & \cdots & a_{2n}^{(2)} & b_2^{(2)} \\ \vdots & \vdots & & \vdots & \vdots \\ 0 & a_{n2}^{(2)} & \cdots & a_{nn}^{(2)} & b_n^{(2)} \end{bmatrix} \tag{5-5}$$

式中，

$$a_{ij}^{(2)}=a_{ij}^{(1)}+l_A a_{ij}^{(1)} \tag{5-6}$$

$$b_i^{(2)}=b_i^{(1)}+l_A b_i^{(1)} \tag{5-7}$$

又设主元 $a_{22}^{(2)} \neq 0$，用 $l_{i2}=-\dfrac{a_{i2}^{(2)}}{a_{22}^{(2)}}$ 乘矩阵 $\begin{bmatrix} \boldsymbol{A}^{(2)} & \boldsymbol{b}^{(2)} \end{bmatrix}$ 的第 2 行，再与第 i 行相加

$(i=3,4,\cdots,n)$，得

$$\begin{bmatrix} A^{(3)} & b^{(3)} \end{bmatrix} = \begin{bmatrix} a_{11}^{(1)} & a_{12}^{(1)} & a_{13}^{(1)} & \cdots & a_{1n}^{(1)} & b_1^{(1)} \\ 0 & a_{22}^{(2)} & a_{23}^{(2)} & \cdots & a_{2n}^{(2)} & b_2^{(2)} \\ 0 & 0 & a_{33}^{(3)} & \cdots & a_{3n}^{(3)} & b_3^{(3)} \\ \vdots & \vdots & \vdots & & \vdots & \vdots \\ 0 & 0 & a_{n3}^{(3)} & \cdots & a_{nn}^{(3)} & b_n^{(3)} \end{bmatrix} \tag{5-8}$$

经过 $n-1$ 步消去后，增广矩阵最终变为

$$\begin{bmatrix} A^{(n)} & b^{(n)} \end{bmatrix} = \begin{bmatrix} a_{11}^{(1)} & a_{12}^{(1)} & a_{13}^{(1)} & \cdots & a_{1n}^{(1)} & b_1^{(1)} \\ 0 & a_{22}^{(2)} & a_{23}^{(2)} & \cdots & a_{2n}^{(2)} & b_2^{(2)} \\ 0 & 0 & a_{33}^{(3)} & \cdots & a_{3n}^{(3)} & b_3^{(3)} \\ \vdots & \vdots & \vdots & & \vdots & \vdots \\ 0 & 0 & 0 & \cdots & a_{nn}^{(n)} & b_n^{(n)} \end{bmatrix} \tag{5-9}$$

【例 5-5】 用列主元高斯消元法，求解线性方程组 $\boldsymbol{Ax}=\boldsymbol{b}$。其中，$\boldsymbol{A}=\begin{bmatrix} 2 & 5 \\ 4 & 6 \end{bmatrix}$，$\boldsymbol{b}$=[3　4]。

MATLAB 程序如下：

```
A=[2,5;4,6];
b=[3;4];
x=gaussc(A,b)
%-------------------------------------------
function  x=gaussc(A,b)
[n,m]= size(A); A=[A,b];
for  k=1:n-1
    for  p=k+1:n
       if  abs(A(p,k))>abs(A(k,k))
           for  j=k:n+1
               t =A(k,j);
               A(k,j)=A(p,j);
               A(p,j)=t;
           end
       end
    end                                          %搜索主元并交换
    for i=k+1:n
        l=-A(i,k)/A(k,k);
        for  j=k+1:n+1
            A(i,j)=A(i,j)+l*A(k,j);
        end
    end
end                                              %消去过程结束
x(n)=A(n,n+1)/A(n,n);
for  i= n-1:-1:1
```

```
    s=0;
    for  j=i+1:n
       s=s+A(i,j)*x(j);
    end
    x(i)=(A(i,n+1)-s)/A(i,i);
end
end
```

计算结果如下：

```
x =
      1/4           1/2
```

由以上程序可求解得到 x=[0.2500　0.5000]，经验证是原方程的解。

5.1.3　线性方程组的 MATLAB 函数

在 MATLAB 中，还有几种求解线性方程组 $\boldsymbol{Ax}=\boldsymbol{b}$ 的常见方法采用了 MATLAB 的命令或函数。

【例 5-6】 求解线性方程组 $\boldsymbol{Ax}=\boldsymbol{b}$，且

$$\boldsymbol{A}=\begin{bmatrix} 3 & 1 & -1 \\ 1 & 2 & 4 \\ -1 & 4 & 5 \end{bmatrix},\quad \boldsymbol{b}=\begin{bmatrix} 3.6 \\ 2.1 \\ -1.4 \end{bmatrix}$$

1. *左除法*

MATLAB 程序如下：

```
A=[3 1 -1;1 2 4;-1 4 5];b=[3.6;2.1;-1.4];
x=A\b
```

计算结果如下：

```
x =
    1.4818
   -0.4606
    0.3848
```

2. *求逆法*

MATLAB 程序如下：

```
A=[3 1 -1;1 2 4;-1 4 5];b=[3.6;2.1;-1.4];
x=inv(A)*b
```

计算结果如下：

```
x =
    1.4818
```

```
  -0.4606
   0.3848
```

3. 利用 linsolve 函数求解

【例 5-7】 利用 linsolve 函数求解上述线性方程组 $\boldsymbol{Ax=b}$，式中，

$$\boldsymbol{A}=\begin{bmatrix}3 & 1 & -1\\ 1 & 2 & 4\\ -1 & 4 & 5\end{bmatrix},\quad \boldsymbol{b}=\begin{bmatrix}3.6\\ 2.1\\ -1.4\end{bmatrix}$$

MATLAB 程序如下：

```
A=[3 1 -1;1 2 4;-1 4 5];
b=[3.6;2.1;-1.4];
x=linsolve(A,b)
```

计算结果如下：

```
x =
    1.4818
   -0.4606
    0.3848
```

4. 利用 solve 函数求解

对于多项式方程的求解，使用 MATLAB 的 solve 函数时，可以一次求出多项式方程的所有根，结果为解析解。

【例 5-8】 利用 solve 函数求解上述线性方程组 $\boldsymbol{Ax=b}$，式中，

$$\boldsymbol{A}=\begin{bmatrix}3 & 1 & -1\\ 1 & 2 & 4\\ -1 & 4 & 5\end{bmatrix},\quad \boldsymbol{b}=\begin{bmatrix}3.6\\ 2.1\\ -1.4\end{bmatrix}$$

MATLAB 程序如下：

```
[x1 x2 x3]=solve('3*x1+x2-x3=3.6','x1+2*x2+4*x3=2.1','-x1+4*x2+5*x3=-1.4')
```

计算结果如下：

```
x1 =
    1.4818181818181818181818181818182
x2 =
    -0.46060606060606060606060606060606
x3 =
    0.38484848484848484848484848484848
```

如果要控制结果的数值精度，可以使用 vpa 函数，即

```
x1=vpa(x1,5)
```

计算结果如下：

```
x1 =
   1.4818
```

solve 函数的局限性如下：对于非多项式方程，只能求出一个解；对于稍许复杂的方程，求解结果出现很大误差；求解复杂的多项式方程时，可能会产生错误的求解结果；求解非常复杂的多项式方程时，可能无法求解，且非常耗时。

solve 函数可用于公式推导，如下例。

【例 5-9】 求解如下线性方程组：

$$\begin{cases} a^5 e_1 + a^{11} e_2 = a^3 \\ a^{10} e_1 + a^{22} e_2 = a^2 \end{cases}$$

求解 e_1 和 e_2 时采用 a 的指数表示。

MATLAB 程序如下：

```
syms a e1 e2
[e1,e2]=solve(a^5*e1+a^11*e2==a^3, a^10*e1+a^ 22*e2==a^2,e1,e2)
```

计算结果如下：

```
e1 =
    (a^6 + 1)/a^8
e2 =
   -1/a^14
```

5.2　非线性方程组的求解算法

5.2.1　对分法求解非线性方程组

对分法又称二分法，用对分法可以搜索方程 $f(x)=0$ 在区间[a,b]内的全部单实根。具体步骤如下：

（1）从端点 $x_0 = a$ 开始，以 h 为步长，逐步往后进行搜索。

（2）对于每一个子区间 $[x_i,\ x_{i+1}]$（$x_{i+1} = x_i + h$），若 $f(x_i)=0$，则 x_i 为一个实根，且从 $x_i + h/2$ 开始再往后搜索，若 $f(x_{i+1})=0$，则 x_{i+1} 为一个实根，且从 $x_{i+1} + h/2$ 开始再往后搜索；若 $f(x_i)\cdot f(x_{i+1})>0$，则说明当前子区间内无实根，从 x_{i+1} 开始再往后搜索；若 $f(x_i)\cdot f(x_{i+1})<0$，则说明在当前子区间内有实根。此时，反复将子区间减半，直到发现一个实根或子区间长度小于 ε 为止。在后一种情况下，子区间的中点即取为方程的一个实根。然后再从 x_{i+1} 开始往后搜索。其中，ε 为预先给定的精度要求。以上过程一直进行到区间右端点 b 为止。

在使用本方法时，要注意步长 h 的选择。若步长 h 选得过大，可能会导致某些实根的丢失；若步长 h 选得过小，则会增加计算工作量。

【例 5-10】 采用对分法求解非线性方程 $f(x)=\sin e^x\ (x\in[0,3])$，精度要求 0.00001。

MATLAB 程序如下：

```
clc
clear
a = 0;
b = 3;
while (b-a)>0.00001
    c = (a+b)/2;
    if sin(exp(a)) * sin(exp(c)) < 0
        b =c;
    elseif sin(exp(b)) * sin(exp(c)) < 0
        a = c;
    else
        disp('no root');
    end
end
(a+b)/2;
disp ('the root is: ')
x=(a+b)/2
```

计算结果如下：

```
the root is:
x = 1.1447
```

5.2.2 非线性方程求解函数

MATLAB 软件中有几个常用的非线性方程求解函数，其中，fzero 函数用于单变量非线性方程求解，fsolve 函数用于非线性方程（组）求解。

1. fzero 函数的使用方法

fzero 函数的调用格式如下：

[x,fval,exitlag,output] = fzero(fun,x0,options, p1, p2,…)

此函数的作用为求函数 fun 在 x_0 附近的零值点 x，x_0 是标量。

fval：函数在解 x 处的值。

exitflag：程序结束情况，大于 0，程序收敛于解；小于 0，程序没有收敛；等于 0，计算达到了最大次数。

output：一个结构体，提供程序运行的信息。

output.iterations：迭代次数。

output.ftunctions：函数 fun 的计算次数。

outputalgorithm：使用的算法。

options：选项，可用 optimset 函数设定选项的新值。

fun：可以是函数句柄或匿名函数。

【例 5-11】 用 fzero 求解非线性方程：

$$x^3 - 2\sin x = 0$$

MATLAB 程序如下：

首先建立文件 fun0511.m。

```
function y=fun0511(x)
y=x^3-2*sin(x);
end
```

再利用 fzero 函数进行求解。MATLAB 程序如下：

```
>>x=fzero( @fun0511,1)
```

计算结果如下：

```
x =
    2125/1719
```

2. fsolve 函数的使用方法

fsolve 函数是 MATLAB 求解非线性方程（组）数值解的通用方法，该函数采用最小二乘法。其调用格式如下：

➢ x = fsolve(fun,x0)

➢ [x,fval,exitflag] = fsolve(fun,x0,options)

fun：函数，用于定义方程（组）。

x0：计算初值。

x：求解结果（方程的根）。

fval：将求解结果 x 代入方程（组）fun，对应的值，即 fun(x)。

exitflag：返回方程组求解结果的状态（详见“help”文档）。

options：方程的求解设置。

➢ [x,fval,exifflag,output,jacobian] = fsolve(fun,x0,options)

输入变量的意义同 fzero 函数。

输出变量中的 jacobian 为函数 fun 在 x 处的 Jacobi 矩阵。

【例 5-12】 用 fsolve 函数求解非线性方程组：

$$\begin{cases} x_1 - 0.5\sin x_1 - 0.3\cos x_2 = 0 \\ x_2 - 0.5\cos x_1 + 0.3\sin x_2 = 0 \end{cases}$$

MATLAB 程序如下：

首先建立文件 fun0512.m。

```
function y=fun0512(x)
y=[x(1)-0.5*sin(x(1))-0.3*cos(x(2)),...
x(2)- 0.5*cos(x(1))+0.3*sin(x(2))];
```

```
end
```

再利用 fsolve 函数进行求解，MATLAB 程序如下：

```
>> clear;
x0=[0.1,0.1];
fsolve(@fun0512,x0,optimset('fsolve'))
```

计算结果如下：

```
ans =
    1904/3517       521/1574
```

5.3　常微分方程组的求解算法

5.3.1　基本方法

微分方程组是由几个微分方程联立而成的方程组，这几个微分方程联立起来共同确定了几个具有同一自变量的函数。如果微分方程组中的每一个微分方程都是常系数线性微分方程，称为常系数线性微分方程组。很多机械系统或机电控制系统的模型均用到了常系数线性微分方程组表征，在工程中应用十分广泛。

求解线性微分方程组的主要步骤如下：

（1）从方程组中消去一些未知函数及其各阶导数，得到只含有一个未知函数的高阶常系数线性微分方程。

（2）解此高阶微分方程，求出满足该方程的未知函数。

（3）把已求得的函数代入原方程组，一般来说，不必经过积分就可求出其余的未知函数。

【例 5-13】 求解微分方程组：

$$\begin{cases}\dfrac{\mathrm{d}y}{\mathrm{d}x}=3y-2z\\[2mm]\dfrac{\mathrm{d}z}{\mathrm{d}x}=2y-z\end{cases}\tag{5-10}$$

解：消去未知函数 y，由式（5-6）得

$$y=\frac{1}{2}\left(\frac{\mathrm{d}z}{\mathrm{d}x}+z\right)\tag{5-11}$$

两边求导得

$$\frac{\mathrm{d}y}{\mathrm{d}x}=\frac{1}{2}\left(\frac{\mathrm{d}^2z}{\mathrm{d}x^2}+\frac{\mathrm{d}z}{\mathrm{d}x}\right)\tag{5-12}$$

把式（5-11）和式（5-12）代入式（5-10）并化简，得

$$\frac{\mathrm{d}^2z}{\mathrm{d}x^2}-2\frac{\mathrm{d}z}{\mathrm{d}x}+z=0\tag{5-13}$$

解得通解为

$$z=\left(C_1+C_2x\right)\mathrm{e}^x \tag{5-14}$$

再把式（5-10）代入式（5-8），得

$$y=\frac{1}{2}\left(2C_1+C_2+2C_2x\right)\mathrm{e}^x \tag{5-15}$$

原方程组的通解为

$$\begin{cases} y=\dfrac{1}{2}\left(2C_1+C_2+2C_2x\right)\mathrm{e}^x \\ z=\left(C_1+C_2x\right)\mathrm{e}^x \end{cases} \tag{5-16}$$

MATLAB 程序如下：

```
syms y(x) z(x);
Dy=diff(y);
Dz=diff(z);
[y,z]=dsolve(Dy==3*y-2*z,Dz==2*y-z)
```

计算结果如下：

```
y =
C10*exp(x) + (C11*exp(x))/2 + C11*x*exp(x)
z =
C10*exp(x) + C11*x*exp(x)
```

【例 5-14】 求解微分方程组：

$$\begin{cases} \dfrac{\mathrm{d}^2x}{\mathrm{d}t^2}+\dfrac{\mathrm{d}y}{\mathrm{d}t}-x=\mathrm{e}^t \\ \dfrac{\mathrm{d}^2y}{\mathrm{d}t^2}+\dfrac{\mathrm{d}x}{\mathrm{d}t}-y=0 \end{cases}$$

用 D 表示对自变量 x 求导的运算 $\dfrac{\mathrm{d}}{\mathrm{d}t}$，例如，

$$y^{(n)}+a_1y^{(n-1)}+\cdots+a_{n-1}y'+a_ny=f\left(x\right)$$

用记号 D 可表示为

$$\left(\mathrm{D}^n+a_1\mathrm{D}^{n-1}+\cdots+a_{n-1}\mathrm{D}+a_n\right)y=f\left(x\right)$$

注意：$\mathrm{D}^n+a_1\mathrm{D}^{n-1}+\cdots+a_{n-1}\mathrm{D}+a_n$ 是 D 的多项式，可进行相加和相乘的运算。

用记号 D 表示，则方程组可记作

$$\begin{cases} \left(\mathrm{D}^2-1\right)x+\mathrm{D}y=\mathrm{e}^t & ① \\ \mathrm{D}x+\left(\mathrm{D}^2+1\right)y=0 & ② \end{cases}$$

类似解代数方程组，先消去一个未知数，消去 x，得到

$$①-②\times\mathrm{D}\text{：}\ -x+\mathrm{D}^3y=\mathrm{e}^t \quad ③$$

$$②-③\times\mathrm{D}\text{：}\ \left(-\mathrm{D}^4+\mathrm{D}^2+1\right)y=\mathrm{De}^t \quad ④$$

即

$$\left(-D^4+D^2+1\right)y=e^t \quad ⑤$$

其特征方程为

$$-r^4+r^2+1=0$$

解得特征根为

$$r_{1,2}=\pm\alpha=\pm\sqrt{\frac{1+\sqrt{5}}{2}}, \quad r_{3,4}=\pm j\beta=\pm\sqrt{\frac{\sqrt{5}-1}{2}}$$

易求一个特解 $y^*=e^t$，于是通解为

$$y=C_1e^{-\alpha t}+C_2e^{\alpha t}+C_3\cos(\beta t)+C_4\sin(\beta t)+e^t \quad ⑥$$

将⑥代入③得

$$x=\alpha^3C_1e^{-\alpha t}-\alpha^3C_2e^{\alpha t}-\beta^3C_3\cos(\beta t)+\beta^3C_4\sin(\beta t)-2e^t$$

最后，得到方程组通解为

$$\begin{cases}x=\alpha^3C_1e^{-\alpha t}-\alpha^3C_2e^{\alpha t}-\beta^3C_3\cos(\beta t)+\beta^3C_4\sin(\beta t)-2e^t\\ y=C_1e^{-\alpha t}+C_2e^{\alpha t}+C_3\cos(\beta t)+C_4\sin(\beta t)+e^t\end{cases}$$

注意：在求得一个未知函数的通解以后，再求另一个未知函数的通解时，一般不再积分。

MATLAB 程序如下：

```
[x,y]=dsolve('D2x+Dy-x=exp(t),D2y+Dx-y=0', 't');
x=simplify(x)
y=simplify(y)
```

计算结果如下：

```
x =
exp(-5^(1/2)*t)*((exp((t*(5^(1/2) - 1))/2)*(C15 + exp((t*(5^(1/2) + 3))/2)/4 - (5^(1/2)*exp((t*(5^(1/2) + 3))/2))/20))/2 - exp(t*(5^(1/2) + 1))/2 + (exp(t*(5^(1/2) + 1))*(5^(1/2)/20 + C14*exp((t*(5^(1/2) - 3))/2) + 1/4))/2 + (exp(t*(5^(1/2) + 1))*((3*5^(1/2))/20 - C13*exp((t*(5^(1/2) - 1))/2) + 1/4))/2 - (exp((t*(5^(1/2) + 1))/2)*(20*C12 - 5*exp((t*(5^(1/2) + 1))/2) + 3*5^(1/2)*exp((t*(5^(1/2) + 1))/2)))/40 + (5^(1/2)*exp((t*(3*5^(1/2) + 1))/2)*(C13 - exp(-(t*(5^(1/2) - 1))/2)/4))/2 + (5^(1/2)*exp((t*(3*5^(1/2) - 1))/2)*(C14 + exp(-(t*(5^(1/2) - 3))/2)/4))/2 - (5^(1/2)*C12*exp((t*(5^(1/2) + 1))/2))/2 - (5^(1/2)*C15*exp((t*(5^(1/2) - 1))/2))/2)
y =
exp(-5^(1/2)*t)*(exp(t*(5^(1/2) + 1)) + (C12*exp((t*(5^(1/2) + 1))/2))/2 + (C15*exp((t*(5^(1/2) - 1))/2))/2 + (C13*exp((t*(3*5^(1/2) + 1))/2))/2 + (C14*exp((t*(3*5^(1/2) - 1))/2))/2 - (5^(1/2)*C13*exp((t*(3*5^(1/2) + 1))/2))/2 + (5^(1/2)*C14*exp((t*(3*5^(1/2) - 1))/2))/2 + (5^(1/2)*C12*exp((t*(5^(1/2) + 1))/2))/2 - (5^(1/2)*C15*exp((t*(5^(1/2) - 1))/2))/2)
```

5.3.2 常系数微分方程组的 MATLAB 求解算法

上面的理论推导求解比较复杂，可以利用 MATLAB 加以实现。

在 MATLAB 软件中，求微分方程（组）的解析解命令为

dsolve('方程 1','方程 2',…,'方程 n','初始条件','自变量')

在表达微分方程时，用字母 D 表示求微分，D^2、D^3 等表示求高阶微分任何 D 后所跟的字母为因变量，自变量可以指定或由系统规则选定为缺省。例如，微分方程 $\frac{d^2y}{dx^2}=0$ 应表达为 $D^2y=0$。

【例 5-15】 求 $\frac{du}{dt}=1+u^2$ 的通解。

MATLAB 程序如下：

```
dsolve('Du=1+u^2','t')
```

计算结果如下：

```
ans =
   tan(C3 + t)
```

【例 5-16】 求如下微分方程组的特解：

$$\begin{cases} \frac{d^2y}{dt^2}+4\frac{dy}{dt}+29y=0 \\ y(0)=0, y'(0)=15 \end{cases}$$

MATLAB 程序如下：

```
y=dsolve('D2y+4*Dy+29*y=0', 'y(0)=0,Dy(0)=15', 'x')
```

计算结果如下：

```
y =
3*sin(5*x)*exp(-2*x)
```

利用 MATLAB 的 dsolve 函数还可以求解更复杂的微分方程，如【例 5-17】和【例 5-18】所示。

【例 5-17】 求解微分方程 $y'+2xy=xe^{-x^2}$。

MATLAB 程序如下：

```
syms x y(x);
y=dsolve(diff(y,x)==-2*x*y+x*exp(-x^2))
```

计算结果如下：

```
y =
C2*exp(-x^2)+(x^2*exp(-x^2))/2
```

【例 5-18】 求微分方程 $xy'+y-e=0$ 在初始条件 $y(1)=2e$ 下的特解，画出解函数的

图形。

MATLAB 程序如下：

```
syms x y;
y=dsolve('x*Dy+y-exp(1)=0',' y(1)=2*exp(1)','x' );
ezplot(y)
```

计算结果如图 5-1 所示。

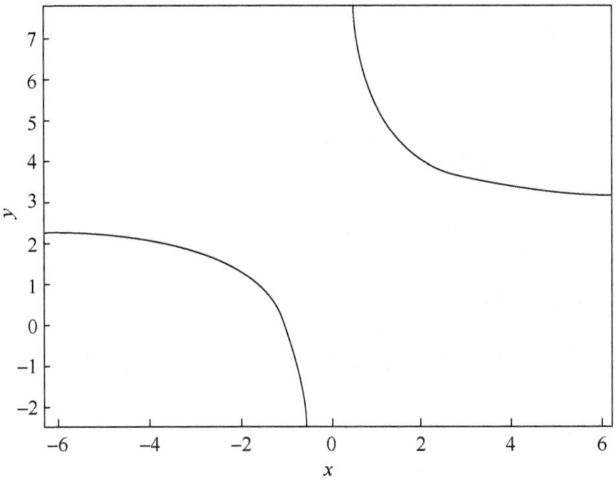

图 5-1　解函数的图形

【例 5-19】 求解微分方程组 $\begin{cases} \dfrac{dx}{dt}+5x+y=e^t \\ \dfrac{dy}{dt}-x-3y=0 \end{cases}$ 在初始条件 $x|_{t=0}=1$、$y|_{t=0}=0$ 下的特解，并画出解函数的图形。

MATLAB 程序如下：

```
syms x(t) y(t);
Dx=diff(x);
Dy=diff(y);
[x,y]=dsolve(Dx+5*x+y==exp(t),Dy-x-3*y==0,x(0)==1,y(0)==0);
simplify(x) ;
ezplot(x,y, [0,1.3] ) ;axis auto
```

计算结果如图 5-2 所示。

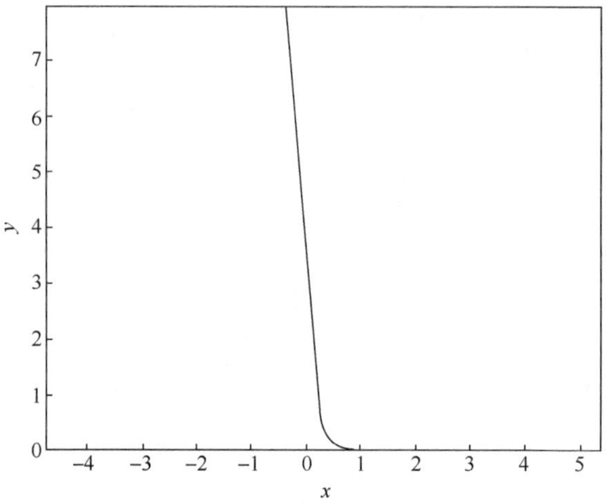

图 5-2　运行结果

5.3.3　常微分方程组的数值解法

采用 MATLAB 求常微分方程的数值解的一般命令形式为

[t,x]=solver('f', ts, x0, options)

t 表示自变量值。

x 表示函数值。

solver 主要是指：ode45（运用组合的 4/5 阶龙格-库塔-芬尔格算法），ode23（组合的 2/3 阶龙格-库塔-芬尔格算法），ode113，ode15s，ode23s。

f 表示由待解方程写成的 m 文件名。

ts：$t_s=[t_0,t_f]$，t_0 和 t_f 分别为自变量的初值和终值。

x0 表示函数的初值。

options：用于设定误差限（缺省时设定相对误差 10^{-3}、绝对误差 10^{-6}），命令为 options=odeset('reltol',rt, 'abstol',at)，rt、at 分别为设定的相对误差和绝对误差。

其中主要的算法是基于龙格-库塔法的数值积分方法。具体要求如下：

（1）在解 n 个未知函数的方程组时，x_0 和 x 均为 n 维向量，m 文件中的待解方程组应以 x 的分量形式写成。

（2）使用 MATLAB 软件求数值解时，高阶微分方程必须等价地变换成一阶微分方程组。

【例 5-20】 求解如下微分方程：

$$\begin{cases} \dfrac{\mathrm{d}^2 x}{\mathrm{d}t^2} - 1000\left(1-x^2\right)\dfrac{\mathrm{d}x}{\mathrm{d}t} + y = 0 \\ x(0) = 2, x'(0) = 0 \end{cases}$$

解：令

$$y_1 = x\text{，}\quad y_2 = y_1'$$

则原微分方程变为如下一阶微分方程组：

$$\begin{cases} y_1' = y_2 \\ y_2' = 1000\left(1 - y_1^2\right) y_2 - y_1 \\ y_1\left(0\right) = 2, y_2\left(0\right) = 0 \end{cases}$$

MATLAB 程序如下：

首先，建立 m 文件 vdp1000.m。

```
function dy=vdp1000(t,y)
dy=zeros(2,1) ;
dy(1)=y(2) ;
dy(2)=1000*(1-y(1)^2)*y(2)-y(1) ;
end
```

然后，取 t=0，t=3000，输入命令：

```
[T,Y]=ode15s('vdp1000',[0 3000],[2 0]);
plot(T,Y(:,1),'-')
```

计算结果如图 5-3 所示。

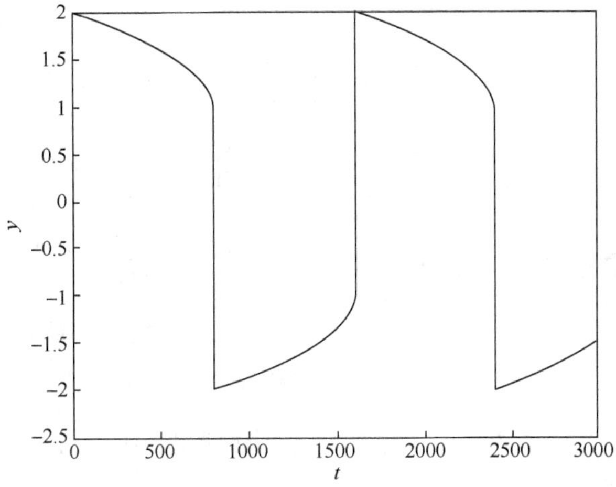

图 5-3　求解结果

【例 5-21】 求解如下微分方程：

$$\frac{\mathrm{d}^2 y}{\mathrm{d}t^2} - \mu\left(1 - y^2\right)\frac{\mathrm{d}y}{\mathrm{d}t} + y = 0$$

且有初始条件 $y\left(0\right)=1$、$y'\left(0\right)=0$，并画出解的图形。

通过变换，将该二阶微分方程化为如下一阶微分方程组，即令

$$x_1 = y\text{，}\quad x_2 = \frac{\mathrm{d}y}{\mathrm{d}t}\text{，}\quad \mu = 7$$

得到

$$\begin{cases} \dfrac{dx_1}{dt} = x_2 & (x_1(0)=1) \\ \dfrac{dx_2}{dt} = 7(1-x_1^2)x_2 + x_1 & (x_2(0)=0) \end{cases}$$

首先编写 vdp.m 文件，MATLAB 程序如下：

```
function fy=vdp( t, x )
fy=[x(2) ;7*(1-x(1)^2)*x(2)+x(1)] ;
end
```

然后进行计算，MATLAB 程序如下：

```
>>y0=[1;0];
[t,x]=ode45( 'vdp', [0,40] ,y0) ;
y=x( : ,1) ;dy=x( : ,2) ;
plot(t,y,t,dy )
```

计算结果如图 5-4 所示。

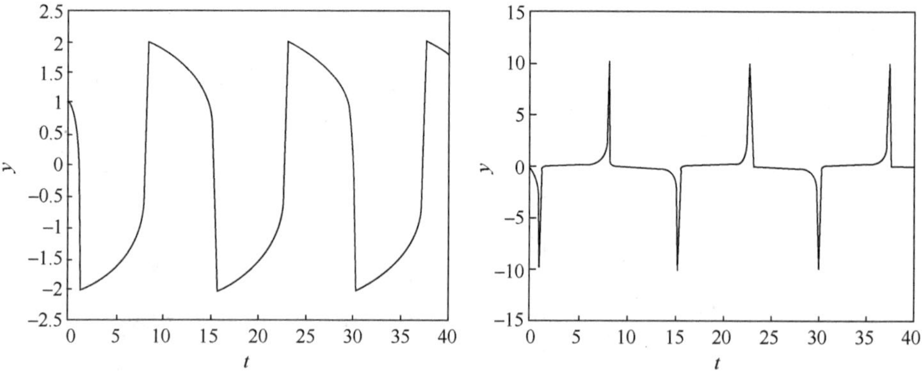

(a) y　　(b) y'

图 5-4　求解结果

在使用 ode45 函数的时候，定义函数往往需要编辑一个 m 文件来单独定义。也可以编写 inline 函数如下：

fy=inline('[x(2) ;7*(1-x(1)^2)*x(2)-x(1)]')

注意，有很多时候，采用 ode45 函数之类的数值积分方法求解微分方程组时，微分方程的参数取值以及步长的原因，会导致计算误差大、计算失真、计算不收敛等问题。需要对计算步长等进行仔细对比和确定，得到稳定的计算结果。

习　题

5-1　求解线性方程组 $\boldsymbol{Ax}=\boldsymbol{b}$，且 $\boldsymbol{A}=\begin{bmatrix}1&2&3&4\\3&2&1&1\\2&4&6&8\\4&7&2&2\end{bmatrix}$，$\boldsymbol{b}=\begin{bmatrix}1\\3\\4\\6\end{bmatrix}$。

5-2　求解线性方程组 $\boldsymbol{Ax}=\boldsymbol{b}$，且 $\boldsymbol{A}=\begin{bmatrix}4&7&2&1\\2&8&4&6\end{bmatrix}$，$\boldsymbol{b}=\begin{bmatrix}5\\7\end{bmatrix}$。

5-3　求解线性方程组 $\begin{bmatrix}1&2&3&4\\5&6&7&8\\4&3&2&1\\8&7&6&5\end{bmatrix}\boldsymbol{X}=\begin{bmatrix}4&1\\2&5\\3&9\\6&7\end{bmatrix}$，并验证其精度。

5-4　试求下面齐次方程组的基础解系。

（1）$\begin{cases}6x_1+x_2+x_3+x_4=0\\x_1+2x_2-x_3+5x_4=0\\3x_1-x_2+7x_3+9x_4=0\\-x_1+4x_2+x_3+8x_4=0\end{cases}$；（2）$\begin{cases}2x_1-x_2+x_3-6x_4=0\\3x_1+7x_2-x_3+x_4=0\\x_1-5x_2+3x_3+2x_4=0\\-x_1+7x_2+x_3+2x_4=0\end{cases}$。

5-5　采用对分法求解非线性方程 $f(x)=2x^2\cos x$，$x\in[0,2]$，精度要求 0.00001。

5-6　采用 fzero 函数求解下列非线性方程。

（1）$x^2-\sin x=0$；（2）$x^3+\cos^2 x=0$。

5-7　采用 fsolve 函数求解下列非线性方程组。

（1）$\begin{cases}x^3-2\sin x=0\\x^3+x^2-x=0\end{cases}$；（2）$\begin{cases}2x^4+x^3-4=0\\x^3+3\cos^2 x=0\end{cases}$。

5-8　解微分方程组 $\begin{cases}\dfrac{\mathrm{d}^2x}{\mathrm{d}t^2}+\dfrac{\mathrm{d}y}{\mathrm{d}t}-2x=0\\\dfrac{\mathrm{d}^2y}{\mathrm{d}t^2}-\dfrac{\mathrm{d}x}{\mathrm{d}t}-y=\sin t\end{cases}$。

5-9　求 $\dfrac{\mathrm{d}x}{\mathrm{d}t}=2\sin x-x-4$ 的通解。

5-10　求解如下微分方程：

$$\begin{cases}\dfrac{\mathrm{d}^2y}{\mathrm{d}t^2}+5\dfrac{\mathrm{d}y}{\mathrm{d}t}-4y=0\\y(0)=0,y'(0)=7\end{cases}$$

第6章　优化算法

在工程中，优化设计是从多种方案中选择最佳方案的设计方法，它以数学中的最优化理论为基础，以计算机为手段，根据设计所追求的性能目标，建立目标函数，在满足给定的各种约束条件下，寻求最优的设计方案。所谓最优化问题，指在某些约束条件下，决定某些可选择的变量应该取何值，使所选定的目标函数达到最优的问题。最优化方法（也称作运筹学方法）主要运用数学方法研究各种系统的优化途径及方案，为决策者提供科学决策的依据。为了达到最优化目的所提出的各种求解方法，即为优化算法。从数学意义上说，最优化方法是一种求极值的方法，即在一组约束为等式或不等式的条件下，使系统的目标函数达到极值，即最大值或最小值。

最优化方法形成和发展过程中的代表性成果有：苏联 Л. B. Kantorovich 和美国 G. B. Dantzig 等提出的线性规划、美国 H. Kuhn 和 A. Tucker 提出的非线性规划、美国 R. Bellman 提出的动态规划，以及苏联 Л. C. Pontryagin 提出的极大值原理等。这些方法后来都形成体系，成为近代很活跃的学科，对促进运筹学、管理科学、控制论和系统工程等学科的发展起了重要作用。

优化算法有很多，针对不同的优化问题，例如可行解变量的取值（连续还是离散）、目标函数和约束条件的复杂程度（线性还是非线性）等，需要采用不同的算法。对于连续和线性等较简单的问题，可以选择一些经典算法，如梯度、Hessian 矩阵、拉格朗日乘数、单纯形法和梯度下降法等。

近年来，随着计算机技术的快速发展，为了在一定程度上解决大空间、非线性、全局寻优、组合优化等复杂问题，不少智能优化方法不断涌现。智能优化算法是一类启发式优化算法，包括遗传算法、差分进化算法、免疫算法、蚁群算法、粒子群算法、模拟退火算法、禁忌搜索算法和神经网络算法等。智能优化算法一般是针对具体问题设计相关的算法，理论要求弱，技术性强。与最优化算法进行比较，相比之下，智能算法速度快，应用性强。因其独特的优点和机制，这些算法得到了国内外学者的广泛关注，在信号处理、图像处理、生产调度、任务分配、模式识别、自动控制和机械设计等众多领域得到了成功应用。

6.1　最优化方法

用最优化方法解决实际问题，一般可经过下列步骤：①提出最优化问题，收集有关数据和资料；②建立最优化问题的数学模型，确定变量，列出目标函数和约束条件；③分析模型，选择合适的最优化方法；④求解，一般通过编制程序，用计算机求最优解；⑤最优解的检验和实施。上述 5 个步骤中的工作相互支持和相互制约，在实践中常常反复交叉进行。

1. 最优化模型的基本要素

最优化问题根据其中的变量、约束、目标、问题性质、时间因素和函数关系等不同情况，可分成多种类型。最优化模型一般包括变量、约束条件和目标函数三要素。

（1）变量：指最优化问题中待确定的某些量。变量可用 $\boldsymbol{x}=\begin{bmatrix}x_1 & x_2 & \cdots & x_n\end{bmatrix}^{\mathrm{T}}$ 表示。

（2）约束条件：指在求最优解时对变量的某些限制，包括技术上的约束、资源上的约束和时间上的约束等。列出的约束条件越接近实际系统，则所求得的系统最优解也就越接近实际最优解。约束条件可用 $g_i(x)\leqslant 0\ (i=1,2,\cdots,m)$ 表示，m 表示约束条件数；或 $x\in R$（R 表示可行集合）。

（3）目标函数：最优化有一定的评价标准。目标函数就是这种标准的数学描述，一般可用 $f(x)$ 来表示，即 $f\left(x\right)=f\left(x_1,x_2,\cdots,x_n\right)$。要求目标函数为最大时可写成 $\max f(x)$；要求最小时则可写成 $\min f(x)$。目标函数可以是系统功能的函数或费用的函数，它必须在满足规定的约束条件下达到最大或最小。

2. 最优化方法

不同类型的最优化问题可以有不同的最优化方法，即使同一类型的问题也可有多种最优化方法。反之，某些最优化方法可适用于不同类型的模型。最优化问题的求解方法一般可以分成解析法、直接法、数值计算法和其他方法。

（1）解析法：这种方法只适用于目标函数和约束条件有明显的解析表达式的情况。求解方法是：先求出最优的必要条件，得到一组方程或不等式，再求解这组方程或不等式，一般是用求导数的方法或变分法求出必要条件，通过必要条件将问题简化，因此也称间接法。

（2）直接法：当目标函数较为复杂或者不能用变量显函数描述时，无法用解析法求必要条件。此时可采用直接搜索的方法经过若干次迭代搜索到最优点。这种方法常常根据经验或通过试验得到所需结果。对于一维搜索（单变量极值问题），主要用消去法或多项式插值法；对于多维搜索问题（多变量极值问题）主要用爬山法。

（3）数值计算法：这种方法也是一种直接法。它以梯度法为基础，所以是一种解析与数值计算相结合的方法。

（4）其他方法：如网络最优化方法等。

3. 解析性质

根据函数的解析性质，还可以对各种方法做进一步分类。例如，如果目标函数和约束条件都是线性的，就形成线性规划。线性规划有专门的解法，诸如单纯形法、解乘数法、椭球法和卡马卡法等。当目标或约束中有一非线性函数时，就形成非线性规划。当目标是二次的，而约束是线性时，则称为二次规划。二次规划的理论和方法都较成熟。如果目标函数具有一些函数的平方和的形式，则有专门求解平方和问题的优化方法。目标函数具有多项式形式时，可形成一类几何规划。

4. 最优解

最优化问题的解一般称为最优解。如果只考察约束集合中某一局部范围内的优劣情况，则解称为局部最优解。如果是考察整个约束集合中的情况，则解称为总体最优解。对于不同优化问题，最优解有不同的含义，因而还有专用的名称。例如，在对策论和数理经济模型中称为平衡解；在控制问题中称为最优控制或极值控制；在多目标决策问题中称为非劣解（又称帕雷托最优解或有效解）。在解决实际问题时情况错综复杂，有时这种理想的最优解不易求得，或者需要付出较大的代价，因而对解只要求能满足一定限度范围内的条件，不一定过分强调最优。20 世纪 50 年代初，在运筹学发展的早期就有人提出次优化的概念及其相应的次优解。提出这些概念的背景是：最优化模型的建立本身就只是一种近似，因为实际问题中存在的某些因素，尤其是一些非定量因素很难在一个模型中全部加以考虑。另外，还缺乏一些求解较为复杂模型的有效方法。

6.2 线 性 规 划

线性规划（linear programming，LP）是最优化方法，即运筹学中研究较早、应用较广泛、方法较成熟的一个重要内容，在实际工程中有着广泛的应用。主要理论与方法依据是线性约束条件下线性目标函数的极值问题。

6.2.1 基本原理

线性规划研究的问题要求目标与约束条件函数均是线性的，而目标函数只能是一个。

线性规划模型包括两个要素，包括决策变量和约束条件。

1. 决策变量

问题中需要求解的那些未知量，一般用 n 维向量 $\boldsymbol{x}=[x_1 \quad x_2 \quad \cdots \quad x_n]^{\mathrm{T}}$ 表示。

2. 约束条件

对决策变量的限制条件，即 $\boldsymbol{x}$ 的允许取值范围，它通常是 $\boldsymbol{x}$ 的一组线性不等式或线性等式。线性规划问题的数学模型一般可表示如下。

目标函数：

$$\min(\max)z=\sum_{j=1}^{n}c_j x_j \tag{6-1}$$

约束条件：

$$\begin{cases}\sum_{j=1}^{n} a_{ij}x_j \leqslant b_i & (i=1,2,\cdots,m)\\ x_j \geqslant 0 & (j=1,2,\cdots,n)\end{cases} \tag{6-2}$$

式中，z 为目标变量；a_{ij}、b_i、c_j 是常数。

满足约束条件式（6-2）的解 $\boldsymbol{x}=[x_1 \quad x_2 \quad \cdots \quad x_n]^{\mathrm{T}}$ 称为线性规划的可行解，使目标函数式（6-1）达到最小（最大）值的可行解叫最优解。

用矩阵与向量形式可将式（6-1）和式（6-2）表示为

$$\min z=\boldsymbol{c}^{\mathrm{T}}\boldsymbol{x}$$
$$\text{s.t.}\begin{cases}\boldsymbol{Ax}\leqslant \boldsymbol{b}\\ \boldsymbol{x}\geqslant 0\end{cases} \tag{6-3}$$

式中，$\boldsymbol{A}=(a_{ij})_{mn}$ 称为技术系数矩阵；$\boldsymbol{b}=[b_1 \quad b_2 \quad \cdots \quad b_m]^{\mathrm{T}}$ 称为资源系数向量；$\boldsymbol{c}=[c_1 \quad c_2 \quad \cdots \quad c_n]^{\mathrm{T}}$ 称为价值系数向量；$\boldsymbol{x}=[x_1 \quad x_2 \quad \cdots \quad x_n]^{\mathrm{T}}$ 称为决策向量。

在实际问题中，建立的线性规划数学模型并不一定都有式（6-3）的形式，例如有的模型还有不等式约束、对自变量 $\boldsymbol{x}$ 的上下界约束等，这时，可以通过简单的变换将它们转化成标准形式。

在线性规划中，普遍存在配对现象，即对一个线性规划问题，都存在一个与之有密切关系的线性规划问题，其中之一为原问题，而另一个称为它的对偶问题。例如对于线性规划标准形，式（6-3）的对偶问题为下面的极大化问题：

$$\max \ \boldsymbol{\lambda}^{\mathrm{T}}\boldsymbol{b}$$
$$\text{s.t.} \quad \boldsymbol{A}^{\mathrm{T}}\boldsymbol{\lambda}\leqslant \boldsymbol{c} \tag{6-4}$$

式中，$\boldsymbol{\lambda}$ 称为对偶变量。对于线性规划，如果原问题有最优解，那么其对偶问题也一定存在最优解，且它们的最优值是相等的。解线性规划的许多算法都可以同时求出原问题和对偶问题的最优解。

6.2.2 线性规划的 MATLAB 实现

MATLAB 提供了 linprog 函数用于求解线性规划问题。其调用格式如下：

- x = linprog(f,A,b)：求 $\min \boldsymbol{f}^{\mathrm{T}}\cdot\boldsymbol{x}$ 在约束条件 $\boldsymbol{A}\cdot\boldsymbol{x}\leqslant\boldsymbol{b}$ 下线性规划的最优解。
- x = linprog(f,A,b,Aeq,beq)：等式约束 $\boldsymbol{A}_{\mathrm{eq}}\cdot\boldsymbol{x}=\boldsymbol{b}_{\mathrm{eq}}$，如果没有不等式约束 $\boldsymbol{A}\cdot\boldsymbol{x}\leqslant\boldsymbol{b}$，则置 $\boldsymbol{A}=[\ ]$，$\boldsymbol{b}=[\ ]$。
- x = linprog(f,A,b,Aeq,beq,lb,ub)：指定 $\boldsymbol{x}$ 的范围为 $\boldsymbol{l}_b\leqslant\boldsymbol{x}\leqslant\boldsymbol{u}_b$，如果没有等式约束 $\boldsymbol{A}_{\mathrm{eq}}\cdot\boldsymbol{x}=\boldsymbol{b}_{\mathrm{eq}}$，则置 $\boldsymbol{A}_{\mathrm{eq}}=[\ ]$，$\boldsymbol{b}_{\mathrm{eq}}=[\ ]$。
- x = linprog(f,A,b,Aeq,beq,lb,ub,x0)：x_0 为给定的初始值。
- x = linprog(f,A,b,Aeq,beq,lb,ub,x0,option)：option 为指定的优化参数。
- [x.fval] = linprog(⋯)：fval 为返回目标函数的最优值，即 fval $=\boldsymbol{c}^{\mathrm{T}}\boldsymbol{x}$。
- [x,fval,exitflag] = linprog(⋯)：exitflag 为终止迭代的错误条件。

【例 6-1】 求解下面的线性规划问题：

$$\min f(z) = -5x_1 - 4x_2 - 6x_3$$

$$\text{s.t.}\begin{cases} x_1 - x_2 + x_3 \leqslant 20 \\ 3x_1 + 2x_2 + 4x_3 \leqslant 42 \\ 3x_1 + 2x_2 \leqslant 30 \\ x_1 \geqslant 0, x_2 \geqslant 0, x_3 \geqslant 0 \end{cases}$$

MATLAB 程序如下：

```
clear all;
f = [-5; -4; -6];
A = [1 -1 1;3 2 4;3 2 0];
b =[20; 42; 30];
lb = zeros(3,1);
[x, fval,exitflag, output, lambda] = linprog(f, A,b,[],[],lb);
%线性规划问题求解
```

线性规划结果如下：

```
Optimization terminated.
x =
    0.0000
   15.0000
    3.0000
fval =
  -78.0000
```

【例 6-2】 某工厂计划生产甲、乙两种产品，主要材料有钢材 3500kg、铁材 1800kg、专用设备能力 2800 台时，材料与设备能力的消耗定额及单位产品所获利润如表 6-1 所示，如何安排生产，才能使该厂所获利润最大？

表 6-1 材料与设备能力的消耗及单位产品所获利润

产品	单位产品消耗定额		设备能力/台时	单位产品的利润/元
	钢材/kg	铁材/kg		
甲	8	6	4	80
乙	5	4	5	125
现在材料与设备能力	3500	1800	2800	

解：先建立模型，设甲、乙两种产品计划生产量分别为 x_1、x_2（件），总利润为 $f(x)$（元）。求变量 x_1、x_2 的值为多少时，才能使总利润 $f(x) = 80x_1 + 125x_2$ 最大。为此，可建立数学模型如下：

$$\max f(x)=80x_1+125x_2$$

$$\text{s.t.}\begin{cases}8x_1+5x_2\leqslant 3500\\6x_1+4x\leqslant 1800\\4x_1+5x_2\leqslant 2800\\x_1+x_2\geqslant 0\\x_1\geqslant 0,x_2\geqslant 0,x_3\geqslant 0\end{cases}$$

因为 linprog 是求极小值问题，所以以上模型可变为

$$\min f(x)=-80x_1-125x_2$$

$$\text{s.t.}\begin{cases}8x_1+5x_2\leqslant 3500\\6x_1+4x_2\leqslant 1800\\4x_1+5x_2\leqslant 2800\\x_1,x_2\geqslant 0\end{cases}$$

根据上述模型，编写 MATLAB 程序如下：

```
clear all;
F=[-80,-125];
A=[8 5;6 4;4 5];
b=[3500,1800,2800];
lb=[0;0];
ub=[inf;inf];
[x,fval] = linprog(F,A,b,[],[],lb)   %线性规划问题求解
```

运行程序，输出结果如下：

```
Optimization terminated.
x =
    0.0000
  450.0000
fval =
  -56250
```

结果表明，当决策变量 $\boldsymbol{x}=[x_1\quad x_2]=[0\quad 450]$ 时，规划问题有最优解，此时目标函数的最小值是 fval=56250，即当不生产甲产品，只生产乙产品 450 件时，该厂可获最大利润为 56250 元。

【例 6-3】 利用 MATLAB 对线性规划进行灵敏度分析，其线性规划问题如下：

$$\max f(z)=-5x_1+4x_2+10x_3$$

$$\text{s.t.}\begin{cases}x_1-x_2+x_3\leqslant 20\\12x_1+4x_2+10x_3\leqslant 85\\x_1\geqslant 0,x_2\geqslant 0,x_3\geqslant 0\end{cases}$$

解：原问题是极大化问题，将其转化为极小化问题，模型如下：

$$\min f(z)=5x_1-4x_2-10x_3$$
$$\text{s.t.}\begin{cases}x_1-x_2+x_3\leqslant 20\\12x_1+4x_2+10x_3\leqslant 85\\x_1\geqslant 0,x_2\geqslant 0,x_3\geqslant 0\end{cases}$$

MATLAB 程序如下：

```
clear all;
F=[5 -4 -10];
A=[1 -1 1;12 4 10];
b=[20 85];
lb=zeros(3,1);
x=linprog(F,A,b,[],[],lb)
```

计算结果如下：

```
Optimization terminated.
x =
    0.0000
   21.1143
    0.0543
```

然后，在此基础上对如下问题进行分析计算。

（1）目标函数中 x_3 的系数 c_3 由 10 变为 9.82。MATLAB 程序如下：

```
F1=F;
F1(3)=9.82;
x1=linprog(F1,A,b,[],[],lb)
```

计算结果如下：

```
Optimization terminated.
x1 =
    0.0000
   21.2500
    0.0000
```

（2）b_1 由 20 变为 22。MATLAB 程序如下：

```
b1=b;
b1(1)=22;
x2=linprog(F,A,b1,[],[],lb)
e2=x2-x
```

计算结果如下：

```
Optimization terminated.
x2 =
    0.0000
   21.1132
```

```
   0.0547
e2 =
  -0.0000
  -0.0011
   0.0004
```

（3） $A=\begin{bmatrix}1\\12\end{bmatrix}$变为$A=\begin{bmatrix}-1.2\\12.6\end{bmatrix}$。MATLAB 程序如下：

```
A1=A;
A1(:,1)= [-1.2 12.6];
x3=linprog(F,A1,b1,[],[],lb)
e3=x3-x
```

计算结果如下：

```
Optimization terminated.
x3 =
   0.0000
  12.0188
   3.6925
e3 =
  -0.0000
  -9.0954
   3.6382
```

（4）增加约束条件$3x_1-2x_2+4x_3\leqslant 45$。MATLAB 程序如下：

```
A2=[A;3  -2  4];
b2=[b,45];
x4=linprog(F,A2,b2,[],[],lb)
e4=x4-x
```

计算结果如下：

```
Optimization terminated.
x4 =
   0.0000
  20.5056
   0.2978
e4 =
   0.0000
  -0.6087
   0.2435
```

6.2.3　线性规划的单纯算法

对于标准形式的线性规划问题：

$$\min f(x)=\boldsymbol{c}^{\mathrm{T}}\boldsymbol{x}$$
$$\text{s.t.}\begin{cases}\boldsymbol{A}\boldsymbol{x}\leqslant\boldsymbol{b}\\ \boldsymbol{x}\geqslant 0\end{cases} \tag{6-5}$$

若有有限最优值，则目标函数的最优值必在某一基本可行解处，因而只需在基本可行解中寻找最优解。这就使我们有可能用穷举法来求得线性规划问题的最优解，但当变量很多时计算量很大，有时行不通。单纯算法（simplex method）的基本思想就是先找到一个基本可行解，检验是否为最优解或判断问题无解。否则，再转换到另一个使目标函数值减小的基本可行解上，重复上述过程，直至求到问题的最优解或指出问题无解为止。

设找到初始基本可行解 $\boldsymbol{x}^*$，可行基为 $\boldsymbol{B}$，非基矩阵为 $\boldsymbol{N}$，即可写 $\boldsymbol{A}=[\boldsymbol{B}\quad\boldsymbol{N}]$。于是有

$$\boldsymbol{x}^*=\begin{bmatrix}\boldsymbol{B}^{-1}\boldsymbol{b}\\ 0\end{bmatrix}=\begin{bmatrix}\boldsymbol{b}^*\\ 0\end{bmatrix}$$

相应地，目标函数值中 $\boldsymbol{c}_B$ 是 $\boldsymbol{c}$ 中与基变量 $\boldsymbol{x}_B$ 对应的分量组成的 m 维行向量，$\boldsymbol{c}_N$ 是与非基变量 $\boldsymbol{x}_N$ 对应的行向量。

再设任意可行解 $\boldsymbol{x}=\begin{bmatrix}\boldsymbol{x}_B\\ \boldsymbol{x}_N\end{bmatrix}$，由 $\boldsymbol{A}\boldsymbol{x}=\boldsymbol{b}$ 得

$$\boldsymbol{x}_B=\boldsymbol{B}^{-1}\boldsymbol{b}-\boldsymbol{B}^{-1}\boldsymbol{N}\boldsymbol{x}_N=\boldsymbol{b}^*-\boldsymbol{B}^{-1}\boldsymbol{N}\boldsymbol{x}_N \tag{6-6}$$

相应的目标值函数为

$$f=\boldsymbol{c}^{\mathrm{T}}\boldsymbol{x}=\boldsymbol{c}_B\boldsymbol{b}^*-(\boldsymbol{c}_B\boldsymbol{B}^{-1}\boldsymbol{N}-\boldsymbol{c}_N)\boldsymbol{x}_N \tag{6-7}$$

若记 $\boldsymbol{A}=\begin{bmatrix}a_1 & a_2 & \cdots & a_n\end{bmatrix}$，则有

$$f=f^*-\sum_{j\in N_B}\left(\boldsymbol{c}_B\boldsymbol{B}^{-1}a_j-c_j\right)x_j \tag{6-8}$$

式中，N_B 为非基变量的指标集。记

$$z_j-c_j=\boldsymbol{c}_B\boldsymbol{B}^{-1}a_j-c_j \tag{6-9}$$

为检验数，于是有

$$f=f^*-\sum_{j\in N_B}\left(z_j-c_j\right)x_j \tag{6-10}$$

变换后的问题为

$$\min f(x)=f^*-\sum_{j\in N_B}\left(z_j-c_j\right)x_j$$
$$\text{s.t.}\begin{cases}\boldsymbol{x}_B+\boldsymbol{B}^{-1}\boldsymbol{N}\boldsymbol{x}_N\leqslant\boldsymbol{b}^*\\ x_j\geqslant 0\end{cases} \tag{6-11}$$

式中，f^* 为基本可行解 $\boldsymbol{x}^*$ 所对应的目标函数值。

若基本可行解的所有基变量都取正值，则称它为非退化的；若有取零值的基变量，则称它为退化的。称所有基本可行解非退化的线性规划为非退化的。

对于非退化的线性规划式（6-11），有下面结论：

（1）如果所有 $z_j - c_j \leqslant 0$，则 $\boldsymbol{x}^*$ 为式（6-5）的最优解，记为 $\boldsymbol{x}^*$。

（2）如果 $z_k - c_k > 0$，$k \in N_B$，且相应的 $\boldsymbol{B}^{-1}a_k \leqslant 0$，则式（6-5）无有界最优解。

（3）如果 $z_k - c_k > 0$，$k \in N_B$，且 $\boldsymbol{a}_k^* = \boldsymbol{B}^{-1}a_k$ 至少有一个正分量，则能找到基本可行解 $\hat{\boldsymbol{x}}$，使目标数值下降，有 $\boldsymbol{c}\hat{\boldsymbol{x}} < \boldsymbol{c}\boldsymbol{x}^*$。

对标准形式的线性规划问题，单纯算法如下：

（1）找初始可行基 $\boldsymbol{B}$ 和初始基本可行解。

（2）求出 $\boldsymbol{x}_B = \boldsymbol{B}^{-1}\boldsymbol{b} = \boldsymbol{b}^*$，计算目标函数值 $f = \boldsymbol{c}_B\boldsymbol{x}_B$。

（3）计算检验数 $z_j - c_j \ (j = 1, 2, \cdots, n)$，并按

$$z_k - c_k = \max\left\{z_j - c_j \mid j = 1, 2, \cdots, n\right\} \tag{6-12}$$

确定下标 k，则 x_k 为进基变量。

（4）如果 $z_k - c_k \leqslant 0$，停止，此时基本可行解 $\boldsymbol{x} = \begin{bmatrix} \boldsymbol{x}_B \\ \boldsymbol{x}_N \end{bmatrix} = \begin{bmatrix} \boldsymbol{b}^* \\ 0 \end{bmatrix}$ 是最优解，目标函数最大值为 $f = \boldsymbol{c}_B\boldsymbol{b}^*$；否则，执行步骤（5）。

（5）计算 $\boldsymbol{a}_k^* = \boldsymbol{B}^{-1}a_k$，若 $\boldsymbol{a}_k^* \leqslant 0$，停止。此时问题无有界解；否则执行步骤（6）。

（6）求最小比：

$$\frac{b_k^*}{a_{rk}^*} = \min\left\{\frac{b_i^*}{a_{ik}^*} \mid a_{ik}^* > 0\right\} \tag{6-13}$$

确定下标 r，取 x_{B_r} 为离基变量。

（7）以 a_k 代替 a_{B_r} 得到新基，并令 $x_k = \dfrac{b_k^*}{a_{rk}^*}$，再返回步骤（2）。

MATLAB 没有提供函数直接用于实现单纯算法，下面编写 simplefun.m 函数实现线性规划的单纯算法。

MATLAB 程序如下：

```
function [x,f]=simplefun(c,A,b)
%c 为线性规划问题
%A 为其系数矩阵
%b 为其约束条件
%x 为最优解
%f 为最优解处的函数值
t=find(b<0);b(t)=-b(t);
A(t,:)=-A(t,:);
[m,n]=size(A);B=A(:,1:m);
x=zeros(n,1);m1=1:m;
while(det(B)==0| ~isempty(find(inv(B)*b<0)))
    tp=randperm(n);
    m1=tp(1:m);
    B=A(:,m1);
end
xB=B\b; x(m1)=xB;
```

```
f=c(m1)*x(m1);
co=c(m1)*(B\A)-c;
[z1, z2]=max(co);
while z1>0
    az=B\A(:,z2);
    if az<0,
        disp ('问题无解'),
        break;
    else
        t1=find(az>0);
        [tt1,tt2]=min(xB(t1)./az(t1));
        t3=t1(tt2);B(:,t3)=A(:,z2);
        x(m1)=xB-tt1*az;
        m1(t3)=z2; x(z2)=tt1;
        f=c(m1)*xB; xB=x(m1);
        co=(c(m1)/B)*A-c;
        [z1,z2]=max(co);
    end
end
x(m1)=xB; f=c*x;
end
```

【例 6-4】 利用单纯算法计算下列线性规划问题：

$$\min f(z)=x_1+2x_2+3x_3$$

$$\text{s.t.}\begin{cases}x_1+2x_2+3x_3=8\\-x_1+2x_2+4x_4+5x_5=3\\x_1+4x_2-8x_3+3x_4+5x_6=5\\x_j\geqslant 0\quad(j=1,2,\cdots,6)\end{cases}$$

MATLAB 程序如下：

```
clear all;
c=[1 0 0 2 3 0];
b=[8 3 5]';
A=[1 2 3 0 0 0;-1 2 0 4 5 0;1 4 -8 3 0 5];
[x,f]=simplefun(c,A,b)
```

计算结果如下：

```
x =
  -0.0000
   1.5000
   1.6667
        0
        0
   2.4667
```

```
f =
  -2.2204e-16
```

如果在基本可行解中存在有基变量为零，则称为退化的基本可行解。在基本可行解退化时，有可能发生用单纯算法要进行无限多次迭代也得不到最优解的死循环。

用单纯算法解线性规划问题时，需要先有一个初始可行基本解。为解决这个问题可采用随机搜索方法寻找初始可行基 $\boldsymbol{B}$ ，但有时会使算法不稳定，可采用大 M 法来解决这个问题。

在约束中引入人工变量 $\boldsymbol{x}_a=\begin{bmatrix}x_{n+1} & x_{n+2} & \cdots & x_{n+m}\end{bmatrix}^{\mathrm{T}}$，并且在目标函数中加上惩罚项 $M\boldsymbol{e}\boldsymbol{x}_a$（$\boldsymbol{e}=\begin{bmatrix}1 & 1 & \cdots & 1\end{bmatrix}$），原线性规划问题变为

$$\min f(x)=\boldsymbol{cx}+M\boldsymbol{e}\boldsymbol{x}_a$$

$$\text{s.t.}\begin{cases}\boldsymbol{Ax}+\boldsymbol{x}_a=\boldsymbol{b}\\ x_j\geqslant 0 \quad (j=1,2,\cdots,n+m)\end{cases}$$

式中，M 是足够大的正数。下面通过采用大 M 法编写单纯算法实现线性规划的 simple_Mfun 函数。MATLAB 程序如下：

```
function [x,f]=simple_Mfun(c,A,b,M,N,eps)
%M 为充分大的数
%N 为引入人工变量的个数，N 应不超过(通常等于)约束等式的个数
%eps 为精度
%x 为最优解
%f 为最优解处的函数值
[m,n]=size(A);
if nargin<6
    eps=0;
end
if nargin<5
    N=0;
end
if N>M
    error('N 不能超过约束条件的个数 m!!!' );
    else
    A=[A,[zeros(N,m-N);eye(m-N)]];
    c=[c(:)',zeros(1,m-N)];
    A=[A,eye(m)];
    c=[c,M.*ones(1,m)];
    m1=n+m-N+1:n+2*m-N;
    B=A(:,m1);
    x=zeros(n+2*m-N,1);
    x=x(:);
    t=find(b<0); b(t)=-b(t);
    A(t,:)=-A(t,:);xB=B\b;
    x(m1)=xB; f=c*x;
```

```
        co=c(m1)*(B\A)-c; [z1,z2]=max(co);
        while (z1>eps)
            az=B\A(:,z2);
            if az<=eps,
                x=nan*ones(length(c));
                break;
            else
                t1=find(az>eps);
                p=[xB,B\eye(size(B))];
                pp=[];
                for k=1:length(t1)
                    pp(k,:)=p(t1(k),:)./az(t1(k));
                end
                tt1=min(xB(t1)./az(t1));
                [tt0,tt2]=min_M(pp);
                t3=t1(tt2);B(:,t3)=A(:,z2);
                x(m1)=xB-tt1*az;
                m1(t3)=z2;x(z2)=tt1;
                f=c(m1)*xB; xB=x(m1);
                co=c(m1)*(B\A)-c;[z1,z2]=max(co);
            end
        end
    end
    if (sum(x(n+m-N+1:n+2*m-N))<=eps*m)
        x(m1)=xB; f=c(1:n)*x(1:n);
        x=x(1:n);
        else
        x=nan*ones (length(c));
        x=x(:);x=x(1:n);
    end
```

在以上编写 simple_Mfun.m 的函数过程中，调用到采用字典序最小法编写 min_M.m 函数。MATLAB 程序如下：

```
function [y,k]=min_M(x)
%线性规划问题
%y 返回值为矩阵 x 字典序最小行向量
%k 为 y 在 x 中的行数
[m,n]=size(x);
k=1;y=x(1,:);
if(m==1),
    k=1;y=x(1,:);
else
    [t1, t2]=min(x);
    t3=zeros(m,n);
    for i=1:n
```

```
        t3(:,i)=t1(i).*ones(m,1);
    end
    t4=sum( (t3~=x));
    t5=find(t4~=0);
    k=t2(t5(1));y=x(k,:);
end
```

【例 6-5】 采用大 M 法来求解如下线性规划问题，检查是否出现死循环。

$$\min f(z) = -0.75x_4 + 20x_5 - 0.5x_6 + 6x_7$$

$$\text{s.t.}\begin{cases} x_1 + 0.25x_4 - 8x_5 - x_6 + 9x_7 = 0 \\ x_2 + 0.5x_4 - 12x_5 - 0.6x_6 + 9x_7 = 0 \\ x_3 + x_6 = 1 \\ x_j \geqslant 0 \quad (j = 1,2,\cdots,7) \end{cases}$$

MATLAB 程序如下：

```
clear all;
c=[0 0 0 -0.75 20 -0.5 6];
a=[1 0 0 0.25 -8 -1 9;0 1 0 0.5 -12 -0.6 9;0 0 1 0 0 1 0];
b=[0 0 1]';
lb=zeros(7,1);
x=linprog(c,[],[],a,b,lb);
[xx,f]=simple_Mfun(c,a,b,100000,3);
[x,xx]
```

计算结果如下：

```
Optimization terminated.
ans =
    0.7000    0.7000
    0.0000         0
    0.0000         0
    1.2000    1.2000
    0.0000         0
    1.0000    1.0000
    0.0000         0
```

可见采用 simple_Mfim 函数与 linprog 函数计算结果是一样的，且没有出现死循环。

6.3　无约束优化算法

对于无约束优化问题，已经有许多有效的算法，这些算法基本都是迭代的。其都遵循以下的步骤：

（1）选取初始点 $\boldsymbol{x}^0$，一般来说，初始点越靠近最优解越好。

（2）若当前迭代点 $\boldsymbol{x}^k$ 不是原问题的最优解，那么就要找一个搜索方向 $\boldsymbol{p}^k$，使得目

标函数 $f(x)$ 从 $\boldsymbol{x}^k$ 出发，沿方向 $\boldsymbol{p}^k$ 有所下降。

（3）用适当的方法选择步长 $\alpha^k \geqslant 0$，得到一个迭代点 $\boldsymbol{x}^{k+1}=\boldsymbol{x}^k+\alpha^k\boldsymbol{p}^k$。

（4）检验新的迭代点 $\boldsymbol{x}^{k+1}$ 是否为原问题的最优解，或者是否与最优解的迭代误差满足预先给定的容忍度。

从上面的算法步骤可以看出，算法是否有效、快速，主要取决于搜索方向的选择，其次是步长的选取。众所周知，目标函数的负梯度方向是一个下降方向，如果算法的搜索方向选为目标函数的负梯度方向，该算法即为最速下降法；常用的算法（主要针对二次函数的无约束优化问题）还有共轭梯度法、牛顿法等。

关于步长，一般选为 $f(\boldsymbol{x})$ 沿射线 $\boldsymbol{x}^k+\alpha^k\boldsymbol{p}^k$ 的极小值点，这实际上是关于单变量 α 的函数的极小化问题，称之为一维搜索或线性搜索。常用的线性搜索方法有牛顿法、抛物线法、插值法等。其中牛顿法与抛物线法都是利用二次函数来近似目标函数 $f(\boldsymbol{x})$，并用它的极小点作为 $f(\boldsymbol{x})$ 的近似极小点。不同的是，牛顿法利用 $f(\boldsymbol{x})$ 在当前点 $\boldsymbol{x}^k$ 处的二阶泰勒级数展开式来近似 $f(\boldsymbol{x})$，即利用 $f(\boldsymbol{x}^k)$、$f'(\boldsymbol{x}^k)$、$f''(\boldsymbol{x}^k)$ 来构造二次函数；而抛物线法是利用 3 个点的函数值来构造二次函数。

6.3.1　解析法与图解法

无约束最优化问题的最优点 $\boldsymbol{x}^*$ 处，目标函数 $f(\boldsymbol{x})$ 对 $\boldsymbol{x}$ 各个分量的一阶导数为 0，从而可列出下面方程式：

$$\frac{\partial f}{\partial x_1}\bigg|_{x=x^*}=0,\frac{\partial f}{\partial x_2}\bigg|_{x=x^*}=0,\cdots,\frac{\partial f}{\partial x_n}\bigg|_{x=x^*}=0 \tag{6-14}$$

求解这些方程构成的联立方程可得出极值点。其实，解出的一阶导数均为 0 的极值点不一定都是极小值的点，其中有的还可能是极大值点。极小值问题还应该有正的二阶导数。对于单变量的最优化问题，可考虑采用解析解的方法进行求解。然而多变量最优化问题因为都需要将其转换成求解多元非线性方程，其难度也不低于直接求取最优化问题，所以没有必要采用解析方法求解。

一元函数最优化问题的图解法也是很直观的，应绘制出该函数的曲线，在曲线上就能看出其最优点。二元函数的最优化也可以通过图解法求出。但三元或多元函数，由于图形没有办法表示，所以不适合用图解法求解。

【例 6-6】 试用解析法和图解法求解方程 $f(t)=\mathrm{e}^{-3t}\sin(4t-2)+4\mathrm{e}^{0.5t}\cos(2t)-0.5$ 的最优解。

MATLAB 程序如下：

```
clear all;
syms t;
y=exp(-3*t)*sin(4*t-2)+4*exp(-0.5*t)*cos(2*t)-0.5;
y1=diff(y,t); %求取一阶导数
figure(1);
ezplot(y1,[0,4]); %绘制一阶导数曲线
```

```
xlabel('t'); ylabel('y`');
t0=solve(y1);
figure(2);
ezplot(y,[0,4]);          %求出一阶导数等于零的点
xlabel('t'); ylabel('y');
y2=diff(y1);              %求解二阶导数
b=subs(y2,t,t0)           %验证二阶导数为正
```

运行程序，其输出解析解如下，图解法的结果如图 6-1 所示。

```
y1 =
    4*exp(-3*t)*cos(4*t - 2) - 3*exp(-3*t)*sin(4*t - 2) - 2*cos(2*t)*
exp(-t/2) - 8*sin(2*t)*exp(-t/2)
t0 =
    10.873084956000973451703263011901
b =
    0.071816469798641625152999804l5318
```

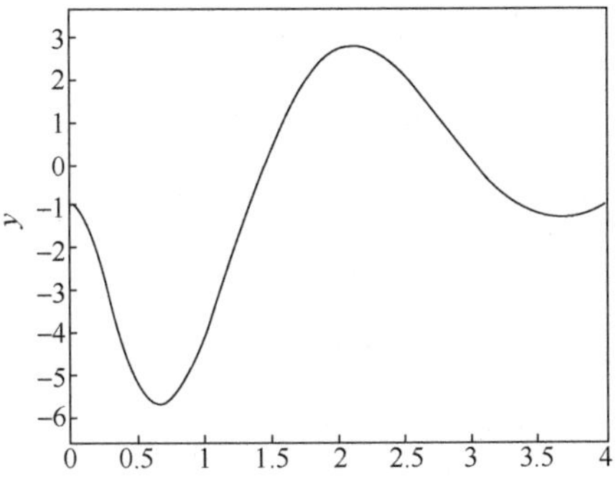

(a) 一阶导数曲线

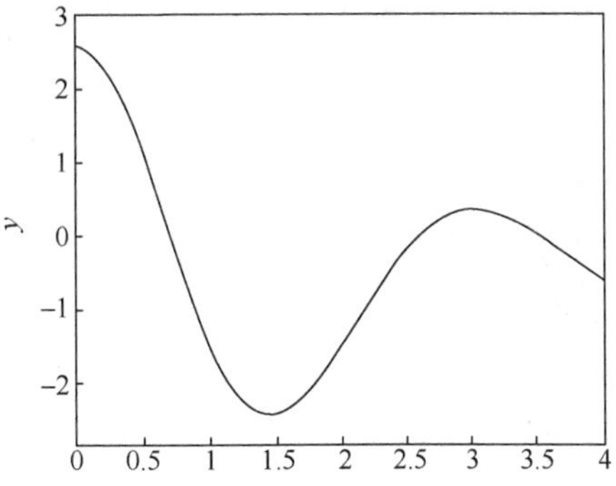

(b) 原函数曲线

图 6-1　图解法

6.3.2　数值解法

MATLAB 提供了 fminsearch 函数和 fminunc 函数用于求解无约束优化问题。fminsearch 函数的优化参数及说明如表 6-2 所示。

表 6-2　fminsearch 函数的优化参数及说明

优化参数	说明
Display	若为 off 时，即不显示输出，为 iter 时即显示每一次迭代输出，为 final 时只显示最终结果
MaxFunEvals	函数评价所允许的最大次数
Maxlter	函数所允许的最大迭代次数
TolX	X 的容忍度

fminsearch 函数的调用格式如下。

➢ x = fminsearch(fun, x0)： x0 为初始点， fun 为目标函数的表达式字符串或

MATLAB 自定义函数的函数柄，返回目标函数的局部极小点。

➢ x = fminsearch(fun, x0, options)：options 为指定的优化参数，可以利用 optimset 命令来设置这些参数。

➢ [x, fval] = fminsearch(⋯)：fval 为最优值。

➢ [x, fval, exitflag] = fminsearch(⋯)：search 为返回算法的终止标志。

【例 6-7】 求 Rosenbrock 函数的最优解。

在数学最优化中，Rosenbrock 函数是一个用来测试最优化算法性能的非凸函数，由 Howard Harry Rosenbrock 在 1960 年提出，也称为 Rosenbrock 山谷或 Rosenbrock 香蕉函数。

多变量 Rosenbrock 函数的表达式如下：

$$f(x,y)=(1-x)^2+100(y-x^2)^2$$

$$f(\boldsymbol{x})=\sum_{i=1}^{N-1}[(1-x_i)^2+100(x_{i+1}-x_i^2)^2]\quad (\forall \boldsymbol{x}\in R^N)$$

MATLAB 程序如下：

```
clear all;
f= @(x)100*(x(2)-x(1)^2)^2+(1-x(1))^2;
xt=[-1 0]   %选择初始点
[x,fval,exitflag,output] = fminsearch(f,xt)
```

计算结果如下：

```
xt =
    -1     0
x =
    1.0000    1.0000
fval =
  9.8363e-010
exitflag =
     1
output =
    iterations: 83
    funcCount: 153
    algorithm: 'Nelder-Mead simplex direct search'
    message: [1x196 char]
>>output.message
ans =
Optimization terminated:
 the current x satisfies the termination criteria using OPTIONS.TolX of
1.000000e-004
 and F(X) satisfies the convergence criteria using OPTIONS.TolFun of
1.000000e-004
```

需要说明的是，fminsearch 函数只能处理实函数的极小化问题，返回值也一定为实数。

6.4　约束优化算法

在工程实际中，所建立的最优化模型通常包含各种不同的约束条件，可能是线性不等式约束，也可能是非线性不等式约束。对于有约束的优化问题，可描述如下。

（1）目标函数：$\min f(\boldsymbol{x})$。

（2）线性不等式约束：$\boldsymbol{A}\cdot\boldsymbol{x}\leqslant\boldsymbol{b}$。

（3）线性等式约束：$\boldsymbol{A}_{\mathrm{eq}}\cdot\boldsymbol{x}\leqslant\boldsymbol{b}_{\mathrm{eq}}$。

（4）非线性不等式约束：$c(\boldsymbol{x})\leqslant 0$。

（5）非线性等式约束：$c_{\mathrm{eq}}(\boldsymbol{x})=0$。

（6）变量上下限约束：$\boldsymbol{l}_b\leqslant\boldsymbol{x}\leqslant\boldsymbol{u}_b$。

即需要采用约束优化算法进行计算分析。

6.4.1　单变量约束优化

单变量约束优化问题的标准形式为

$$\begin{aligned}&\min f(x)\\&\text{s.t. }\ a<x<b\end{aligned}\tag{6-15}$$

即为求目标函数在区间(a,b)上的极小点。

MATLAB 提供了 fminbnd 函数用于求单变量约束优化问题。其调用格式如下：

➢ $\mathrm{x=fminbnd(fun,x,x2)}$：返回目标函数 fun 在区间$(x, x_2)$上的极小值。

➢ $\mathrm{x=fminbnd(fun,x1,x2,options)}$：options 为指定优化参数选项。

➢ $\mathrm{[x,fval]=fminbnd(\cdots)}$：fval 为返回相应的目标函数值。

➢ $\mathrm{[x,fval,exitflag]=fminbnd(\cdots)}$：exitflag 为输出终止迭代的条件信息。

【例 6-8】 利用 fmindnd 函数求解二次函数 $\min f(x)=(x-a)^2+ab$，已知 a=4，b=2，x 的定义域区间分别为 $x\in[0,6]$ 和 $x\in[0,3]$。

首先建立该二次函数的 m 文件，MATLAB 程序如下：

```
function f=fun0608(x,a,b)
f=(x-a)^2+a*b;
end
```

当 $x\in[0,6]$ 时，进行约束优化计算的 MATLAB 程序如下：

```
>> clear all;
a=4; b=2;
[x,fval,exitflag,output]=fminbnd(@(x)fun0608 (x,a,b),0,6)
```

计算结果如下：

```
x =
     4
fval =
```

```
     8
exitflag =
     1
output =
    iterations: 5
    funcCount: 6
    algorithm: 'golden section search, parabolic interpolation'
    message: '优化已终止:
```

当前 x 满足使用 1.000000e-04 的 OPTIONS.TolX 的终止条件'

从 exitflag=l 可以看出，fminbnd 函数求解边界约束成功，目标函数收敛于最优解 x=4。

当 $x\in[0,3]$ 时，MATLAB 代码如下：

```
a=4; b=2;
[xf fval,exitflag,output]=fminbnd(@(x) fun0608 (x,a,b),0,3)
```

计算结果如下：

```
xf =
    3.0000
fval =
    9.0001
exitflag =
    1
output =
    iterations: 22
    funcCount: 23
    algorithm: 'golden section search, parabolic interpolation'
    message: '优化已终止:
```

当前 x 满足使用 1.000000e-04 的 OPTIONS.TolX 的终止条件'

从 exitflag=l 可以看出，fminbnd 函数求解边界约束成功，目标函数收敛于最优解 x=3。

6.4.2 多元约束优化算法

多元约束优化问题的标准形式为

$$\min f(\boldsymbol{x})$$

$$\text{s.t.}\begin{cases}\boldsymbol{A}_1\boldsymbol{x}\leqslant\boldsymbol{b}_1\\ \boldsymbol{A}_2\boldsymbol{x}=\boldsymbol{b}_2\\ c(\boldsymbol{x})\leqslant 0\\ c_{\text{eq}}(\boldsymbol{x})=0\\ \boldsymbol{l}_b\leqslant\boldsymbol{x}\leqslant\boldsymbol{u}_b\end{cases}\tag{6-16}$$

式中，$f(\boldsymbol{x})$ 为目标函数，可以是线性函数，也可以是非线性函数；$c(\boldsymbol{x})$ 为非线性不等式约束函数；$c_{\mathrm{eq}}(\boldsymbol{x})$ 为非线性等式约束函数；$\boldsymbol{A}_1$、$\boldsymbol{A}_2$ 为矩阵；$\boldsymbol{b}_1$、$\boldsymbol{b}_2$、$\boldsymbol{l}_b$、$\boldsymbol{u}_b$ 为向量。

MATLAB 提供了 fmincon 函数用于求解多元约束优化问题。其调用格式如下：

➢ x = fmincon(fun, x0, A, b)：fun 为目标函数，x_0 为初始值，$\boldsymbol{A}$、$\boldsymbol{b}$ 满足线性不等式约束 $\boldsymbol{Ax}<\boldsymbol{b}$，若没有不等式约束，则取 $\boldsymbol{A}$=[ ]，$\boldsymbol{b}$=[ ]。

➢ x = fmincon(fun, x0, A, b, Aeq, beq)：$\boldsymbol{A}_{\mathrm{eq}}$、$\boldsymbol{b}_{\mathrm{eq}}$ 满足等式约束 $\boldsymbol{A}_{\mathrm{eq}}\boldsymbol{x}=\boldsymbol{b}_{\mathrm{eq}}$，若没有，则取 $\boldsymbol{A}_{\mathrm{eq}}=[\ ]$，$\boldsymbol{b}_{\mathrm{eq}}=[\ ]$。

➢ x = fmincoii(fun, x0, A, b, Aeq, beq, lb, ub)：$\boldsymbol{l}_b$、$\boldsymbol{u}_b$ 满足 $\boldsymbol{l}_b \leqslant \boldsymbol{x} \leqslant \boldsymbol{u}_b$，若没有界，可设 $\boldsymbol{l}_b=[\ ]$，$\boldsymbol{u}_b=[\ ]$。

➢ x = fmincon(fun, x0, A, b, Aeq, beq, lb, ub, nonlcon)：nonlcon 参数的作用是通过接受向量 $\boldsymbol{x}$ 来计算非线性不等式约束和等式约束分别在 $\boldsymbol{x}$ 处的 c 和 c_{eq}，通过指定函数柄来使用，定义如下：

unction [c,ceq]=mycon(x)
c=⋯　　%计算 x 处的非线性不等式约束 c(x)在 0 的函数值
ceq=⋯　%计算 x 处的非线性不等式约束 ceq(x) =0 的函数值

➢ x = fmincon(fun, x0, A, b, Aeq, beq, lb, ub, nonlcon, options)：options 为指定优化参数选项。

➢ [x, fval] = fmincon(⋯)：fval 为返回相应目标函数最优值。

➢ [x, fval, exitflag] = fmincon(⋯)：exitflag 为输出终止迭代的条件信息。

➢ [x, fval, exitflag, output, lambda] = fmincon(⋯)：lambda 为拉格朗日乘子，其体现哪一个约束有效。

➢ [x, fval, exitflag, output, lambda, grad] = fmincon(⋯)：grad 表示目标函数在 $\boldsymbol{x}$ 处的梯度。

➢ [x, fval, exitflag, output, lambda, grad, hessian] = fmincon(⋯)：hessian 为输出目标函数在解 $\boldsymbol{x}$ 处的 Hessian 矩阵。

【例 6-9】 求下面优化问题的最优解，并求出相应的梯度、Hessian 矩阵及拉格朗日乘子。

$$\min f(\boldsymbol{x}) = -x_1x_2x_3$$
$$\text{s.t.}\begin{cases} -x_1-2x_2-3x_3 \leqslant 0 \\ x_1+2x_2+2x_3 \leqslant 72 \end{cases}$$

首先，建立优化问题目标函数的 m 文件，MATLAB 程序如下：

```
function f=fun0609(x)
f=-x(1)*x(2)*x(3);
end
```

MATLAB 代码如下：

```
clear all;
A=[-1 -2 -3;1 2 2];
b=[0 72]';
x0=[10;10;10];
[x,fval,exitflag,output,lambda,grad,hessian]=fmincon(@fun0609,x0,A,b)
```

计算结果如下：

```
x =
   24.0000
   12.0000
   12.0000
fval =
  -3.4560e+03
exitflag =
     1
output =
         iterations: 8
          funcCount: 44
    constrviolation: 0
           stepsize: 9.2159e-05
          algorithm: 'interior-point'
      firstorderopt: 2.0544e-05
       cgiterations: 6
            message: 'Local minimum found that satisfies the constraint...'
lambda =
         eqlin: [0x1 double]
      eqnonlin: [0x1 double]
       ineqlin: [2x1 double]
         lower: [3x1 double]
         upper: [3x1 double]
    ineqnonlin: [0x1 double]
grad =
 -144.0000
 -288.0000
 -288.0000
hessian =
    4.0865   -3.8683   -3.8617
   -3.8683   15.9380   -8.1263
   -3.8617   -8.1263   15.6455
```

6.4.3　最大最小化问题

最大最小化问题可描述为以下标准形式：

$$\min_{x}\max_{F_i}\{F_i(\boldsymbol{x})\}$$
$$\text{s.t.}\begin{cases} c(\boldsymbol{x})\leqslant 0 \\ c_{\text{eq}}(\boldsymbol{x})=0 \\ \boldsymbol{A}\cdot\boldsymbol{x}=\boldsymbol{b}_{\text{eq}} \\ \boldsymbol{l}_b\leqslant\boldsymbol{x}\leqslant\boldsymbol{u}_b \end{cases} \tag{6-17}$$

对于目标函数 $\min\limits_{x}\max\limits_{F_i}\{F_i(\boldsymbol{x})\}$，其含义表示对于一组目标函数，确定这些目标函数中最大者，然后将该目标函数对优化变量 $\boldsymbol{x}$ 确定其最小值。

MATLAB 提供了 fminimax 函数用于求解最大最小化问题，其调用格式如下：

➢ x = fminimax(fun, x0)：fun 为目标函数，x_0 为初始点。

➢ x = fminimax(fun, x0, A, b)：$\boldsymbol{A}$ 、$\boldsymbol{b}$ 满足线性不等式约束 $\boldsymbol{Ax}\leqslant\boldsymbol{b}$，若没有不等式约束取 $\boldsymbol{A}=\boldsymbol{b}=[\ ]$。

➢ x = fminimax(fun, x, A, b, Aeq, beq)：$\boldsymbol{A}_{\text{eq}}$ 、$\boldsymbol{b}_{\text{eq}}$ 满足等式约束 $\boldsymbol{A}_{\text{eq}}\boldsymbol{x}=\boldsymbol{b}_{\text{eq}}$，若没有，则取 $\boldsymbol{A}_{\text{eq}}=[\ ]$，$\boldsymbol{b}_{\text{eq}}=[\ ]$。

➢ x = fminimax(fun, x, A, b, Aeq, beq, lb, ub)：$\boldsymbol{l}_b$ 、$\boldsymbol{u}_b$ 满足 $\boldsymbol{l}_b\leqslant\boldsymbol{x}\leqslant\boldsymbol{u}_b$，若没有界，可设 $\boldsymbol{l}_b=\boldsymbol{u}_b=[\ ]$。

➢ x = fminimax(fun, x, A, b, Aeq, beq, lb, ub, nonlcon)：nonlcon 参数的作用是通过接受向量 $\boldsymbol{x}$ 来计算非线性不等式约束 $c(\boldsymbol{x})\leqslant 0$ 和等式约束 $c_{\text{eq}}(\boldsymbol{x})=0$ 分别在 $\boldsymbol{x}$ 处的 c 和 c_{eq}，通过指定函数柄来使用，定义如下：

```
function [c1,c2,gc1,gc2]=nonlcon (x)
cl=...                %x 处的非线性不等式约束
c2=...                %x 处的非线性等式约束
if nargout>2          %被调用的函数有 4 个输出变量
gcl=...               %非线性不等式约束在 x 处的梯度
gc2=...               %非线性等式约束在 x 处的梯度
end
```

➢ x = fminimax(fun, x, A, b, Aeq, beq, lb, ub, nonlcon, options)：options 为指定优化的参数选项。

➢ [x, fval] = fminimax(···)：fval 为返回目标函数在 $\boldsymbol{x}$ 处的值。

➢ [x, fval, max fval] = fminimax(···)：maxfval 为 fval 中的最大元。

➢ [x, fval, max fval, exitflag] = fininimax(···)：exitflag 为输出终止迭代的条件信息。

➢ [x, fval, max fval, exitflag, output] = fminimax(···)：output 为输出关于算法的信息变量。

➢ [x, fval, max fval, exitflag, output, lambda] = fminimax(···)：lambda 为输出各个约束所对应的拉格朗日乘子，它是一个结构体变量。

【例 6-10】 求解如下最大最小化问题：

$$\min_{x}\max_{F_i}\{f_1(\boldsymbol{x}),f_2(\boldsymbol{x}),f_3(\boldsymbol{x}),f_4(\boldsymbol{x}),f_5(\boldsymbol{x})\}$$

$$\text{s.t.}\begin{cases}x_1^2+x_2^2\leqslant 8\\ x_1+x_2\leqslant 3\\ -3\leqslant x_1\leqslant 3\\ -2\leqslant x_2\leqslant 2\end{cases}$$

式中，

$$\begin{cases}f_1(x)=2x_1^2+x_2^2-48x_1-40x_2+304\\ f_2(x)=x_1^2-3x_2^2\\ f_3(x)=x_1+3x_2-18\\ f_4(x)=-x_1-x_2\\ f_5(x)=x_1+x_2-8\end{cases}$$

编写目标函数的 m 文件，MATLAB 程序如下：

```
function f = fun0610(x)
f(1)=2*x(1)^2+x(2)^2-48*x(1)-40*x(2)+304; %目标函数
f(2)=-x(1)^2-3*x(2)^2;
f(3)=x(1)+3*x(2)-18;
f(4)=-x(1)-x(2);
f(5)=x(1)+x(2)-8;
end
```

然后编写非线性约束函数的 m 文件，代码如下：

```
function [c1,c2]= nonlcon0610(x)
c1=x(1).^2+x(2).^2-8;
c2=[];                %没有非线性等式约束
end
```

最后求解的 MATLAB 代码如下：

```
clear all;
x0=[0.1;0.1];         %给定的初始点
A=[1 1];              %线性约束系数矩阵
b=3;
lb=[-3 -2];           %变量下界
ub=[2,3];             %变量上界
[x,fval,exitflag]=fminimax(@fun0610,x0,A,b,[],[],lb,ub,@nonlcon0610);
```

计算结果如下：

```
Local minimum possible. Constraints satisfied.
fminimax stopped because the size of the current search direction is less than twice the default value of the step size tolerance and constraints are satisfied to within the default value of the constraint tolerance.
x =
```

```
    2.0000
    1.0000
fval =
    177.0000   -7.0000  -13.0000   -3.0000   -5.0000
exitflag =
     177
```

6.5 二次规划的优化算法

二次规划（quadratic programing）问题是最简单的一类约束非线性规划问题，它在众多领域都有着广泛的应用。

二次规划的目标函数是二次函数，约束条件仍是线性的，其数学模型的形式为

$$\min \frac{1}{2}\boldsymbol{x}^{\mathrm{T}}\boldsymbol{H}\boldsymbol{x}+\boldsymbol{c}\boldsymbol{x}$$
$$\text{s.t.}\begin{cases}\boldsymbol{A}\boldsymbol{x}\leqslant \boldsymbol{b}\\ \boldsymbol{A}_{\text{eq}}\boldsymbol{x}=\boldsymbol{b}_{\text{eq}}\\ \boldsymbol{l}_b\leqslant \boldsymbol{x}\leqslant \boldsymbol{u}_b\end{cases} \tag{6-18}$$

式中，$\boldsymbol{H}$ 为对称矩阵；约束条件与线性规划相同。

MATLAB 提供了 quadprog 函数用于实现二次线性规划。其调用格式如下：

- x = quadprog(H, f, A, b)。
- x = quadprog(H, f, A, b, Aeq, beq)。
- x = quadprog(H, f, A, b, Aeq, beq, lb, ub)。
- x = quadprog(H, f, A, b, Aeq, beq, lb, ub, x0)。
- x = quadprog(H, f, A, b, Aeq, beq, lb, ub, x0, options)。
- [x, fval] = quadprog(⋯)。
- [x, fval, exitflag] = quadprog(⋯)
- [x, fval, exitflag, output] = quadprog(⋯)。
- [x, fval, exitflag, output, lambda] = quadprog(⋯)。

式中，$\boldsymbol{H}$ 为二次线性规划目标函数的二次项矩阵；其余各个参数含义与线性规划函数 linprog 参数含义完全一致。

【例 6-11】 求解如下二次规划问题：

$$f(\boldsymbol{x})=\frac{1}{2}x_1^2+x_2^2-x_1x_2-2x_1-6x_2$$
$$\text{s.t.}\begin{cases}x_1+x_2\leqslant 2\\ -x_1+2_2\leqslant 2\\ 2x_1+x_2\leqslant 3\\ x_1,x_2\geqslant 0\end{cases}$$

将目标函数化为标准形式：

$$f(\boldsymbol{x})=\frac{1}{2}[x_1 \quad x_2]\begin{bmatrix}1 & -1\\ -1 & 2\end{bmatrix}\begin{bmatrix}x_1\\ x_2\end{bmatrix}+[-2 \quad 6]\begin{bmatrix}x_1\\ x_2\end{bmatrix}$$

MATLAB 程序如下：

```
clear all;
H=[1 -1; -1 2];
f=[-2;-6];
A=[1 1; -1 2; 2 1];
b =[2; 2; 3];
lb=zeros(2,1);
[x,fval,exitflag,output,lambda]=quadprog(H,f,A,b,[],[],lb)
```

计算结果如下：

```
Optimization terminated.
x =
    0.6667
    1.3333
fval =
   -8.2222
exitflag =
     1
output =
          iterations: 3
          constrviolation: 1.1102e-016
          algorithm: 'medium-scale: active-set'
          firstorderopt: 8.8818e-016
          cgiterations: []
          message: 'Optimization terminated.'
lambda =
      lower: [2x1 double]
      upper: [2x1 double]
      eqlin: [0x1 double]
      ineqlin: [3x1 double]
```

习　　题

6-1　求解如下线性规划问题：

$$\min f(\boldsymbol{x})=x_1-2x_2-4x_3$$

$$\text{s.t.}\begin{cases}x_1-x_2+x_3\leqslant 12\\ x_1+2x_2+4x_3\leqslant 27\\ 2x_1+x_2\leqslant 20\\ x_1\geqslant 0,x_2\geqslant 0,x_3\geqslant 0\end{cases}$$

6-2　求解如下线性规划问题：

$$\min f(\boldsymbol{x}) = 2x_1 + x_2 - 4x_3 + 2x_4$$

$$\text{s.t.}\begin{cases} x_1 - x_2 + x_3 - x_4 \leqslant 12 \\ 3x_1 + 2x_2 + x_3 - 2x_4 \leqslant 31 \\ 2x_1 - x_2 + 2x_4 \leqslant 27 \\ x_2 - 3x_3 + x_4 \leqslant 17 \\ x_1 \geqslant 0, x_2 \geqslant 0, x_3 \geqslant 0, x_4 \geqslant 0 \end{cases}$$

6-3　分别用解析法和图解法求解方程 $f(t) = 4\mathrm{e}^{2t}\cos(3t+5) + \mathrm{e}^{-3t}\sin(2t-1) + 1$ 的最优解。

6-4　分别用解析法和图解法求解方程 $f(t) = \cos^2(3t+5) + \mathrm{e}^{-t}\sin(2t-1) + 12$ 的最优解。

6-5　利用 fmindnd 函数求解二次函数 $\min f(x) = (x+b)^2 + 2ab$ ，已知 a=3，b=4，x 的定义域区间分别为 $x \in [0,10]$ 和 $x \in [0,6]$ 。

6-6　利用 fmindnd 函数求解二次函数 $\min f(x) = (x+b)^3 - (x-a)^2 + ab$ ，已知 a=2，b=7，x 的定义域区间分别为 $x \in [0,15]$ 和 $x \in [0,9]$ 。

6-7　求如下优化问题的最优解，并求出相应的梯度、Hessian 矩阵及拉格朗日乘子。

$$\min f(\boldsymbol{x}) = -2x_1x_2x_3 + 1$$

$$\text{s.t.}\begin{cases} 4x_1 - x_2 + 2x_3 \leqslant 3 \\ x_1 + 2x_2 - x_3 \leqslant 12 \end{cases}$$

6-8　求解如下最大最小化问题：

$$\min_{\boldsymbol{x}} \max_{F_i} \{f_1(\boldsymbol{x}), f_2(\boldsymbol{x}), f_3(\boldsymbol{x}), f_4(\boldsymbol{x})\}$$

$$\text{s.t.}\begin{cases} x_1^2 + x_2^2 \leqslant 5 \\ x_1 + x_2 \leqslant 13 \\ -3 \leqslant x_1 \leqslant 3 \\ -4 \leqslant x_2 \leqslant 4 \end{cases}$$

式中，

$$\begin{cases} f_1(\boldsymbol{x}) = x_1^2 - x_2^2 + 8x_1 - 10x_2 + 230 \\ f_2(\boldsymbol{x}) = x_1^2 - 3x_2^2 - 4 \\ f_3(\boldsymbol{x}) = 2x_1 + 13x_2 - 58 \\ f_4(\boldsymbol{x}) = -x_1 - x_2 + 24 \end{cases}$$

6-9　求解如下二次规划问题：

$$f(\boldsymbol{x}) = x_1^2 + 3x_2^2 - x_1x_2 - 2x_1$$

$$\text{s.t.}\begin{cases} x_1 + x_2 \leqslant 2 \\ -x_1 + 2_2 \leqslant 6 \\ x_1 + 2x_2 \leqslant 3 \\ x_1, x_2 \geqslant 0 \end{cases}$$

6-10　求解如下二次规划问题：

$$f(\boldsymbol{x}) = x_1^3 - \frac{3}{4}x_2^2 + 2x_1x_2 - 2x_1 + 1$$

$$\text{s.t.}\begin{cases} x_1 + x_2 \leqslant 12 \\ -x_1 + 2_2 \leqslant 9 \\ x_1 + 2x_2 \leqslant 3 \\ x_1, x_2 \geqslant 0 \end{cases}$$

第 7 章　多体动力学基础与计算方法

多体动力学是研究多体系统（一般由若干个柔性和刚性物体相互连接所组成）运动规律的科学，包括多刚体系统动力学和多柔体系统动力学两大类。在机械工程以及其他许多工程领域都十分重要，应用广泛。虽然经典力学方法原则上可用于建立任意系统的微分方程，但随着系统内分体数和自由度的增多，以及分体之间约束方式的复杂化，方程的推导过程变得极其烦琐，为此，采用现代计算技术对多体动力学进行分析是必然的发展方向。

对于多体动力学的计算分析，除了采用基于牛顿第二定律的计算方法之外（如牛顿-欧拉法），还可以采用功能原理。功能原理是力学中的基本原理之一，指系统的机械能增量等于外力非保守力对系统所做的总功和系统内耗散力所做的功的代数和，其本质是能量的转化，得到能量以及消耗能量，但总量不变。本章针对机械工程中的连杆式机械臂，介绍采用功能原理进行多体动力学分析的基础原理，采用 MATLAB 进行数值计算与分析的基本方法。

7.1　功、动能、势能与能量守恒原理

1. 力做的功

质点在所受的外力的方向上产生位移时，质点所受的力做功（work of a force）。如图 7-1 所示，质点在起始位置受到一个竖直向上的力 $\boldsymbol{F}$，该力使质点的位置由 $\boldsymbol{r}$ 移动到 $\boldsymbol{r}'$，那么质点的位移可以写成 $\mathrm{d}\boldsymbol{r}=\boldsymbol{r}'-\boldsymbol{r}$，进而得到力 $\boldsymbol{F}$ 所做的功为

$$\mathrm{d}U=\boldsymbol{F}\cdot\mathrm{d}\boldsymbol{r} \tag{7-1}$$

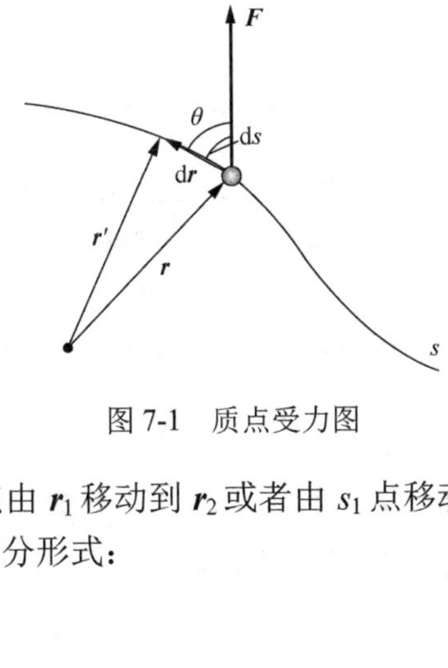

图 7-1　质点受力图

在外力 $\boldsymbol{F}$ 的作用下质点由 $\boldsymbol{r}_1$ 移动到 $\boldsymbol{r}_2$ 或者由 s_1 点移动到 s_2 点，如图 7-2 所示，则力 $\boldsymbol{F}$ 所做的功表达为如下积分形式：

$$U_{1-2}=\int_{r_1}^{r_2}\boldsymbol{F}\cdot \mathrm{d}\boldsymbol{r}=\int_{s_1}^{s_2}F\cos\theta \mathrm{d}s \tag{7-2}$$

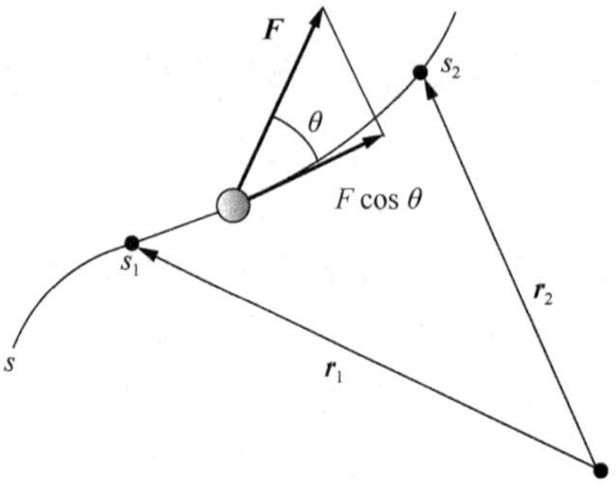

图 7-2　变力做功

对于重力做功的情况，如图 7-3 所示，物体受到重力 $\boldsymbol{W}$ 的作用，沿着其运动轨迹 s 由位置 s_1 移动到 s_2，在某个中间点，位移可表示为 $\mathrm{d}\boldsymbol{r}=\mathrm{d}x\boldsymbol{i}+\mathrm{d}y\boldsymbol{j}+\mathrm{d}z\boldsymbol{k}$ 。再由重力向量 $\boldsymbol{W}=-W\boldsymbol{j}$ ，可以得到

$$\begin{aligned}U_{1-2}&=\int \boldsymbol{F}\cdot \mathrm{d}\boldsymbol{r}\\&=\int_{r_1}^{r_2}(-W\boldsymbol{j})\cdot(\mathrm{d}x\boldsymbol{i}+\mathrm{d}y\boldsymbol{j}+\mathrm{d}z\boldsymbol{k})\\&=\int_{y_1}^{y_2}-W\mathrm{d}y\\&=-W(y_2-y_1)\end{aligned} \tag{7-3}$$

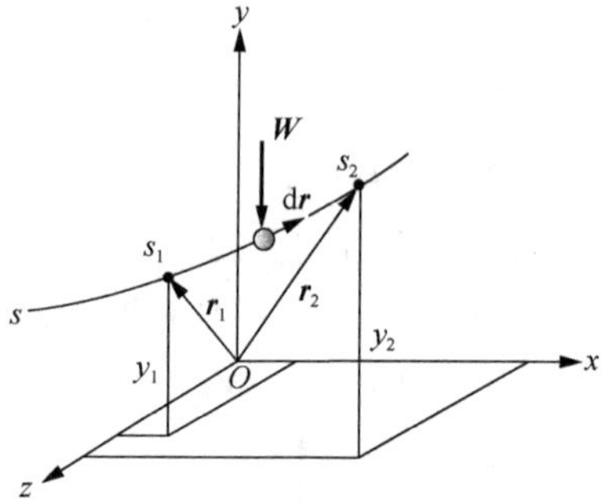

图 7-3　重力做功

可以看出，重力所做的功和质点的运动路径无关，它等于重力的大小和竖直方向位移的乘积。在图 7-3 所示的情况中，因为重力方向向下，而质点的位移方向向上，重力所做的功为负值。

对于弹簧力做功的情况，如图 7-4（a）所示，如果一个弹簧被拉长 $\mathrm{d}s$ ，那么作用在拉长点上的弹簧力所做的功为

$$\mathrm{d}U=-F_s\,\mathrm{d}s=-ks\,\mathrm{d}s \tag{7-4}$$

式中，F_s 为拉力；k 为弹簧的弹性系数。

由于施加的拉伸力的方向和 $\mathrm{d}s$ 的方向相反，所做的为负功。假若质点位置由 s_1 移

动到 s_2，那么拉力 $\boldsymbol{F}_s$ 做的功为

$$U_{1-2} = -(\frac{1}{2}ks_2^2 - \frac{1}{2}ks_1^2) \tag{7-5}$$

图 7-4（b）所示的直线 $F_s = ks$ 下面的阴影区域即为 U_{1-2}。

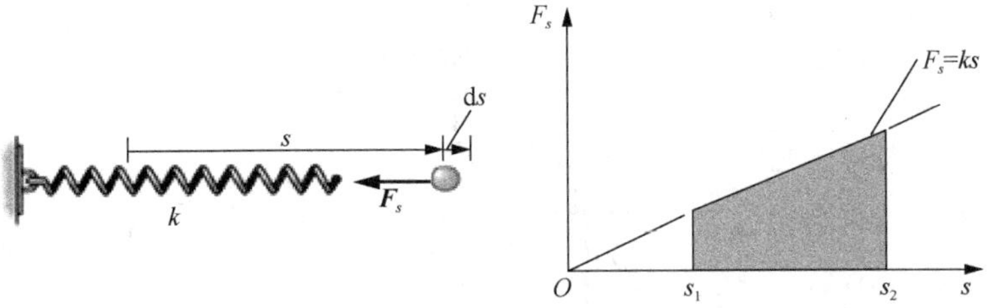

（a）受力情况　（b）功的几何表示

图 7-4　弹簧拉力所做的功

2. 动能

动能可以定义为做功的能力。如果想让一个质点从静止运动到速度为 v，那么就必须有力对它做相应的功，当速度为 v 时，质点所具有的动能和力做的功是相等的。也就是说，动能是质点做功能力的一种度量。

一个质点的动能（kinetic energy of a particle）定义为

$$T = \frac{1}{2}mv^2 \tag{7-6}$$

式中，T 为质点所具有的动能，J；m 为质点的质量，kg；v 为质点瞬时速度，m/s。

功和动能的相同之处在于它们都是标量，单位都为 J。不同点在于，功有正功和负功之分，而动能始终都不为负值。

功能原理（the principle of work and energy）的表述为：当质点从起始位置移动到末位置时，质点在起始位置的动能加上作用在质点上的合力所做的功等于质点的末动能。如式（7-7）所示：

$$T_1 + \sum U_{1-2} = T_2 \tag{7-7}$$

式中，T_1 为起始动能；U_{1-2} 为作用在质点上的力所做的功；T_2 为末动能。

对于用牛顿第二定律 $\sum \boldsymbol{F}_t = m\boldsymbol{a}_t$ 所表述的问题，功能原理提供了另外一种方便的解决方法。功能原理相当于对公式 $\sum \boldsymbol{F}_t = m\boldsymbol{a}_t$ 两边取积分，再把公式 $\boldsymbol{a}_t = \boldsymbol{v}\,\mathrm{d}\boldsymbol{v}/\mathrm{d}s$ 代入即可。另外，式（7-7）是对质点进行运动分析，而当涉及多质点系统时，由于功和能都为标量，可以直接把功和能进行代数相加，得到质点系统的动能公式，即

$$\sum T_1 + \sum U_{1-2} = \sum T_2 \tag{7-8}$$

3. 势能

如果质点的能量来源于自身所处的位置，大小由选取的固定基准或者参考平面决定，那么这种能量称为势能（potential energy）。在机械系统中，由重力或者弹簧弹力产

生的势能都是进行动力学分析的重要对象。

1）重力势能

如图 7-5 所示，当 y 为向上正值时，质点的重力势能可表示为

$$V_g = Wy \tag{7-9}$$

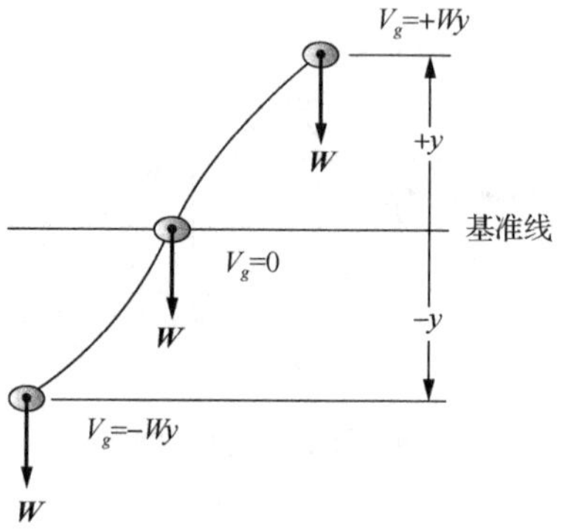

图 7-5　重力势能

2）弹性势能

当弹簧被拉伸或压缩，弹簧产生势能。和重力势能不同，弹性势能始终都为正值，因为不管是拉伸或者压缩，当回到初始位置时，弹力方向和弹簧活动端位移方向始终相同，如图 7-6 所示。弹簧弹性势能可表示为

$$V_e = +\frac{1}{2}ks^2 \tag{7-10}$$

式中，V_e为弹簧弹性势能，J；k 为弹簧弹性系数，N/m。

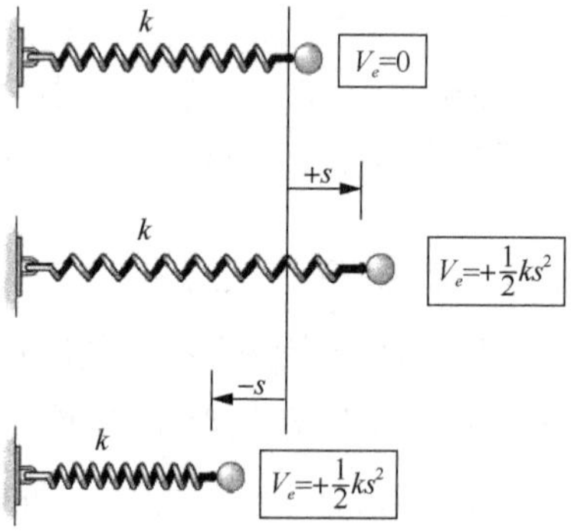

图 7-6　弹性势能

4. 能量守恒定律

当质点由一点移动到另一点时，系统中保守力做的功可由下面公式求出：

$$U_{1-2} = V_1 - V_2 \tag{7-11}$$

式中，V_1 表示起始势能；V_2 表示末端势能。

保守力（conservative force）是指，如果一个力所做的功不取决于施力对象的运动

路径，仅取决于力的起始位置和末位置，那么称这种力为保守力。势能衡量的是当把一个质点从指定位置移动到基准位置时保守力所做的功。

当一个质点在一个既有保守力又有非保守力做功的系统中运动，保守力做的功可以写成它们势能的差值，由式（7-11）可得

$$\left(\sum U_{1-2}\right)_{\text{cons.}}=V_1-V_2 \tag{7-12}$$

式中，$\left(\sum U_{1-2}\right)_{\text{cons.}}$ 为保守力对质点做的功。

由此，功能原理公式又可写成

$$T_1+V_1+\left(\sum U_{1-2}\right)_{\text{noncons.}}=T_2+V_2 \tag{7-13}$$

式中，$\left(\sum U_{1-2}\right)_{\text{noncons.}}$ 表示非保守力对质点做的功。如果仅有保守力做功，式（7-13）简化成

$$T_1+V_1=T_2+V_2 \tag{7-14}$$

式（7-14）即为机械能守恒定律或者能量守恒定律。它表述了当仅有保守力做功时，质点的动能和弹性势能总和不变，为了保持总能量不变。在这种情况下消失的动能必须转化为势能，反之亦然。

5. 拉格朗日方程

多体系统的动力学方程可以采用拉格朗日原理建立，采用拉格朗日原理建立系统的动力学方程时，是基于能量平衡方程。

具体为，对于任何机械系统，拉格朗日函数 L 定义为系统总动能 T 与总势能 U 之差，即

$$L(\boldsymbol{q},\dot{\boldsymbol{q}})=T(\boldsymbol{q},\dot{\boldsymbol{q}})-U(\boldsymbol{q}) \tag{7-15}$$

式中，$\boldsymbol{q}$ 和 $\dot{\boldsymbol{q}}$ 为广义位移和广义速度。

拉格朗日方程为

$$\frac{\mathrm{d}}{\mathrm{d}t}\frac{\partial T}{\partial \dot{q}_j}-\frac{\partial T}{\partial q_j}+\frac{\partial U}{\partial q_j}=Q_j(t)\quad (j=1,2,3,\cdots) \tag{7-16}$$

式中，q_j、$\dot{q}_j$ 分别为系统的广义坐标和广义速度；$Q_j(t)$ 为广义激励力。

7.2　二自由度机械臂动力学分析

对于由 n 个连杆组成的机械臂多刚体系统，由拉格朗日函数描述的动力学方程为

$$\tau_i=\frac{\mathrm{d}}{\mathrm{d}t}\left(\frac{\partial L}{\partial \dot{\boldsymbol{q}}_i}\right)-\frac{\partial L}{\partial \boldsymbol{q}_i} \tag{7-17}$$

式中，τ_i 为作用在第 i 个关节上的驱动力矩。

以一个平面二自由度刚性机械臂为例，介绍多体系统动力学的基础理论与分析方法。

1. 基于功能原理的多体动力学模型建立

对于如图 7-7 所示的平面二自由度刚性机械臂，铰接点 O_1 为固定转动副铰接点，机械臂 1 可绕铰接点 O_1 转动，铰接点 O_2 为可运动的转动副铰接点，在铰接点处设置驱动器。机械臂 1 和机械臂 2 的质量分别为 m_1 和 m_2，长度分别为 l_1 和 l_2，质心到铰接点的距离分别为 d_1 和 d_2，相对于各自质心的转动惯量分别为 I_1 和 I_2。

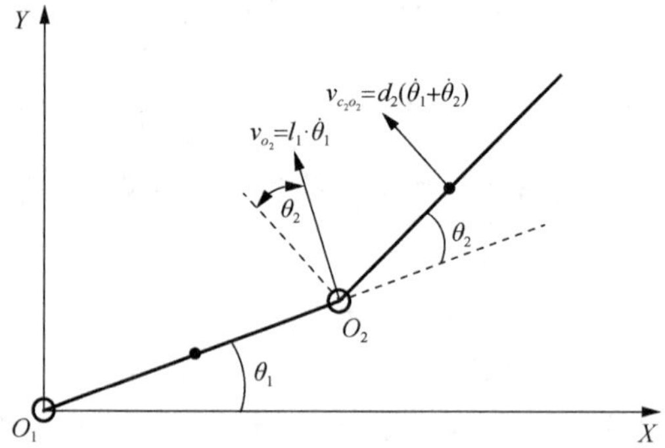

图 7-7　平面二自由度刚性机械臂系统受力图

O_1XY 为所建立的固定坐标系，几何参数以及角度关系见图 7-7 所示。应用拉格朗日方程建立系统的动力学模型。

取机械臂 1 的摆角 θ_1 和机械臂 2 相对机械臂 1 的相对摆角 θ_2 为二自由度机械臂系统的广义坐标。机械臂 1 的动能为

$$T_1=\frac{1}{2}(I_1+m_1l_{c_1}{}^2)\dot{\theta}_1^2 \tag{7-18}$$

机械臂 2 的动能为

$$T_2=\frac{1}{2}m_2v_{c_2}{}^2+\frac{1}{2}I_2(\dot{\theta}_1+\dot{\theta}_2)^2 \tag{7-19}$$

系统总动能为

$$T=T_1+T_2 \tag{7-20}$$

由平面运动刚体上点的速度合成原理，机械臂 2 质心的运动速度由其质心绕 O_2 的转动和随机械臂 1 的 O_2 点的运动合成，即 $v_{c_2}=v_{o_2}+v_{c_2o_2}$，$v_{o_2}$ 和 $v_{c_2o_2}$ 的大小和方向如图 7-7 所示，则

$$v_{c_2}=\sqrt{\left(l_1\dot{\theta}_1\sin\theta_2\right)^2+\left[l_1\dot{\theta}_1\cos\theta_2+l_{c_2}\left(\dot{\theta}_1+\dot{\theta}_2\right)\right]^2} \tag{7-21}$$

因此，整理得系统总动能为

$$T=\frac{1}{2}(I_1+m_1l_{c_1}{}^2)\dot{\theta}_1^2+\frac{1}{2}m_2\left[l_1^2\dot{\theta}_1^2+2l_1l_{c_2}\dot{\theta}_1(\dot{\theta}_1+\dot{\theta}_2)\cos\theta_2+l_{c_2}{}^2(\dot{\theta}_1+\dot{\theta}_2)^2\right]+\frac{1}{2}I_2(\dot{\theta}_1+\dot{\theta}_2)^2 \tag{7-22}$$

取 X 轴为零势能线，则机械臂 1 势能可以表示为

$$U_1=m_1gl_{c_1}\sin\theta_1 \tag{7-23}$$

机械臂 2 势能为

$$U_2 = m_2 g\left[l_1 \sin\theta_1 + l_{c_2} \sin(\theta_1 + \theta_2)\right] \tag{7-24}$$

系统的总势能为

$$U = m_1 g l_{c_1} \sin\theta_1 + m_2 g\left[l_1 \sin\theta_1 + l_{c_2} \sin(\theta_1 + \theta_2)\right] \tag{7-25}$$

另外，关节驱动点机的输出转矩为广义激励力，即

$$Q_i(t) = \tau_i \quad (i = 1,2) \tag{7-26}$$

最后，将上面的系统总动能T、总势能U以及广义激励力$Q_j(t)$代入拉格朗日方程式（7-16）中，这里广义坐标及其速度为θ_i和$\dot{\theta}_i$。该式中各项可以求得

$$\begin{aligned}\frac{\mathrm{d}}{\mathrm{d}t}\frac{\partial T}{\partial \dot{\theta}_1} &= (I_1 + m_1 {l_{c_1}}^2)\ddot{\theta}_1 + m_2 l_1^2 \ddot{\theta}_1 + m_2 l_1 l_{c_2}(2\ddot{\theta}_1 + \ddot{\theta}_2)\cos\theta_2 \\ &\quad - m_2 l_1 l_{c_2}(2\dot{\theta}_1 + \dot{\theta}_2)\dot{\theta}_2 \sin\theta_2 + m_2 {l_{c_2}}^2(\ddot{\theta}_1 + \ddot{\theta}_2) + I_2(\ddot{\theta}_1 + \ddot{\theta}_2)\end{aligned}$$

$$\frac{\mathrm{d}}{\mathrm{d}t}\frac{\partial T}{\partial \dot{\theta}_2} = m_2 l_1 l_{c_2} \ddot{\theta}_1 \cos\theta_2 - m_2 l_1 l_{c_2} \dot{\theta}_1 \dot{\theta}_2 \sin\theta_2 + m_2 {l_{c_2}}^2(\ddot{\theta}_1 + \ddot{\theta}_2) + I_2(\ddot{\theta}_1 + \ddot{\theta}_2)$$

$$\frac{\partial T}{\partial \theta_1} = 0$$

$$\frac{\partial T}{\partial \theta_2} = -m_2 l_1 l_{c_2} \dot{\theta}_1 (\dot{\theta}_1 + \dot{\theta}_2)\sin\theta_2$$

$$\frac{\partial U}{\partial \theta_1} = \left(m_1 l_{c_1} + m_2 l_1\right) g\cos\theta_1 - m_2 l_{c_2} g\cos\left(\theta_1 + \theta_2\right)$$

$$\frac{\partial U}{\partial \theta_2} = m_2 l_{c_2} g\cos\left(\theta_1 + \theta_2\right)$$

$$Q_{\theta_1} = \tau_1$$

$$Q_{\theta_2} = \tau_2$$

式中，m_1和m_2分别为机械臂 1 和机械臂 2 的质量；I_1和I_2分别为机械臂 1 和机械臂 2 对各自质心的转动惯量；l_{c_1}和l_{c_2}分别为两铰接点到两机械臂质心的距离；g 为重力加速度。

基于拉格朗日方程式（7-16），进行整理，得到机械臂 1 的运动微分方程为

$$\begin{aligned}\frac{\mathrm{d}}{\mathrm{d}t}\frac{\partial T}{\partial \dot{\theta}_1} - \frac{\partial T}{\partial \theta_1} + \frac{\partial U}{\partial \theta_1} &= \left[m_1 l_{c_1}^2 + m_2\left(l_1^2 + l_{c_2}^2 + 2 l_1 l_{c_2}\cos\theta_2\right) + I_1 + I_2\right]\ddot{\theta}_1 \\ &\quad + \left[m_2\left(l_{c_2}^2 + l_1 l_{c_2}\cos\theta_2\right) + I_2\right]\ddot{\theta}_2 \\ &\quad - m_2 l_1 l_{c_2} \dot{\theta}_2^2 \sin\theta_2 - 2 m_2 l_1 l_{c_2} \dot{\theta}_1 \dot{\theta}_2 \sin\theta_2 \\ &\quad + \left(m_1 l_{c_1} + m_2 l_1\right) g\cos\theta_1 - m_2 l_{c_2} g\cos\left(\theta_1 + \theta_2\right) = \tau_1\end{aligned} \tag{7-27}$$

机械臂 2 的运动微分方程为

$$\frac{\mathrm{d}}{\mathrm{d}T}\frac{\partial T}{\partial \dot{\theta}_2}-\frac{\partial T}{\partial \theta_2}+\frac{\partial U}{\partial \theta_2}=\left[m_2\left(l_{c_2}^2+l_1 l_{c_2}\cos\theta_2\right)+I_2\right]\ddot{\theta}_1+(m_2 l_{c_2}{}^2+I_2)\ddot{\theta}_2$$
$$+m_2 l_1 l_{c_2}\dot{\theta}_1^2\sin\theta_2+m_2 g l_{c_2}\cos(\theta_1+\theta_2)=\tau_2 \qquad (7\text{-}28)$$

该平面二自由度刚性机械臂系统的运动微分方程还可以写成如下矩阵形式：

$$\boldsymbol{M}\ddot{\boldsymbol{\theta}}+\boldsymbol{C}(\boldsymbol{\theta},\dot{\boldsymbol{\theta}})\dot{\boldsymbol{\theta}}+\boldsymbol{G}(\boldsymbol{\theta})=\boldsymbol{\tau} \qquad (7\text{-}29)$$

式中，$\boldsymbol{\theta}=\begin{bmatrix}\theta_1\\ \theta_2\end{bmatrix}$为系统的广义坐标向量；$\boldsymbol{M}=\begin{bmatrix}M_{11} & M_{12}\\ M_{21} & M_{22}\end{bmatrix}$为系统的惯性矩阵；$\boldsymbol{C}(\boldsymbol{\theta},\dot{\boldsymbol{\theta}})=\begin{bmatrix}C_{11} & C_{12}\\ C_{21} & C_{22}\end{bmatrix}$为离心力和科里奥利力矩阵；$\boldsymbol{G}(\boldsymbol{\theta})=\begin{bmatrix}G_1(\boldsymbol{\theta})\\ G_2(\boldsymbol{\theta})\end{bmatrix}$为重力向量；$\boldsymbol{\tau}=\begin{bmatrix}\tau_1\\ \tau_2\end{bmatrix}$为广义激励力向量。

上述各分量的具体表达式为

$$M_{11}=m_1 l_{c_1}^2+m_2\left(l_1^2+l_{c_2}^2+2 l_1 l_{c_2}\cos\theta_2\right)+I_1+I_2$$
$$M_{12}=m_2(l_{c_2}^2+l_1 l_{c_2}\cos\theta_2)+I_2$$
$$M_{21}=m_2(l_{c_2}^2+l_1 l_{c_2}\cos\theta_2)+I_2$$
$$M_{22}=m_2 l_{c_2}^2+I_2$$
$$C_{11}=-m_2 l_1 l_{c_2}\dot{\theta}_2\sin\theta_2$$
$$C_{12}=-m_2 l_1 l_{c_2}\dot{\theta}_2\sin\theta_2-m_2 l_1 l_{c_2}\dot{\theta}_1\sin\theta_2$$
$$C_{21}=m_2 l_1 l_{c_2}\dot{\theta}_1\sin\theta_2$$
$$C_{22}=0$$
$$G_1(\boldsymbol{\theta})=(m_1 l_{c_1}+m_2 l_1)g\cos\theta_1+m_2 l_{c_2} g\cos(\theta_1+\theta_2)$$
$$G_2(\boldsymbol{\theta})=m_2 l_{c_2} g\cos(\theta_1+\theta_2)$$

2. *多刚体系统动力学方程的性质*

参考上述平面二自由度机械臂系统，可以认为，多刚体系统动力学方程一般都具有式（7-29）的形式。

对于有 n 个关节的机械臂，惯性矩阵 $\boldsymbol{M}$ 为 $n\times n$ 正定矩阵。$\boldsymbol{M}\ddot{\boldsymbol{\theta}}$ 表示惯性力矩或惯性力，$\boldsymbol{M}$ 的主对角线元素表示各个连杆本身的有效惯量，代表给定关节上的力矩与产生的角加速度之间的关系；非对角线元素表示连杆本身的有效惯量，即某连杆的加速度运动对另一关节产生的耦合作用力矩的度量。

对于如式（7-29）的多体系统动力学方程，可以证明其满足如下性质：

（1）正定性。对任意$\boldsymbol{\theta}$，惯性矩阵$\boldsymbol{M}(\boldsymbol{\theta})$都是一个对称的正定矩阵。

（2）斜对称性。矩阵函数$\dot{\boldsymbol{M}}(\boldsymbol{\theta})-2\boldsymbol{C}(\boldsymbol{\theta},\dot{\boldsymbol{\theta}})$对于任意$\boldsymbol{\theta}$、$\dot{\boldsymbol{\theta}}$都是斜对称的，即对任意向量$\boldsymbol{\xi}$，有

$$\boldsymbol{\xi}^{\mathrm{T}}\left[\dot{\boldsymbol{M}}(\boldsymbol{\theta})-2\boldsymbol{C}(\boldsymbol{\theta},\dot{\boldsymbol{\theta}})\right]\boldsymbol{\xi}=0 \qquad (7\text{-}30)$$

（3）线性特性。存在一个依赖于机械臂参数的参数向量，使得 $\boldsymbol{M}(\boldsymbol{\theta})$、$\boldsymbol{C}(\boldsymbol{\theta},\dot{\boldsymbol{\theta}})$ 和 $\boldsymbol{G}(\boldsymbol{\theta})$ 满足线性关系：

$$\boldsymbol{M}(\boldsymbol{\theta})\alpha+\boldsymbol{C}(\boldsymbol{\theta},\dot{\boldsymbol{\theta}})\beta+\boldsymbol{G}(\boldsymbol{\theta})=\boldsymbol{\Phi}(\boldsymbol{\theta},\dot{\boldsymbol{\theta}},\alpha,\beta)\boldsymbol{P} \tag{7-31}$$

式中，$\boldsymbol{\Phi}(\boldsymbol{\theta},\dot{\boldsymbol{\theta}},\alpha,\beta)$ 为已知变量函数的回归矩阵，它是系统广义坐标及其各阶导数的已知函数矩阵；$\boldsymbol{P}$ 是描述系统质量特征的未知定常参数向量。

7.3　平面二自由度机械臂动力学数值仿真

本节对上述平面二自由度机械臂进行动力学的数值仿真分析。机械臂的动力学模型参见式（7-29），具体系统参数主要包括各杆件的惯性张量 I_{zzi}、质量 m_i、质心位置 L_{c_i} 以及连杆长度 L_i 等，系统参数具体数值见表 7-1。

表 7-1　二自由度机械臂系统惯性张量及相关参数取值表

连杆 i	I_{zzi} /（$\mathrm{kg \cdot m^2}$）	m_i /kg	L_{c_i} /m	L_i /m
1	0.04	2	0.075	0.15
2	0.04	2	0.075	0.15

设机械臂两个杆件在 t=0 的初始状态为 $\boldsymbol{q}_0=\begin{bmatrix}0 & 0\end{bmatrix}$，$\dot{\boldsymbol{q}}_0=\begin{bmatrix}0 & 0\end{bmatrix}$，重力加速度为 $(0,-9.8,0)\mathrm{m/s^2}$，当两个关节驱动力矩为 0N·m。根据上节的动力学方程，编程计算，得到机械臂两个关节的角位移曲线如图 7-8 所示。

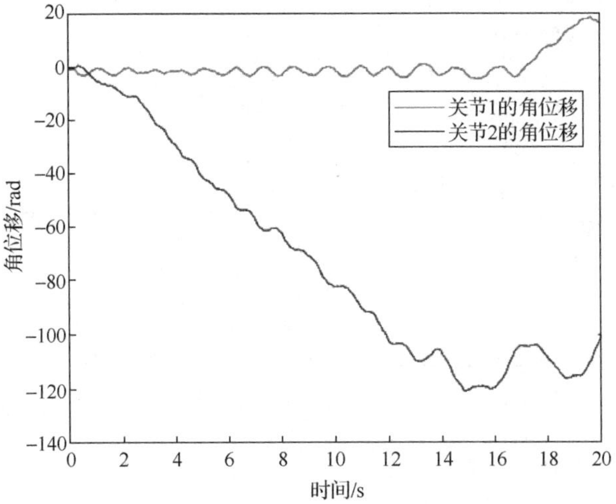

图 7-8　机械臂关节角随时间变化的曲线

如果关节 1 上施加一个周期性驱动力矩，如 $\tau_1=10\sin(10\pi t)$，计算得到的二自由度刚性机械臂的运动轨迹运动如图 7-9 所示。从图中可知机械臂在重力的作用下，在 x-y 平面内做往复摆动。

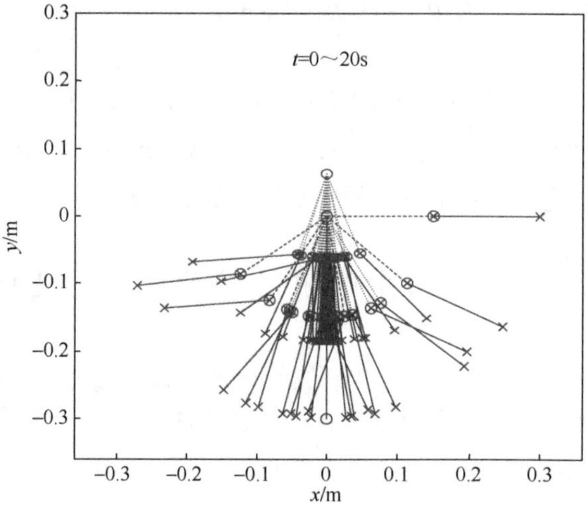

图 7-9　二自由度机械臂的位置变化

【例 7-1】 采用表 7-1 的相关参数，进行平面内二自由度刚性机械臂的运动轨迹计算。

MATLAB 程序如下：

```
clear;clc
global  m1 m2 L1 L2 d1 d2 I1 I2 g
m1=2;m2=2;L1=0.15;L2=0.15;d1=0.075;d2=0.075;I1=4e-2;I2=4e-2;g=9.8;
q0=[0;0];dq0=[0;0];
x0=[q0;dq0];t=0:0.02:20;
[t,x] = ode45('fun0701',t,x0,[]);
figure(1)
plot(t,x(:,1),'r',t,x(:,2),'b')
figure(2)
xlabel('x (m)');ylabel('y (m)');
axis([-1.2*(L1+L2),1.2*(L1+L2),-(L1+L2)*1.2,(L1+L2)*1.2]);
axis square;hold on;
i=sqrt(-1);
gh1=plot([0,L1*exp(i*(x(1,1)))],'r-');
set(gh1,'linewidth',2,'markersize',6,'marker','o');
gh2=plot([L1*exp(i*(x(1,1))),L1*exp(i*(x(1,1)))+L2*exp(i*(x(1,2)))],
'b-');
set(gh2,'linewidth',2,'markersize',6,'marker','o');
for k=2:1:length(t);
    C1=[0,L1*exp(i*(x(k,1)))];
    C2=[L1*exp(i*(x(k,1))),L1*exp(i*(x(k,1)))+L2*exp(i*(x(k,2)+x(k,1)))];
    set(gh1,'xdata',real(C1),'ydata',imag(C1));
    set(gh2,'xdata',real(C2),'ydata',imag(C2));
    title(['t= ',num2str(t(k))],'fontsize',30);
    pause(0.02);
```

```
end
```

fun0701.m 函数程序如下：

```
function xd = fun0701(t, x,opt)
global  m1 m2 L1 L2 d1 d2 I1 I2 g
M11=m1*d1^2+m2*(L1^2+d2^2+2*L1*d2*cos(x(2)))+I1+I2;
M12=m2*(d2^2+L1*d2*cos(x(2)))+I2;
M21=M12;
M22=m2*d2^2+I2;
M=[M11,M12;M21,M22];
C11=-2*d2*m2*L1*sin(x(2))*x(4);
C12=-d2*m2*L1*sin(x(2))*x(4);
C21=d2*m2*L1*sin(x(2))*x(3);
C22=0;
C=[C11,C12;C21,C22];
G1=(d1*m1+L1*m2)*g*cos(x(1))+d2*m2*g*cos(x(1)+x(2));
G2=d2*m2*g*cos(x(1)+x(2));
G=[G1;G2];
tau=[10*sin(10*pi*t);0];
qdd =M\(tau-C*x(3:4,1)-G);
xd = [x(3:4,1); qdd];
end
```

习　　题

7-1　简述质点的动能、势能概念。

7-2　简述能量守恒定律的概念。

7-3　多体系统动力学方程具有哪些性质？

7-4　已知平面二自由度机械臂的动力学参数如表 7-2 所示。设机械臂两个杆件在 t=0 的初始状态为 $\boldsymbol{q}_0=\begin{bmatrix}0 & 0\end{bmatrix}$，$\dot{\boldsymbol{q}}_0=\begin{bmatrix}0 & 0\end{bmatrix}$，重力加速度为(0,−9.8,0)m/s^2，当两个关节驱动力矩为 0N·m，试计算机械臂两个关节的角位移。

表 7-2　二自由度机械臂系统动力学参数

连杆 i	I_{zzi} /（kg·m^2）	m_i /kg	L_{c_i} /m	L_i /m
1	4	3.5	1	2
2	3	2.5	0.75	1.5

7-5　已知平面三自由度机械臂的动力学参数如表 7-3 所示。设机械臂三个杆件在 t=0 的初始状态为 $\boldsymbol{q}_0=\begin{bmatrix}0 & 0 & 0\end{bmatrix}$，$\dot{\boldsymbol{q}}_0=\begin{bmatrix}0 & 0 & 0\end{bmatrix}$，重力加速度为(0,−9.8,0)m/s^2，当三个关节驱动力矩为 0N·m，试计算机械臂三个关节的角位移。

表 7-3　三自由度机械臂系统动力学参数

连杆 i	I_{zzi} /（kg·m^2）	m_i /kg	L_{c_i} /m	L_i /m
1	0.04	2	0.075	0.15
2	0.04	2	0.075	0.15
3	0.04	2	0.075	0.15

第 8 章　机械振动基础与计算方法

工程中振动问题具有普遍性，对振动问题的计算分析也十分重要。本章针对机械系统的离散体振动，介绍表征振动的基本方程以及振幅、频率、相位、位移、阻尼、激励等基本概念，给出单自由度振动系统的固有特性和响应的分析理论。对于多自由度机械振动系统，给出模态分析和响应分析的基本理论和方法。对应地，分别讲述采用数值计算方法进行振动分析的算例和典型结果。

8.1　基 本 概 念

将机械对象视为一个振动系统，它可以是一个零部件、一台机器或一个机械结构，在初始条件变化或存在外部激励作用时会产生振动。

振动系统包括三个主要参数，即质量、刚度、阻尼。质量是惯性（包括转动惯量）元件，刚度是弹性元件，阻尼则是耗能元件。

机械振动系统可用常微分方程加以表达。对于无阻尼自由振动系统，如图 8-1 所示。

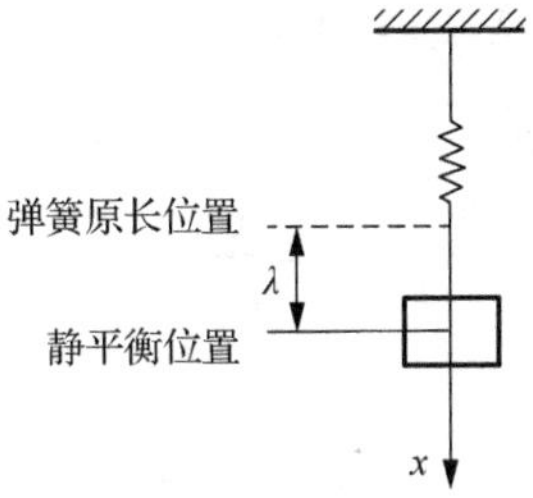

图 8-1　单自由度振动系统示意图（质量-弹簧系统）

令 x 为位移，以质量块的静平衡位置为坐标原点，λ 为静变形。

当系统受到初始扰动时，由牛顿第二定律，得

$$m\ddot{x} = mg - k(\lambda + x) \tag{8-1}$$

在静平衡位置有

$$mg = k\lambda \tag{8-2}$$

得到单自由度振动系统（质量-弹簧系统）的自由振动微分方程：

$$m\ddot{x} + kx = 0 \tag{8-3}$$

称之为无阻尼自由振动系统的二阶齐次常微分方程。

将式（8-3）改写为

$$\ddot{x} + \omega_n^2 x = 0 \tag{8-4}$$

式中，ω_n 表示固有频率，即

$$\omega_n = \sqrt{\frac{k}{m}} \tag{8-5}$$

由式（8-4）表征的单自由度无阻尼振动系统，其自由振动响应的形式为

$$x = A_1 \sin(\omega_n t) + A_2 \cos(\omega_n t) \tag{8-6}$$

式中，A_1、A_2为任意常数，可由初始条件决定。

式（8-6）可写成如下形式：

$$x = A\sin(\omega_n t + \varphi_0) \tag{8-7}$$

式中，A为振幅，表示质量振动时偏离平衡位置的最大位移；φ_0为初相位角。

$$A = \sqrt{A_1^2 + A_2^2} \tag{8-8}$$

$$\varphi_0 = \arctan\frac{A_1}{A_2} \tag{8-9}$$

对于单自由度无阻尼振动系统在初始条件给定的情况下，可以计算出其振幅和初相位角。设$t=0$，将初始位移x_0代入式（8-6），得

$$A_2 = x_0 \tag{8-10}$$

式（8-6）的一阶导数为

$$\dot{x}(t) = A_1\omega_n \cos(\omega_n t) - A_2\omega_n \sin(\omega_n t) \tag{8-11}$$

将初始速度$\dot{x}_0$代入式（8-11），得

$$A_1 = \frac{\dot{x}_0}{\omega_n} \tag{8-12}$$

则系统的自由振动响应为

$$\begin{aligned} x(t) &= x_0 \cos(\omega_n t) + \frac{\dot{x}_0}{\omega_n}\sin(\omega_n t) \\ &= A\sin(\omega_n t + \varphi_0) \end{aligned} \tag{8-13}$$

其振幅和初相位角为

$$A = \sqrt{x_0^2 + \left(\frac{\dot{x}_0}{\omega_n}\right)^2} \tag{8-14}$$

$$\varphi_0 = \arctan\frac{x_0\omega_n}{\dot{x}_0} \tag{8-15}$$

【例 8-1】 单摆的自由运动分析。

如图 8-2 所示的单摆系统，将一副单摆的小球拉到一定的位置后释放，小球将做自由运动，其响应为单自由度无阻尼振动。

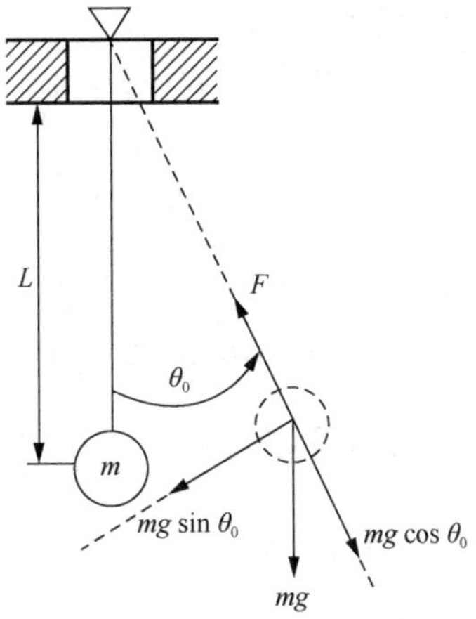

图 8-2　单摆运动示意图

沿绳子方向的受力为

$$F = mg\cos\theta$$

切向方向的受力为

$$mg\sin\theta$$

由牛顿第二定律，小球的力平衡方程为

$$m\ddot{x} + mg\sin\theta = 0 \tag{8-16}$$

又因为 $\ddot{x} = \ddot{\theta}L$，代入式（8-16），得

$$mL\ddot{\theta} + mg\sin\theta = 0 \tag{8-17}$$

化简后得

$$\ddot{\theta} + \frac{g}{L}\sin\theta = 0 \tag{8-18}$$

又因为当 θ 很小时，$\theta \approx \sin\theta$，式（8-18）可近似为

$$\ddot{\theta} + \frac{g}{L}\theta = 0 \tag{8-19}$$

设 ω_n 是系统固有频率，计算系统的固有频率 ω_n 如下：

$$\omega_n^2 = \frac{g}{L} \tag{8-20}$$

对于已知初始条件的情况：当 $t = 0$ 时，$\theta_0 = 10°$，$\dot{\theta}_0 = 0$。则系统的响应可以写为

$$\theta = \theta_0\cos(\omega_n t) + \frac{\dot{\theta}_0}{\omega_n}\sin(\omega_n t) \tag{8-21}$$

式中，θ_0 是小球初始角位移；$\dot{\theta}_0$ 是小球的初始速度。

将 $L = 1\text{m}$、$g = 9.8\text{m/s}^2$ 代入式（8-20），可得固有频率、振幅和初相位角分别为

$$\omega_n = \sqrt{\frac{g}{L}} = \sqrt{9.8}\,\text{rad/s} = 3.13\,\text{rad/s}$$

$$A=\sqrt{x_0^2+\left(\frac{\dot{x}_0^2}{\omega_n}\right)^2}=\sqrt{\left(10^\circ\right)^2+0}=10^\circ$$

$$\varphi_0=\arctan\frac{x_0\omega_n}{\dot{x}_0}=90^\circ$$

得到单摆系统的响应方程为

$$\theta(t)=10\cos(3.13t)$$

也就是，该单摆系统的固有频率为$3.13\text{rad}/\text{s}$，振动幅值为10°，初相位为0°，以余弦方式运动。

MATLAB 程序如下：

```
g=9.8;
theta=10*pi/180;
Dtheta=0;
L=1;
wn=sqrt(g/L)  % 固有频率
A=sqrt((theta)^2+((Dtheta)^2/wn)^2)/pi*180 % 振幅
phi=atan(theta*wn/Dtheta)/pi*180  %初相位角
```

计算结果如下：

```
wn =
    3.1305
A =
    10
phi =
    90
```

8.2　有阻尼单自由度系统的自由振动分析

对于含有黏性阻尼的情况，设 c 为阻尼系数，单自由度系统的运动微分方程为

$$m\ddot{x}+c\dot{x}+kx=0 \tag{8-22}$$

可以改写成

$$\ddot{x}+2\zeta\omega_n\dot{x}+\omega_n{}^2x=0 \tag{8-23}$$

式中，ζ 为阻尼比，记为

$$\zeta=\frac{c}{2m\omega_n} \tag{8-24}$$

令

$$x=\mathrm{e}^{-nt} \tag{8-25}$$

上述单自由度振动系统的解的形式为

$$x=A\mathrm{e}^{-nt}\sin(\omega_r t+\varphi) \tag{8-26}$$

式中，n 为衰减系数；ω_r 为有阻尼减幅振动的圆频率。

$$n = \zeta\omega_n \tag{8-27}$$

$$\omega_r = \sqrt{\omega_n^2 - n^2} = \omega_n\sqrt{1-\zeta^2} \tag{8-28}$$

可以看出，当$\zeta = 0$时，A为常量；当$0 < \zeta < 1$时，A趋于 0；当$\zeta < 0$时，A趋于无穷。小阻尼单自由度系统的振动衰减曲线如图 8-3 所示，图中 T_d 表示减幅振动的周期。

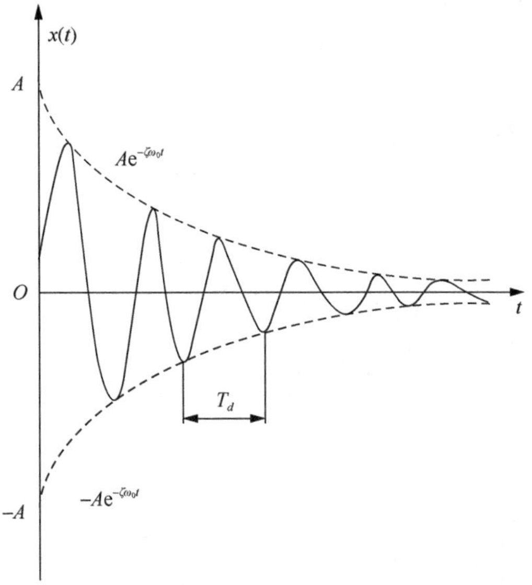

图 8-3 小阻尼单自由度系统的振动衰减曲线（ζ<1）

设已知初始条件在 t=0 时，$x = x_0$，$\dot{x} = \dot{x}_0$，可以得到

$$A = \sqrt{x_0^2 + \left(\frac{\dot{x}_0 + \zeta\omega_n x_0}{\omega_r}\right)^2} \tag{8-29}$$

$$\tan\varphi = \frac{\omega_r x_0}{\dot{x}_0 + \zeta\omega_n x_0} \tag{8-30}$$

【例 8-2】 对于小阻尼情况（$\zeta < 1$），当$m = 1$，$c = 0.2$，$k = 1$，$x_0 = 0$，$\dot{x}_0 = 5$时，绘制单自由度有阻尼自由振动衰减曲线。

MATLAB 程序如下：

```
%有阻尼系统包络线
% m 为质量；c 为阻尼 ；k 为刚度；x0 为初始位移；v0 为初始速度
% j 为阻尼比；wn 为固有频率；wd 为有阻尼的圆频率；A 为振幅；f 为相角
m=1;c=0.2;k=1;
x0=0;v0=5;
j=c/(2*sqrt(m*k));
wn=sqrt(k/m);
wd=sqrt(1-j^2)*wn;
A=sqrt(x0^2+((v0+j*wn*x0)/wd)^2);
f=atan(wd*x0/(v0+j*wn*x0));
t=0:0.01:50;
```

```
x=A*exp(-j*wn*t).*sin(wd*t+f);
y=A*exp(-j*wn*t);
z=-A*exp(-j*wn*t);
figure(1)
plot(t,x,'k',t,y,'--r',t,z,'--r')
title('Envolope Curve')
xlabel('时间')
ylabel('振幅')
```

得到的振幅衰减曲线如图 8-4 所示。

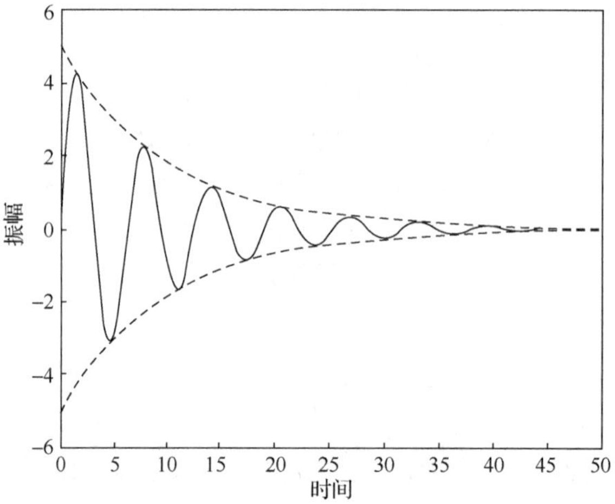

图 8-4　单自由度有阻尼系统自由振动衰减曲线算例结果

【例 8-3】 悬臂梁-重物系统的有阻尼自由振动分析。

将重物 m 固定在一个弹性悬臂梁的末端，将重物压下到一个静态偏置位置，在 t=0 时松开，该悬臂梁会做有阻尼的自由振动，如图 8-5 所示。

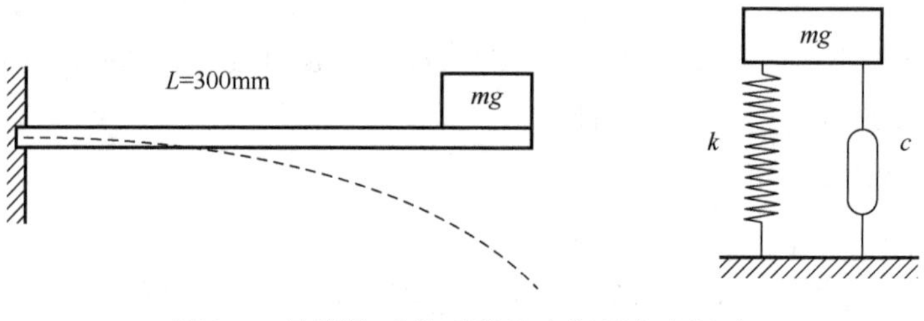

图 8-5　悬臂梁-重物系统的有阻尼自由振动

建立该悬臂梁系统的微分方程如下：

$$m\ddot{x} + c\dot{x} + kx = 0$$

归一化后写成

$$\ddot{x} + 2\zeta\omega_n\dot{x} + \omega_n^2 x = 0$$

式中，$\omega_n = \sqrt{\dfrac{k}{m}}$；$\zeta = \dfrac{c}{2\sqrt{mk}}$。

该系统的响应方程为

$$x(t)=A\mathrm{e}^{-nt}\sin\left(\sqrt{\omega_n^{\ 2}-n^2}\cdot t+\varphi\right)$$

式中，$A=\sqrt{\dfrac{v_0^2+2nx_0v_0+\omega_n^2x_0^2}{\omega_n^2\left(1-\zeta^2\right)}}$；$\varphi=\arctan\left(\dfrac{x_0\omega_n\sqrt{1-\zeta^2}}{v_0+nx_0}\right)$，其中，$x_0$表示初位移，$v_0$表示初速度；$n=\zeta\omega_n$。

根据上述公式可以计算出具体数值。若已知 $x_0=-20\text{mm}$，$v_0=0$，$\zeta=0.1$，$m=0.2\text{kg}$，设悬臂梁的宽度为$b=20\text{mm}$，厚度$h=2\text{mm}$。

求解悬臂梁的抗弯模量I为

$$I=\frac{bh^3}{12}=\frac{20\times10^{-3}\times\left(2\times10^{-3}\right)^3}{12}=1.33\times10^{-11}(\text{m}^4)$$

求解悬臂梁的刚度k为

$$k=\frac{3EI}{L_1^3}=\frac{3\times2.06\times10^{11}\times1.33\times10^{-11}}{\left(300\times10^{-3}\right)^3}=305.18(\text{N/m})$$

式中，E为杨氏模量，$E=2.06\times10^{11}\text{Pa}$；$L_1$为梁长度，$L_1=300\text{mm}$。

求解固有频率和振幅分别为

$$\omega_n=\sqrt{\frac{305.18}{0.2}}=39.06(\text{rad/s})$$

$$A=\sqrt{\frac{v_0^2+2nx_0v_0+\omega_n^2x_0^2}{\omega_n^2\left(1-\zeta^2\right)}}=\sqrt{\frac{1521.78\times20\times10^{-3}}{1521.78-15.21}}=0.02(\text{m})$$

求解相位角为

$$\varphi=\arctan\left(\frac{x_0\omega_n\sqrt{1-\zeta^2}}{v_0+nx_0}\right)=\arctan\left(\frac{20\times10^{-3}\times\sqrt{1521.78-15.21}}{3.906\times20\times10^{-3}}\right)=1.473(\text{rad})$$

最后，得到该系统的响应函数为

$$x(t)=0.142\,\mathrm{e}^{-3.901t}\sin\left(38.81t+1.473\right)(\text{m})$$

也就是，该系统的响应是振幅按照指数衰减的正弦函数，频率为 38.81rad/s，最大振幅为 0.142m，相位角为1.473rad。

MATLAB 程序如下：

```
m=0.2;
x0=0.02;v0=0;
j=0.1;
b=0.02;h=0.002;L=0.3;
E=2.06*10^11;
I=b*h^3/12;
k=3*E*I/L^3;
wn=sqrt(k/m);
A=sqrt((v0^2+2*j*wn*x0*v0+wn^2*x0^2)/(wn^2*(1-j^2)));
```

```
f=atan(wn*x0*sqrt(1-j^2)/(v0+j*wn*x0))*180/pi;
wd=sqrt(1-j^2)*wn;

t=0:0.001:2;
x=A*exp(-j*wn*t).*sin(wd*t+f);
y=A*exp(-j*wn*t);
z=-A*exp(-j*wn*t);
figure(1)
plot(t,x,'k',t,y,'--r',t,z,'--r')
title('Envolope Curve')
xlabel('时间/s')
ylabel('振幅/m')
```

采用数值方法绘制出的响应曲线如图 8-6 所示。

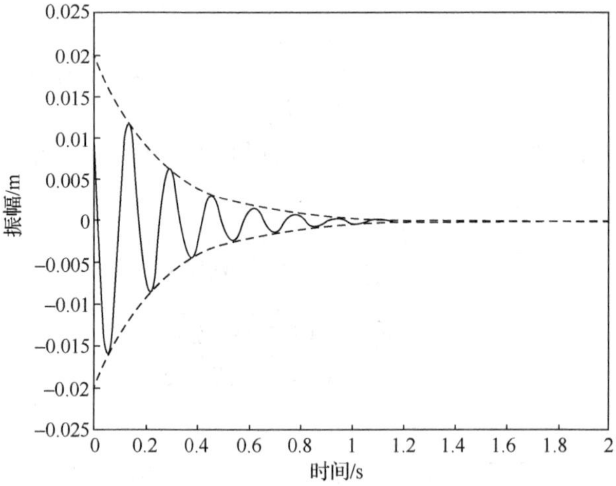

图 8-6　悬臂梁有阻尼自由振动衰减曲线算例结果

8.3　单自由度振动系统的强迫响应分析

1. 响应分析

对于如图 3-8 所示的单自由度振动系统，可以根据机械动力学原理，采用牛顿方法或拉格朗日方法建立其振动微分方程，如下所示：

$$m\ddot{x}+c\dot{x}+kx=F \tag{8-31}$$

式中，外激励力为

$$F=F_0\cos(\omega t) \tag{8-32}$$

作用在振动系统上的外激励力可以为简谐激励、非简谐周期性激励、随时间任意变化的非周期性激励等。

对于简谐激励作用下单自由度振动系统的振动响应，其求解方法如下。

考虑到外激励力式（8-32）可以利用欧拉公式写成复指数形式，则式（8-31）改写成

$$m\ddot{x}+c\dot{x}+kx=F_0\mathrm{e}^{\mathrm{j}\omega t} \tag{8-33}$$

设

$$x=\bar{x}\mathrm{e}^{\mathrm{j}\omega t} \tag{8-34}$$

式中，$\bar{x}$ 表示稳态响应的复振幅。

将式（8-34）代入式（8-33），有

$$\bar{x}=H(\omega)F_0 \tag{8-35}$$

式中，

$$H(\omega)=\frac{1}{k-m\omega^2+\mathrm{j}c\omega} \tag{8-36}$$

称为复频响应函数。

式（8-33）归一化形式的振动微分方程如下：

$$\ddot{x}+2\xi\omega_n\dot{x}+\omega_n{}^2x=\lambda\omega_n{}^2\mathrm{e}^{\mathrm{j}\omega t} \tag{8-37}$$

式中，$\xi=\dfrac{c}{2\sqrt{km}}$；$\omega_n=\sqrt{\dfrac{k}{m}}$；静变形 $\lambda=\dfrac{F_0}{k}$。

引入

$$s=\frac{\omega}{\omega_n} \tag{8-38}$$

得到

$$H(\omega)=\frac{1}{k}\frac{1-s^2-2\xi s\mathrm{j}}{\left(1-s^2\right)^2+\left(2\xi s\right)^2}=\frac{1}{k}\beta\mathrm{e}^{-\mathrm{j}\theta} \tag{8-39}$$

式中，β 为振幅放大因子；θ 为相位差角。

$$\beta(s)=\frac{1}{\sqrt{\left(1-s^2\right)^2+\left(2\xi s\right)^2}} \tag{8-40}$$

$$\theta(s)=\arctan\left(\frac{2\xi s}{1-s^2}\right) \tag{8-41}$$

将式（8-41）代入式（8-35），有如下响应形式：

$$x=\frac{F_0}{k}\beta\mathrm{e}^{\mathrm{j}(\omega t-\theta)}=A\mathrm{e}^{\mathrm{j}(\omega t-\theta)} \tag{8-42}$$

式中，稳态响应的实振幅为

$$A=\beta\lambda \tag{8-43}$$

若 $F(t)=F_0\cos(\omega t)$，则响应公式为

$$x(t)=A\cos(\omega t-\theta) \tag{8-44}$$

【例 8-4】 编写 MATLAB 程序对上述公式进行推导。

MATLAB 程序如下：

```
clc
clear
syms a b
XX=(a+i*b)*(a-i*b)
expand(XX)

syms m c k f0 w
syms A phi
H1=1/(k-m*w*w+i*c*w)

H_below=((k-m*w*w+i*c*w)*(k-m*w*w-i*c*w))
H_up=(k-m*w*w-i*c*w)
H2=H_up/H_below

realH2=(k-m*w*w)/H_below
imagH2=-c*w/H_below

A=sqrt(realH2^2+imagH2^2)
tanPhi=imagH2/realH2
```

计算结果如下：

```
A =
((- m*w^2 + k)^2/((- k + c*w*i + m*w^2)^2*(k + c*w*i - m*w^2)^2) +
(c^2*w^2)/((- k + c*w*i + m*w^2)^2*(k + c*w*i - m*w^2)^2))^(1/2)

tanPhi =
-(c*w)/(- m*w^2 + k)
```

2. 幅频特性和相频特性

以频率比 s 为横坐标、振幅 β 为纵坐标，按振幅公式（8-40）和相位差角式（8-41），得到单自由度强迫振动系统的幅频特性曲线如图 8-7 所示，θ 为纵坐标的相频特性曲线如图 8-8 所示。

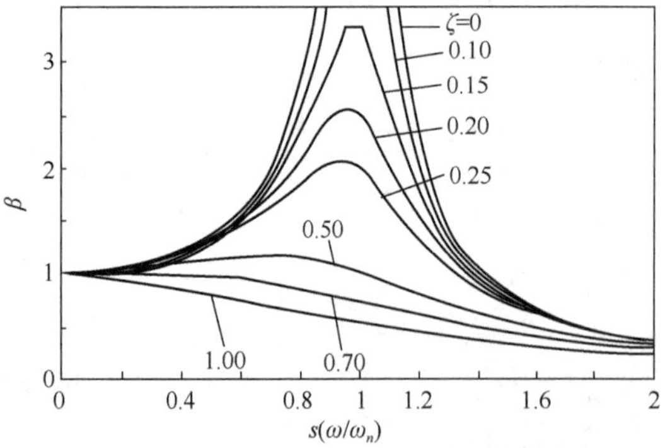

图 8-7 幅频特性曲线

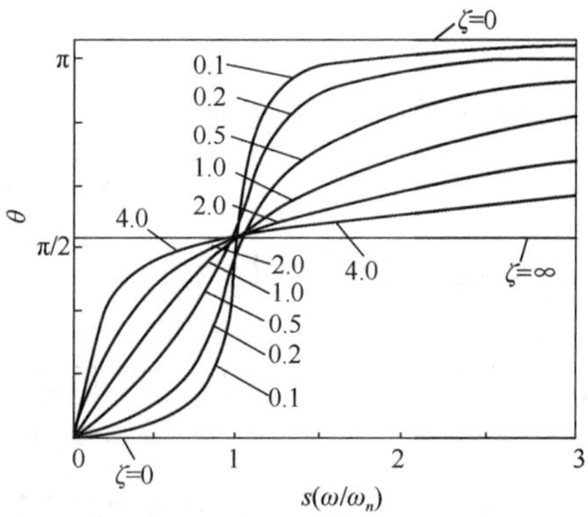

图 8-8 相频特性曲线

【例 8-5】 假设阻尼比分别为 0、0.1、0.2、0.5、0.7、1，绘制单自由度振动系统的幅频响应曲线和相频响应曲线。

该系统的参数具体取值为 $m=1$，$c=0.1$，$k=50$，$F_0=5$，$\Omega=\pi/10$，$\alpha=0$，$x_0=0$，$\dot{x}_0=1$。

MATLAB 程序如下：

```
% 幅频特性曲线
% Z 为频率比;A 为幅值; j 为阻尼比[0 0.1 0.2 0.5 0.7 1]
clc; clear;
figure(1)
Z=0:0.05:2;
%---------------------------------阻尼比为 0
A=[ ];
j=0;
for z=Z
    a=1/(((1-z^2)^2+(2*j*z)^2)^(1/2));
    A=[A a];
end
plot(Z,A,'-'); axis([0 2 0 4]);
hold on
%---------------------------------阻尼比为 0.1
A=[ ]; Z=0:0.05:2;
j=0.1;
for z=Z
    a=1/(((1-z^2)^2+(2*j*z)^2)^(1/2));
    A=[A a];
end
plot(Z,A,'--'); axis([0 2 0 4]);
%---------------------------------阻尼比为 0.2
A=[ ]; Z=0:0.05:2;
j=0.2;
for z=Z
    a=1/(((1-z^2)^2+(2*j*z)^2)^(1/2));
    A=[A a];
end
plot(Z,A,'-.'); axis([0 2 0 4]);
%---------------------------------阻尼比为 0.5
A=[ ]; Z=0:0.05:2;
j=0.5;
for z=Z
    a=1/(((1-z^2)^2+(2*j*z)^2)^(1/2));
    A=[A a];
end
plot(Z,A,'*-'); axis([0 2 0 4]);
%---------------------------------阻尼比为 0.7
A=[ ]; Z=0:0.05:2;
```

```
j=0.7;
for z=Z
    a=1/(((1-z^2)^2+(2*j*z)^2)^(1/2));
    A=[A a];
end
plot(Z,A,'v-'); axis([0 2 0 4]);
%---------------------------------阻尼比为1
A=[ ]; Z=0:0.05:2;
j=1;
for z=Z
    a=1/(((1-z^2)^2+(2*j*z)^2)^(1/2));
    A=[A a];
end
plot(Z,A,'^-'); axis([0 2 0 4]);
title('幅频特性曲线')
xlabel('频率比')
ylabel('幅值')


%相频特性曲线
%Z 为频率比; THETA 为相角; j 为阻尼比[0 0.1 0.2 0.5 1.0 2.0 4.0]
clc; clear;
figure(2)
Z=0:0.05:3;
%---------------------------------阻尼比为0
THETA=[ ];
j=0;
for z=Z
    t=2*j*z/(1-z^2);
    if z<=1
        theta=atan(t);
    else
        theta=atan(t)+pi;
    end
    THETA=[THETA;theta];
end
plot(Z,THETA,'<-'); axis([0 3 0 pi]);
hold on
%---------------------------------阻尼比为0.1
THETA=[ ];
j=0.1;
for z=Z
    t=2*j*z/(1-z^2);
    if z<=1
        theta=atan(t);
    else
        theta=atan(t)+pi;
```

```
    end
    THETA=[THETA;theta];
end
plot(Z,THETA,'--'); axis([0 3 0 pi]);
%---------------------------------阻尼比为 0.2
THETA=[ ];
j=0.2;
for z=Z
    t=2*j*z/(1-z^2);
    if z<=1
        theta=atan(t);
    else
        theta=atan(t)+pi;
    end
    THETA=[THETA;theta];
end
plot(Z,THETA,'-.'); axis([0 3 0 pi]);
%---------------------------------阻尼比为 0.5
THETA=[ ];
j=0.5;
for z=Z
    t=2*j*z/(1-z^2);
    if z<=1
        theta=atan(t);
    else
        theta=atan(t)+pi;
    end
    THETA=[THETA;theta];
end
plot(Z,THETA,'*-'); axis([0 3 0 pi]);
%---------------------------------阻尼比为 1
THETA=[ ];
j=1;
for z=Z
    t=2*j*z/(1-z^2);
    if z<=1
        theta=atan(t);
    else
        theta=atan(t)+pi;
    end
    THETA=[THETA;theta];
end
plot(Z,THETA,'v-'); axis([0 3 0 pi]);
%---------------------------------阻尼比为 2
THETA=[ ];
j=2;
for z=Z
```

```
    t=2*j*z/(1-z^2);
    if z<=1
       theta=atan(t);
    else
       theta=atan(t)+pi;
    end
    THETA=[THETA;theta];
end
plot(Z,THETA,'^-'); axis([0 3 0 pi]);
%--------------------------------阻尼比为 4
THETA=[ ];
j=4;
for z=Z
    t=2*j*z/(1-z^2);
    if z<=1
       theta=atan(t);
    else
       theta=atan(t)+pi;
    end
    THETA=[THETA;theta];
end
plot(Z,THETA,'o-'); axis([0 3 0 pi]);
title('相频特性曲线')
xlabel('频率比')
ylabel('相角')
```

得到的幅频响应曲线和相频响应曲线如图 8-9 和图 8-10 所示。

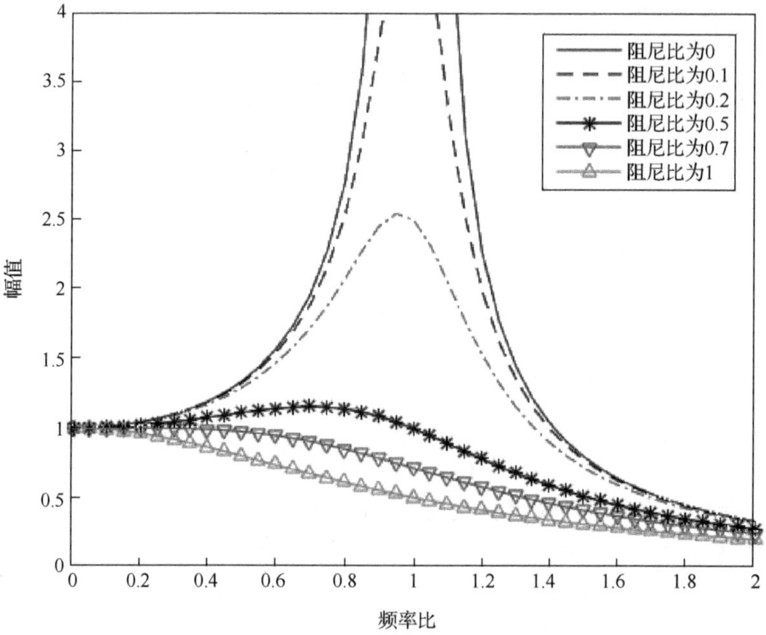

图 8-9　算例结果——幅频特性曲线

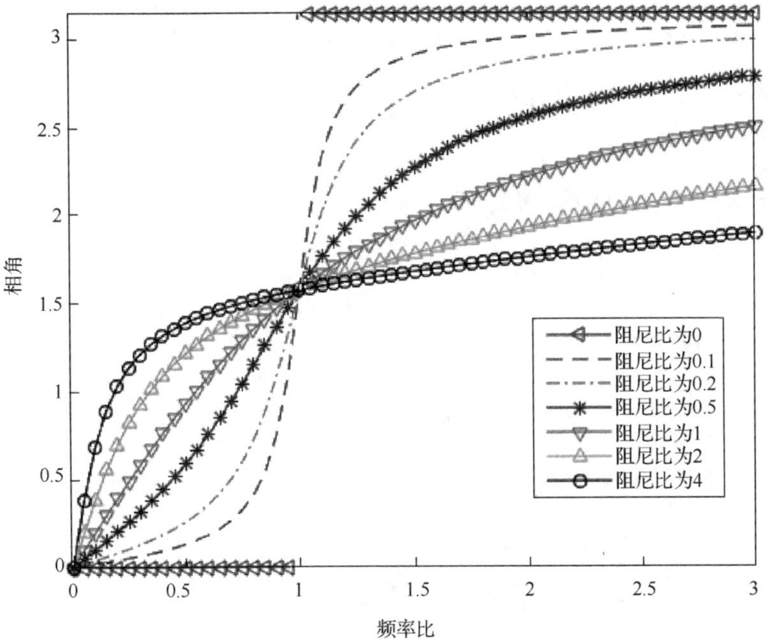

图 8-10　算例结果——相频特性曲线

【例 8-6】 作为对照，采用直接的数值积分方法，如龙格-库塔法，可以得到振动系统的响应时域曲线及其对应的频谱图。

MATLAB 程序如下：

```
% rkutta 法求解振动响应的主程序
clc
clear
eps=1e-6;                          %调整数据精度
N=2;
Fen=200;                           %细分的份数，调整龙格-库塔法的步进精度
for i=1:1:N
    y(i)=1e-7;
end
wxy=[];
w=pi/10;
h=2*pi/w/Fen;                      %设置龙格-库塔法的步进
   for i=1:1:150*Fen
        t=i*h;
        y=rkutta0806(t,h,y,w);
        if i>(90*Fen)              %取计算结果的后段的稳定解
           wxy=[wxy;t,y];
        end
   end
%计算幅值频谱图
```

```
fs=1/h;                                    %采样频率
xx=wxy(:,2);
Nf=length(xx);
f=fs/(Nf)*(0:Nf-1)*2*pi;
yk=fft(xx,Nf);
Pxx1=abs(yk)*2/Nf;
%输出计算结果、位移曲线、幅值谱图
figure (1)
plot(wxy(:,1),wxy(:,2));
xlabel('时间');
ylabel('幅值');
figure(2)
plot(f(1:Nf/2),Pxx1(1:Nf/2),'-k');
xlabel('频率');
ylabel('幅值');axis([0 5 0 0.2])
grid on;
%----------------------------------
function yout=rkutta0806(t,h,y,w)
N=length(y);
for i=1:1:N
    a(i)=0;
    d(i)=0;
    b(i)=0;
    y0(i)=0;
end
a(1)=h/2;   a(2)=h/2;
a(3)=h;     a(4)=h;
d=fun0806(t,y,w);
b=y;
y0=y;
for k=1:1:3
    for i=1:1:N
        y(i)=y0(i)+a(k)*d(i);
        b(i)=b(i)+a(k+1)*d(i)/3;
    end
    tt=t+a(k);
    d=fun0806(tt,y,w);
end
for i=1:1:N
    yout(i)=b(i)+h*d(i)/6;
end
end

function  d=fun0806(t,y,w)
r=0.1; %阻尼系数
k=50;
```

```
f=5;
d(1)=y(2);
d(2)=-r*y(2)-k*y(1) +f*cos(w*t);
end
%--------------------------
```

计算结果如图 8-11 所示。

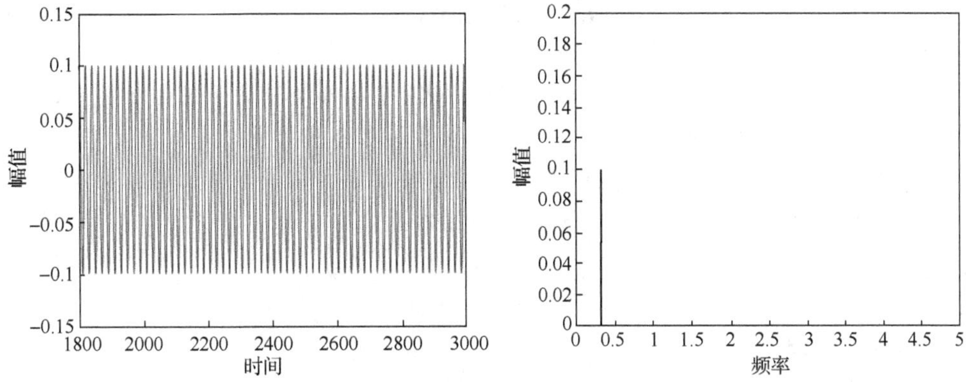

图 8-11　数值积分方法得到的振动响应曲线及其频谱图

8.4　多自由度振动系统的模态分析

本节以图 8-12 所示的三自由度质量-弹簧振动系统为例加以说明。三个质量块对应的振动坐标 x_1、x_2、x_3 的原点分别取在质量块 m_1、m_2、m_3 的静平衡位置。设在某一瞬时，m_1、m_2、m_3 分别有位移 x_1、x_2、x_3 和加速度 $\ddot{x}_1$、$\ddot{x}_2$、$\ddot{x}_3$。

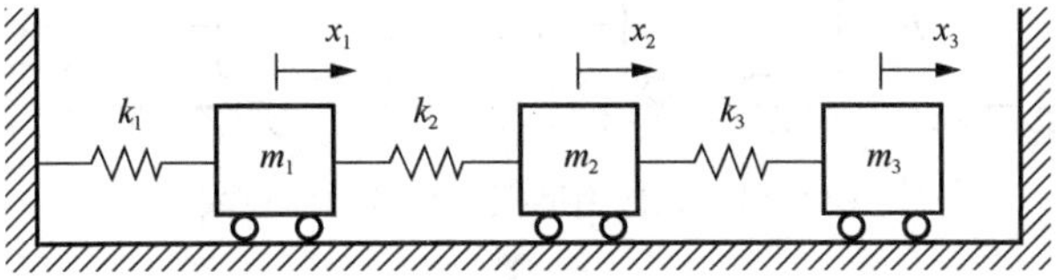

图 8-12　三自由度质量-弹簧振动系统力学模型

对于质量块分别受到激振力的作用、不计摩擦和其他形式的阻尼，其动力学微分方程组为

$$\begin{cases}-m_1\ddot{x}_1 - k_1(x_1 - 0) + k_2(x_2 - x_1) + f_1 = 0\\ -m_2\ddot{x}_2 - k_2(x_2 - x_1) + k_3(x_3 - x_2) + f_2 = 0\\ -m_3\ddot{x}_3 - k_3(x_3 - x_2) + f_3 = 0\end{cases} \tag{8-45}$$

可以写成矩阵形式：

$$\begin{bmatrix} m_1 & 0 & 0 \\ 0 & m_2 & 0 \\ 0 & 0 & m_3 \end{bmatrix}\begin{bmatrix} \ddot{x}_1 \\ \ddot{x}_2 \\ \ddot{x}_3 \end{bmatrix} + \begin{bmatrix} k_1 + k_2 & -k_2 & 0 \\ -k_2 & k_2 + k_3 & -k_3 \\ 0 & -k_3 & k_3 \end{bmatrix}\begin{bmatrix} x_1 \\ x_2 \\ x_3 \end{bmatrix} = \begin{bmatrix} f_1 \\ f_2 \\ f_3 \end{bmatrix} \tag{8-46}$$

进一步简记为

$$\boldsymbol{M}\ddot{\boldsymbol{X}} + \boldsymbol{K}\boldsymbol{X} = \boldsymbol{F} \tag{8-47}$$

式中，$\boldsymbol{M}$ 为质量矩阵；$\ddot{\boldsymbol{X}}$ 为加速度向量；$\boldsymbol{K}$ 为刚度矩阵；$\boldsymbol{X}$ 为位移向量；$\boldsymbol{F}$ 为激励力向量。

推广上述方程，考虑具有线性比例阻尼的情况，n 自由度振动系统的动力学微分方程可以写成如下形式：

$$\boldsymbol{M}\ddot{\boldsymbol{X}} + \boldsymbol{C}\dot{\boldsymbol{X}} + \boldsymbol{K}\boldsymbol{X} = \boldsymbol{F} \tag{8-48}$$

式中，

$$\boldsymbol{C} = \alpha\boldsymbol{M} + \beta\boldsymbol{K} \tag{8-49}$$

其中，α 和 β 为瑞利阻尼系数。

上述振动系统所对应的无阻尼自由振动方程为

$$\boldsymbol{M}\ddot{\boldsymbol{X}} + \boldsymbol{K}\boldsymbol{X} = \boldsymbol{0} \tag{8-50}$$

其解为

$$\boldsymbol{X} = \boldsymbol{A}\sin(\omega t + \varphi) \tag{8-51}$$

系统的特征值方程为

$$(\boldsymbol{K} - \lambda\boldsymbol{M})\boldsymbol{A} = \boldsymbol{0} \tag{8-52}$$

式中，$\lambda = \omega^2$，ω 为特征值，对应着系统的固有频率；$\boldsymbol{A}$ 为特征向量，对应着系统的模态振型。

按照特征值理论，ω 和 $\boldsymbol{A}$ 可以利用特征方程求出，如

$$\det(\boldsymbol{K} - \lambda\boldsymbol{M}) = \boldsymbol{0} \tag{8-53}$$

【例 8-7】 对于如图 8-13 所示的二自由度振动系统，对其固有频率和振型求解。

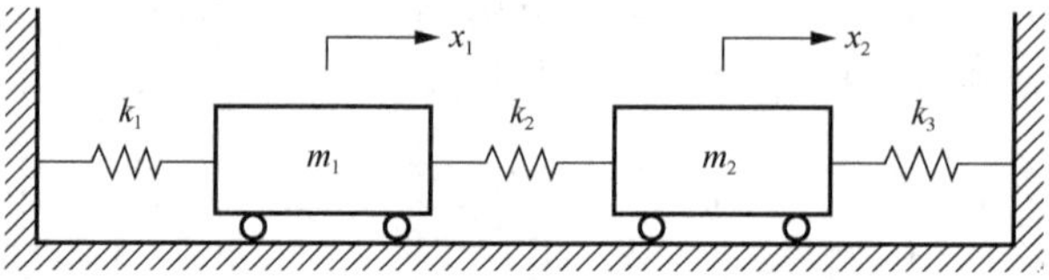

图 8-13　二自由度振动系统力学模型

二自由度系统的动力学方程为

$$\begin{bmatrix} m & 0 \\ 0 & 2m \end{bmatrix}\begin{bmatrix} \ddot{x}_1 \\ \ddot{x}_2 \end{bmatrix} + \begin{bmatrix} 2k & -k \\ -k & 3k \end{bmatrix}\begin{bmatrix} x_1 \\ x_2 \end{bmatrix} = \begin{bmatrix} 0 \\ 0 \end{bmatrix} \tag{8-54}$$

根据特征方程式（8-52）可得

$$\begin{bmatrix} 2k - m\omega^2 & -k \\ -k & 3k - 2m\omega^2 \end{bmatrix}\begin{bmatrix} A_1 \\ A_2 \end{bmatrix} = \begin{bmatrix} 0 \\ 0 \end{bmatrix} \tag{8-55}$$

令 $\alpha = \dfrac{m}{k}\omega^2$，可得

$$\begin{bmatrix} 2 - \alpha & -1 \\ -1 & 3 - 2\alpha \end{bmatrix}\begin{bmatrix} A_1 \\ A_2 \end{bmatrix} = \begin{bmatrix} 0 \\ 0 \end{bmatrix} \tag{8-56}$$

即其特征方程为

$$\begin{vmatrix} 2-\alpha & -1 \\ -1 & 3-2\alpha \end{vmatrix} = 2\alpha^2 - 7\alpha + 5 = 0 \tag{8-57}$$

求解得到

$$\alpha_1 = 1, \quad \alpha_2 = 2.5$$

即

$$\omega_1 = \sqrt{\frac{k}{m}}, \quad \omega_2 = 1.581\sqrt{\frac{k}{m}} \tag{8-58}$$

求主振型过程如下：

当 $\alpha_1 = 1$ 时，有

$$\begin{cases} A_1 - A_2 = 0 \\ -A_1 + A_2 = 0 \end{cases} \tag{8-59}$$

令 $A_2 = 1$，则 $A_1 = 1$，第一阶主振型为 $A^1 = \begin{bmatrix} 1 \\ 1 \end{bmatrix}$；

当 $\alpha_2 = 2.5$ 时，令 $A_2 = 1$，则 $A_1 = -2$，第二阶主振型为 $A^1 = \begin{bmatrix} -2 \\ 1 \end{bmatrix}$。

画出对应的振型图如图 8-14 所示，其中以横坐标表示静平衡位置，纵坐标表示主振型中各元素的值。对于第一阶主振动，两个质量块在静平衡位置的同侧，做同向运动。对于第二阶主振动，两个质量块在平衡位置的两侧，做反向运动。

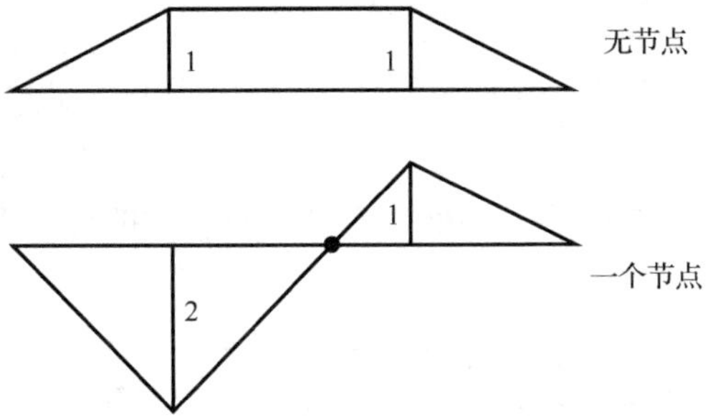

图 8-14　二自由度振动系统的振型

MATLAB 程序如下：

```
clear all
clc
a=solve('2*a^2-7*a+5=0','a')
for i=1:2
    M=[2-a(i) -1;-1 3-2*a(i)];
    A(i,:)=(null(M))'
end
```

计算结果如下：

```
A =
    [ 1, 1]
    [ -2, 1]
```

8.5　多自由度振动系统的自由振动分析

对于具有 n 个自由度的自由振动方程

$$\boldsymbol{M}\ddot{\boldsymbol{X}}+\boldsymbol{C}\dot{\boldsymbol{X}}+\boldsymbol{K}\boldsymbol{X}=\boldsymbol{0} \tag{8-60}$$

其解的形式为

$$\boldsymbol{X}(t)=\boldsymbol{X}^{(1)}(t)+\boldsymbol{X}^{(2)}(t)+\cdots+\boldsymbol{X}^{(n)}(t) \tag{8-61}$$

式中，

$$\begin{aligned}\boldsymbol{X}^{(1)}(t)&=\boldsymbol{u}^{(1)}C_1\sin(\omega_1 t+\varphi_1)\\ \boldsymbol{X}^{(2)}(t)&=\boldsymbol{u}^{(2)}C_2\sin(\omega_2 t+\varphi_2)\\ &\cdots\\ \boldsymbol{X}^{(n)}(t)&=\boldsymbol{u}^{(n)}C_n\sin(\omega_n t+\varphi_n)\end{aligned} \tag{8-62}$$

其中，ω_n 为系统的第 n 阶固有频率；$\boldsymbol{u}^{(n)}$ 为对应的第 n 阶振型；C_n 和 φ_n 由初始值 $\boldsymbol{X}_0$ 和 $\dot{\boldsymbol{X}}_0$ 决定。

以二自由度系统为例加以说明，其解的形式为

$$\boldsymbol{X}(t)=\boldsymbol{X}^{(1)}(t)+\boldsymbol{X}^{(2)}(t) \tag{8-63}$$

式中，

$$\boldsymbol{X}^{(1)}(t)=\boldsymbol{u}^{(1)}C_1\sin(\omega_1 t+\varphi_1)=A_1\begin{bmatrix}1\\ r_1\end{bmatrix}\sin(\omega_1 t+\varphi_1) \tag{8-64}$$

$$\boldsymbol{X}^{(2)}(t)=\boldsymbol{u}^{(2)}C_2\sin(\omega_2 t+\varphi_2)=A_2\begin{bmatrix}1\\ r_2\end{bmatrix}\sin(\omega_2 t+\varphi_2) \tag{8-65}$$

可求得

$$C_1=\frac{1}{r_1-r_2}\sqrt{(r_2x_{10}-x_{20})^2+\frac{(r_2\dot{x}_{10}-\dot{x}_{20})^2}{\omega_1^2}} \tag{8-66}$$

$$C_2=\frac{1}{r_1-r_2}\sqrt{(r_1x_{10}-x_{20})^2+\frac{(r_1\dot{x}_{10}-\dot{x}_{20})^2}{\omega_2^2}} \tag{8-67}$$

$$\varphi_1=\arctan\frac{\omega_1(r_2x_{10}-x_{20})}{r_2\dot{x}_{10}-\dot{x}_{20}} \tag{8-68}$$

$$\varphi_2=\arctan\frac{\omega_2(r_1x_{10}-x_{20})}{r_1\dot{x}_{10}-\dot{x}_{20}} \tag{8-69}$$

【例 8-8】 对于二自由度振动系统，其具体参数以及自由振动的初始条件如下：

$$\begin{bmatrix}1&0\\0&1\end{bmatrix}\begin{bmatrix}\ddot{x}_1\\ \ddot{x}_2\end{bmatrix}+\begin{bmatrix}2&-1\\-1&2\end{bmatrix}\begin{bmatrix}x_1\\ x_2\end{bmatrix}=\begin{bmatrix}0\\0\end{bmatrix}$$

（1） $x_{10} = x_{20} = \dot{x}_{10} = 1$， $\dot{x}_{20} = 0$；

（2） $x_{10} = 1$， $x_{20} = \dot{x}_{10} = \dot{x}_{20} = 0$。

MATLAB 程序如下：

```
%二自由度振动系统的自由振动分析
% m、k 分别为质量矩阵和刚度矩阵
% w 为固有频率；u 为振型矩阵
clc;clear;
m=[1 0;0 1];
k=[2 -1;-1 2];
[Ax WW]=eig(inv(m)*k);
f=diag(sqrt(WW));
w1=f(1);w2=f(2);%%%%%%%(固有频率)
u1=Ax(:,1);u2=Ax(:,2);
u1=u1/u1(1);u2=u2/u2(1);%%% (振型)%%归一化
r1=u1(2);r2=u2(2);
t=0:0.05:20;
x10=1;x20=1;dx10=1;dx20=0;
C1=(1/(r1-r2))*sqrt((r2*x10-x20)^2+(r2*dx10-dx20)^2/w1^2);
C2=(1/(r1-r2))*sqrt((r1*x10-x20)^2+(r1*dx10-dx20)^2/w2^2);
fai1=atan(w1*(r2*x10-x20)/(r2*dx10-dx20));
fai2=atan(w2*(r1*x10-x20)/(r1*dx10-dx20));
x1=u1.*C1*sin(w1*t+fai1)+u2.*C2*sin(w2*t+fai2);
subplot(2,1,1)
plot(t,x1)
legend('x1','x2')
xlabel('时间');ylabel('幅值');
title('多自由度振动系统 1')
x10=0;x20=0;dx10=0;dx20=1;
C1=(1/(r1-r2))*sqrt((r2*x10-x20)^2+(r2*dx10-dx20)^2/w1^2);
C2=(1/(r1-r2))*sqrt((r1*x10-x20)^2+(r1*dx10-dx20)^2/w2^2);
fai1=atan(w1*(r2*x10-x20)/(r2*dx10-dx20));
fai2=atan(w2*(r1*x10-x20)/(r1*dx10-dx20));
x2=u1.*C1*sin(w1*t+fai1)+u2.*C2*sin(w2*t+fai2);
subplot(2,1,2)
plot(t,x2)
legend('x1','x2')
xlabel('时间');ylabel('幅值');
title('多自由度振动系统 2')
```

计算得到的自由振动响应曲线如图 8-15 所示。

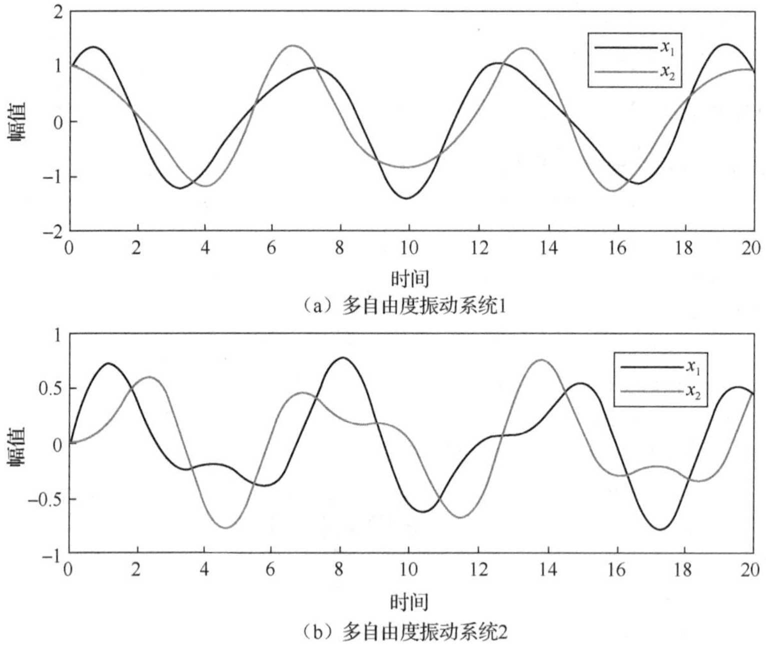

图 8-15　二自由度系统自由振动响应曲线

8.6　多自由度振动系统的强迫响应分析

对于受简谐激励的多自由度振动系统

$$\boldsymbol{M}\ddot{\boldsymbol{X}}+\boldsymbol{C}\dot{\boldsymbol{X}}+\boldsymbol{K}\boldsymbol{X}=\boldsymbol{F}_0\sin(\varOmega t) \tag{8-70}$$

其强迫响应可以按模态解耦的方法求解。

式（8-70）对应的系统特征方程为

$$\left(\boldsymbol{K}-\omega_{ni}^2\boldsymbol{M}\right)\boldsymbol{\phi}_i=\boldsymbol{0} \tag{8-71}$$

式中，ω_{ni}^2 表示第 i 阶固有频率；$\boldsymbol{\phi}_i$ 表示第 i 阶振型向量。

在这里，可以根据系统特征方程系数矩阵行列式为 0 的非平凡解条件确定该振动系统的固有频率 ω_{ni}^2，即

$$\left|\left(\boldsymbol{K}-\omega_{ni}^2\boldsymbol{M}\right)\right|=0 \tag{8-72}$$

ω_{ni} 对应的振型 $\boldsymbol{\phi}_i$ 可在确定了 ω_{ni} 的具体值后，代入式（8-71），并令振型向量值取单位振动量值的情况下得到 $\boldsymbol{\phi}_i$。

对于外激励频率 $\varOmega$ 与某一阶固有频率 ω_{ni} 接近，振动系统呈单频主振动的强迫振动响应的情况，可以利用多自由度振动系统 $\boldsymbol{M}$、$\boldsymbol{K}$ 以及与振型向量的正交性进行模态解耦，并设该系统具有线性比例阻尼。

设该振动系统的单频主振动响应具有如下形式：

$$\varOmega=\omega_{ni}+\varDelta$$

式中，$\varDelta$ 为小量。

$$X(t) = \boldsymbol{\phi} \boldsymbol{u} \sin(\Omega t + \theta) \tag{8-73}$$

式（8-70）再左乘一项 ϕ_i^{T}，则式（8-70）可写成

$$\boldsymbol{\phi}_i^{\mathrm{T}} \boldsymbol{M} \boldsymbol{\phi}_i \ddot{\boldsymbol{u}} + \boldsymbol{\phi}_i^{\mathrm{T}} \boldsymbol{C} \boldsymbol{\phi}_i \dot{\boldsymbol{u}} + \boldsymbol{\phi}_i^{\mathrm{T}} \boldsymbol{K} \boldsymbol{\phi}_i \boldsymbol{u} = \boldsymbol{\phi}_i^{\mathrm{T}} \boldsymbol{F}_0 \sin(\Omega t) \tag{8-74}$$

式（8-74）的系数矩阵均为对角矩阵，记为

$$\boldsymbol{m}_i \ddot{\boldsymbol{u}} + \boldsymbol{C}_i \dot{\boldsymbol{u}} + \boldsymbol{K}_i \boldsymbol{u} = \boldsymbol{F}_i \sin(\Omega t) \tag{8-75}$$

式中，$\boldsymbol{m}_i = \boldsymbol{\phi}_i^{\mathrm{T}} \boldsymbol{M} \boldsymbol{\phi}_i$；$\boldsymbol{C}_i = \boldsymbol{\phi}_i^{\mathrm{T}} \boldsymbol{C} \boldsymbol{\phi}_i$；$\boldsymbol{K}_i = \boldsymbol{\phi}_i^{\mathrm{T}} \boldsymbol{K} \boldsymbol{\phi}_i$；$\boldsymbol{F}_i = \boldsymbol{\phi}_i^{\mathrm{T}} \boldsymbol{F}_0$。

在这种情况下，可按单自由度强迫响应的方法求解出强迫响应，即

$$\boldsymbol{u}(t) = \boldsymbol{u}_0 \sin(\Omega t + \theta) \tag{8-76}$$

式中，$\boldsymbol{u}_0$ 和 θ 可按 8.3 节的单自由度振动响应的幅值和相位差角公式确定。

获得模态解耦后的系统响应后，可以再利用模态向量转换到物理坐标系中，即利用式（8-74）加以实现。

【例 8-9】 求下列二自由度振动系统的强迫振动响应，$\omega = \pi/10$。

$$\begin{bmatrix} 1 & 0 \\ 0 & 1 \end{bmatrix} \begin{bmatrix} \ddot{x}_1 \\ \ddot{x}_2 \end{bmatrix} + \begin{bmatrix} 2 & -1 \\ -1 & 2 \end{bmatrix} \begin{bmatrix} x_1 \\ x_2 \end{bmatrix} = \begin{bmatrix} 10 \\ 0 \end{bmatrix} \cos(\omega t)$$

MATLAB 程序如下：

```
% rkutta 法求解二自由度振动系统振动响应的主程序
clc
clear
eps=1e-6;                      %调整数据精度
N=4;
Fen=200;                       %细分的份数，调整龙格-库塔法的步进精度
for i=1:1:N
    y(i)=1e-7;
end
wxy=[];
w=pi/10;
h=2*pi/w/Fen;                  %设置龙格-库塔法的步进
  for i=1:1:150*Fen
      t=i*h;
      y=rkutta(t,h,y,w);
      if i>(90*Fen)            %取计算结果后段的稳定解
         wxy=[wxy;t,y];
      end
  end
%计算幅值频谱图
fs=1/h;                        %采样频率
xx=wxy(:,2);
Nf=length(xx);
f=fs/(Nf)*(0:Nf-1)*2*pi;
yk=fft(xx,Nf);
Pxx1=abs(yk)*2/Nf;
```

```
%输出计算结果、位移曲线、幅值谱图
figure (1)
plot(wxy(:,1),wxy(:,2));
xlabel('时间');
ylabel('幅值');
figure(2)
plot(f(1:Nf/2),Pxx1(1:Nf/2),'-k');
xlabel('频率');
ylabel('幅值');
% axis([0 5 0 0.2])
grid on;
%---------------------------------
%计算幅值频谱图
fs=1/h;                    %采样频率
xx=wxy(:,4);
Nf=length(xx);
f=fs/(Nf)*(0:Nf-1)*2*pi;
yk=fft(xx,Nf);
Pxx1=abs(yk)*2/Nf;
%输出计算结果、位移曲线、幅值谱图
figure (3)
plot(wxy(:,1),wxy(:,4));
xlabel('时间');
ylabel('幅值');
figure(4)
plot(f(1:Nf/2),Pxx1(1:Nf/2),'-k');
xlabel('频率');
ylabel('幅值');
grid on;
%---------------------------------

function  d=fun0809(t,x,w)
f=10;
d(1)=x(2);
d(2)=-2*x(1)+x(3)+f*cos(w*t);
d(3)=x(4);
d(4)=x(1)-2*x(3);
end
%--------------------------
```

计算得到的强迫振动响应曲线如图 8-16 与图 8-17 所示。

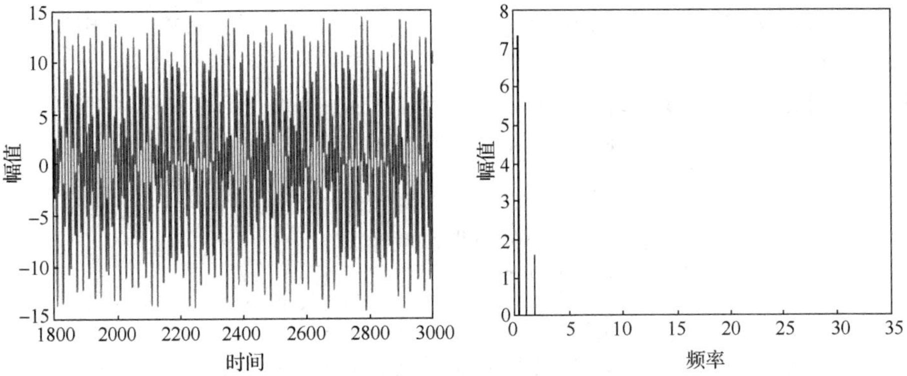

图 8-16　x_1 振动响应曲线及其频谱图

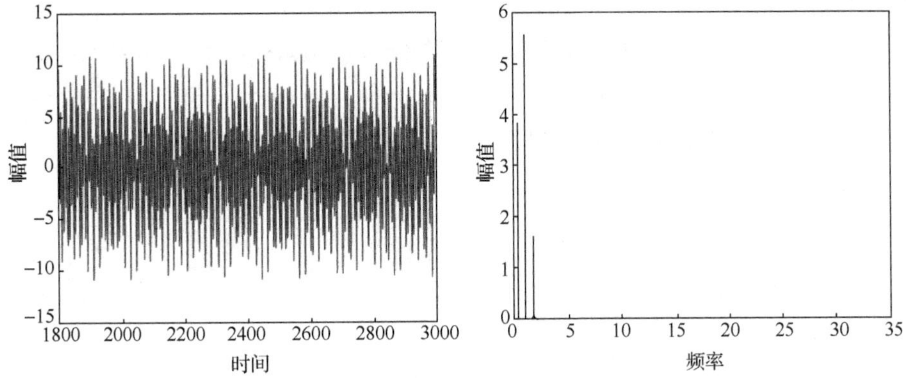

图 8-17　x_2 振动响应曲线及其频谱图

习　题

8-1　简述振动系统包括哪些主要参数？

8-2　如图 8-2 所示的单自由度无阻尼单摆系统，将一副单摆的小球拉到一定的位置后释放，小球将做自由运动。设 $m=1$，$L=2$，$\theta_0=30^\circ$，$\dot{\theta}_0=0$，试计算系统响应。

8-3　假设某单自由度自由振动系统的固有频率为 $\omega_n=1$，初设条件为 $x_0=1$，$v_0=4$。试绘制无阻尼条件下的系统响应曲线。

8-4　某一单自由度自由振动系统的固有频率为 $\omega_n=1$，初始条件为 $x_0=2$，$v_0=10$。分别假设阻尼比 $\zeta=1.1$，$\zeta=0.2$，试绘制过阻尼、小阻尼条件下的系统响应曲线。

8-5　某一单自由度振动系统的参数具体取值为 $m=1$，$c=0.1$，$k=50$，$F_0=5$，$\Omega=\pi/10$，$\alpha=0$，$x_0=0$，$\dot{x}_0=1$。分别假设阻尼比 $\zeta=1.5$，$\zeta=0.3$，试绘制该单自由度振动系统的幅频响应和相频响应曲线。

8-6　某二自由度振动系统，其具体参数如下：

$$\begin{bmatrix}1 & 0\\0 & 1\end{bmatrix}\begin{bmatrix}\ddot{x}_1\\\ddot{x}_2\end{bmatrix}+\begin{bmatrix}5 & -3\\-3 & 5\end{bmatrix}\begin{bmatrix}x_1\\x_2\end{bmatrix}=\begin{bmatrix}0\\0\end{bmatrix}$$

设其自由振动的初设条件为 $x_{10}=x_{20}=\dot{x}_{10}=1$，$\dot{x}_{20}=0$，试绘制该二自由度振动系统的自由振动响应曲线。

8-7　求下列二自由度振动系统的强迫振动响应，$\omega=\pi/20$。

$$\begin{bmatrix}1 & 0\\0 & 1\end{bmatrix}\begin{bmatrix}\ddot{x}_1\\\ddot{x}_2\end{bmatrix}+\begin{bmatrix}5 & -1\\-1 & 5\end{bmatrix}\begin{bmatrix}x_1\\x_2\end{bmatrix}=\begin{bmatrix}3\\7\end{bmatrix}\cos(\omega t)$$

8-8　求下列二自由度振动系统的强迫振动响应。

$$\begin{bmatrix}1 & 0\\0 & 1\end{bmatrix}\begin{bmatrix}\ddot{x}_1\\\ddot{x}_2\end{bmatrix}+\begin{bmatrix}2 & -3\\-3 & 2\end{bmatrix}\begin{bmatrix}x_1\\x_2\end{bmatrix}=\begin{bmatrix}3\\1\end{bmatrix}\cos\frac{\pi t}{6}$$

8-9　对于【例 8-7】中二自由度振动系统，如图 8-13 所示，$m_1=m$，$m_2=2m$，$k_1=k$，$k_2=k_3=2k$，设初始条件为 $x_{10}=1.5$，$x_{20}=\dot{x}_{10}=\dot{x}_{20}=0$，$\omega_n^2=k/m=1$，试对该系统的固有频率和振型进行求解。

8-10　对于如图 8-12 所示的三自由度质量-弹簧振动系统，$m_1=m_2=m$，$m_3=2m$，$k_1=k$，$k_2=k_3=2k$，设初始条件为 $x_{30}=12$，$x_{10}=x_{20}=\dot{x}_{10}=\dot{x}_{20}=\dot{x}_{30}=0$，$\omega_n^2=k/m=1$，试对该系统的固有频率和振型进行求解。

第 9 章　弹性力学基础与计算方法

本章主要介绍弹性力学的基本理论，主要包括线弹性问题的几个假设；应力、应变的定义和性质；应力平衡方程、几何方程和物理方程等弹性力学基本方程。这些是进行机械结构力学分析的理论基础，也是工程计算与分析的重要基础。对于弹性力学中的一些主要公式和典型求解任务，也可以采用数值计算方法。

9.1　弹性力学的基本概念

9.1.1　弹性力学及其基本假设

弹性力学针对不同弹性体结构对象，研究弹性体内应力与应变的分布规律。也就是说，当已知弹性体的形状、物理性质、受力情况和边界条件时，确定其任一点的应力、应变状态和位移。

在很多情况下，弹性力学的研究对象是理想弹性体，其应力与应变之间的关系为线性关系。线性弹性力学的基本假设有如下几点。

（1）连续性假定。假定整个物体的体积都被组成该物体的介质所填满，不存在任何空隙。尽管一切物体都是由微小粒子组成的，并不能符合这一假定，但是只要粒子的尺寸以及相邻粒子之间的距离都比物体的尺寸小得很多，则对于物体的连续性假定，就不会引起显著的误差。有了这一假定，物体内的一些物理量（如应力、应变、位移等）才可能是连续的，因而才可能用坐标的连续函数来表示它们的变化规律。

（2）完全弹性假定。假定物体服从胡克定律，即应变与引起该应变的应力成正比。反映这一比例关系的常数，就是所谓的弹性常数。弹性常数不随应力或应变的大小和符号而变。由材料力学已知：脆性材料的物体，在应力未超过比例极限前，可以认为是近似的完全弹性体；而韧性材料的物体，在应力未达到屈服极限前，也可以认为是近似的完全弹性体。这个假定使得物体在任意瞬时的应变将完全取决于该瞬时物体所受到的外力或温度变化等因素，而与加载的历史和加载顺序无关。

（3）均匀性假定。假定整个物体是由同一材料组成。这样，整个物体的所有各部分才具有相同的弹性，因而物体的弹性常数才不会随位置坐标而变，可以取出该物体的任意一小部分来加以分析，然后把分析所得的结果应用于整个物体。如果物体是由多种材料组成的，但是只要每一种材料的颗粒远远小于物体而且在物体内是均匀分布的，那么整个物体也就可以假定为均匀的。

（4）各向同性假定。假定物体的弹性在所有各方向上都是相同的，也就是说，物体的弹性常数不随方向而变化。对于非晶体材料，是完全符合这一假定的。而由木材、竹材等做成的构件，就不能当作各向同性体来研究。至于钢材构件，虽然其内部含有各向异性的晶体，但由于晶体非常微小，并且是随机排列的，所以从统计平均意义上讲，钢材构件的弹性基本上是各向同性的。

（5）小位移和小变形的假定。假定物体受力以后，物体所有各点的位移都远远小于物体原来的尺寸，并且其应变和转角都远小于 1。也就是在弹性力学中，为了保证研究的问题限定在线性范围，需要做出小位移和小变形的假定。这样，在建立变形体的平衡方程时，可以用物体变形前的尺寸来代替变形后的尺寸，而不致引起显著的误差，并且，在考察物体的变形及位移时，对于转角和应变的二次幂或其乘积都可以略去不计。对于工程实际中不能满足这一假定的要求的情况，需要采用其他理论来进行分析求解（如大变形理论等）。

上述假定都是为了研究问题的方便，根据研究对象的性质、结合求解问题的范围而做出的。这样可以略去一些暂不考虑的因素，使得问题的力学求解成为可能。

如前所述，弹性力学问题的求解方法可以按求解方式分为两类，即解析方法和数值算法。解析方法是通过弹性力学的基本方程和边界条件、用纯数学的方法进行求解。但是，在实际问题中能够用解析方法进行精确求解的弹性力学问题只是很少一部分，现在工程实际中广泛采用的是数值方法。

9.1.2 外力与内力

1. 外力

作用于物体的外力可分为两类，即面力（surface force）和体力（body force）。面力是指分布在物体表面上的外力，包括分布力（distributed force）和集中力（concentrated force）。面力是物体表面上各点的位置坐标的函数。

在物体表面 P 点处取一微小面积ΔS，假设其上作用有面力$\Delta \boldsymbol{F}$，则 P 点所受的面力定义为

$$\boldsymbol{Q}_S = \lim_{\Delta S \to 0} \frac{\Delta \boldsymbol{F}}{\Delta S} \tag{9-1}$$

通常可以用各坐标方向上的分量来表示面力，即

$$\boldsymbol{Q}_S = \begin{bmatrix} \overline{X} \\ \overline{Y} \\ \overline{Z} \end{bmatrix} = \begin{bmatrix} \overline{X} & \overline{Y} & \overline{Z} \end{bmatrix}^{\mathrm{T}} \tag{9-2}$$

体力一般是指分布在物体体积内的外力，它作用于弹性体内每一个体积单元。体力通常是弹性体内各点位置坐标的函数。作用在物体内 P 点所受的体力可以按如下方式定义，即在 P 点处取一微小体积ΔV，假定其上作用有体力$\Delta \boldsymbol{R}$，则

$$\boldsymbol{Q}_V = \lim_{\Delta V \to 0} \frac{\Delta \boldsymbol{R}}{\Delta V} \tag{9-3}$$

体力也可以用各坐标方向上的分量来表示，即

$$\boldsymbol{Q}_V = \begin{bmatrix} X \\ Y \\ Z \end{bmatrix} = \begin{bmatrix} X & Y & Z \end{bmatrix}^{\mathrm{T}} \tag{9-4}$$

2. 内力

物体在外力作用下，可以认为其内部存在抵抗变形的内力。假设用一个经过物体内 P 点的截面 m-n 将物体分为两部分 A 和 B。当物体在外力作用下处于平衡状态时，这两部分都应保持平衡。如果假设移去了其中的部分 B，则在截面 m-n 上有力存在，使部分 A 保持平衡，该力就称为内力。如图 9-1 所示，在截面 m-n 上应该有移去的虚线部分 B 对部分 A 的平衡起作用的内力。内力是物体内部的相互作用力。

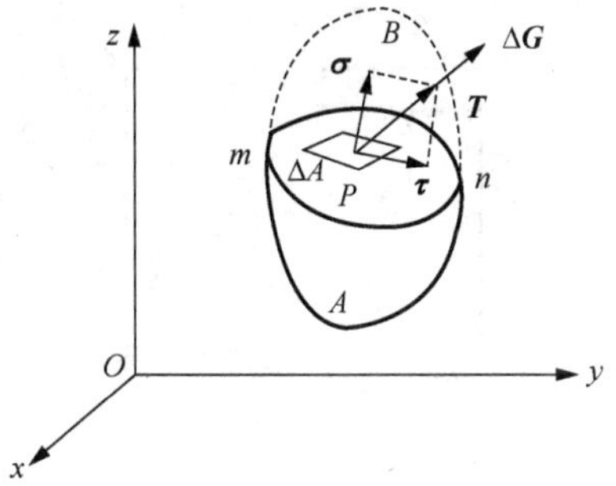

图 9-1　物体内任意点处的应力向量

9.1.3　应力

所谓一点处的应力（stress），就是物体内力在该点处的集度。如图 9-1 所示，在截面 m-n 上 P 点处取一微小面积ΔA，假设作用于ΔA 上的内力为$\Delta \boldsymbol{G}$，则定义 P 点处的应力向量 $\boldsymbol{T}$ 为

$$\boldsymbol{T} = \lim_{\Delta A=0} \frac{\Delta \boldsymbol{G}}{\Delta A} \tag{9-5}$$

应力向量 $\boldsymbol{T}$ 可以沿截面ΔA 的法线方向和切线方向进行分解，所得到的分量就是正应力 σ_n 和剪应力 τ_n。它们满足

$$\left|\boldsymbol{T}_n\right|^2 = \sigma_n^2 + \tau_n^2 \tag{9-6}$$

在物体内的同一个点处，具有不同法线方向的截面上的应力分量（即正应力 σ 和剪应力 τ）是不同的。在表述一点的应力状态时，需要给出物体内的某点坐标且同时给出过该点截面的外法线方向，才能确定物体内该点处在此截面上应力的大小和方向。

在弹性力学中，为了描述弹性体内任一点 P 的应力状态，还通常采用三维直角坐标系下的应力分量形式表示。根据连续性假定，弹性体可以看作是由无数个微小正方体元素组成。如图 9-2 所示，在某点处切取一个微小正方体，该正方体的棱线与坐标轴平行。正方体各面上的应力可按坐标轴方向分解为一个正应力和两个剪应力，即每个面上的应力都用三个应力分量来表示。由于物体内各点的内力都是平衡的，正方体相对两面上的

应力分量大小相等、方向相反。这样，用一个包含 9 个应力分量的矩阵来表示正方体各面上的应力，即

$$\boldsymbol{\sigma}=\begin{bmatrix}\sigma_x & \tau_{xy} & \tau_{xz}\\ \tau_{yx} & \sigma_y & \tau_{yz}\\ \tau_{zx} & \tau_{zy} & \sigma_z\end{bmatrix} \tag{9-7}$$

式中，σ 表示正应力（normal stress），下标同时表示作用面和作用方向；τ 表示剪应力（shear stress），第一下标表示与截面外法线方向相一致的坐标轴，第二下标表示剪应力的方向。

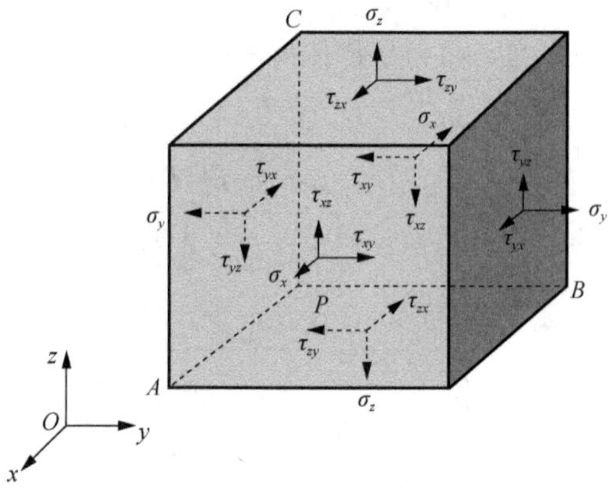

图 9-2　微小正方体元素的应力状态

应力分量的符号有如下规定：若应力作用面的外法线方向与坐标轴的正方向一致，则该面上的应力分量就以沿坐标轴的正方向为正，沿坐标轴的负方向为负。相反，如果应力作用面的外法线是指向坐标轴的负方向，那么该面上的应力分量就以沿坐标轴的负方向为正，沿坐标轴的正方向为负。

正如材料力学中的说明，9.2 节中也将根据应力平衡方程加以证明，图 9-2 中作用在正方体各面上的剪应力存在互等关系，即作用在两个互相垂直的面上并且垂直于该两面交线的剪应力是互等的，不仅大小相等，而且正负号也相同，即剪应力互等定理为

$$\tau_{xy}=\tau_{yx}\,,\quad \tau_{xz}=\tau_{zx}\,,\quad \tau_{yz}=\tau_{zy} \tag{9-8}$$

因此，某一个剪应力的两个下标是可以对换的。这样，只要用 6 个独立的应力分量 σ_x、σ_y、σ_z、τ_{xy}、τ_{yz}、τ_{zx} 就可以完全描述微小正方体各面上的应力，记作

$$\varepsilon_x=\frac{\Delta u_x}{\Delta x} \tag{9-9}$$

当正方体足够小时，作用在正方体各面上的应力分量就可视为 P 点的应力分量。只要已知 P 点的这 6 个应力分量，就可以求得过 P 点任何截面上的正应力和剪应力，9.2 节中将给出具体的表达式。因此，上述 6 个应力分量可以完全确定该点的应力状态。

9.1.4　应变

物体在外力作用下，其形状发生改变，变形（deformation）指的就是这种物体形状的变化。不管这种形状的改变多么复杂，对于其中的某一个微元体来说，可以认为只包括棱边长度的改变和各棱边之间夹角的改变两种类型。因此，为了考察物体内某一点处的变形，可在该点处从物体内截取一单元体，研究其棱边长度和各棱边夹角之间的变化情况。

对于微分单元体的变形，可以用应变（strain）来表达。分为两方面讨论：第一，棱边长度的伸长量，即正应变（或线应变，linear strain）；第二，两棱边间夹角的改变量（用弧度表示），即剪应变（或角应变，shear strain）。图 9-3 是对这两种应变的几何描述，表示在变形前后的微元体在 xy 面上的投影，微元体的初始位置和变形后的位置分别由实线和虚线表示。物体变形时，物体内一点处产生的应变，与该点的相对位移有关。在小应变情况下（位移导数远小于 1 的情况），位移分量与应变分量之间的关系（变形几何方程）如下：

在图 9-3（a）中，微元体在 x 方向上有一个 Δu_x 的伸长量。微元体棱边的相对变化量就是 x 方向上的正应变 ε_x，则

$$\varepsilon_x = \frac{\Delta u_x}{\Delta x} \tag{9-10}$$

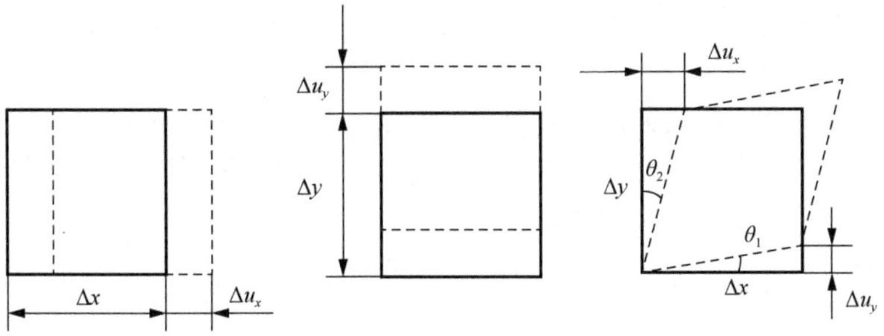

（a）x方向的正应变　（b）y方向的正应变　（c）xy面内的剪应变

图 9-3　应变的几何描述

相应地，图 9-3（b）为 y 轴方向的正应变：

$$\varepsilon_y = \frac{\Delta u_y}{\Delta y} \tag{9-11}$$

图 9-3（c）为 xy 面内的剪应变 γ_{xy}。剪应变定义为微单元体棱边之间夹角的变化。图中总的角变化量为 $\theta_1 + \theta_2$。假设 θ_1 和 θ_2 都非常小，可以认为 $\theta_1 + \theta_2 \approx \tan\theta_1 + \tan\theta_2$。根据图 9-3（c）可知

$$\tan\theta_1 = \frac{\Delta u_y}{\Delta x},\quad \tan\theta_2 = \frac{\Delta u_x}{\Delta y}$$

由于小变形假设，有 $\theta_1 = \tan\theta_1$，$\theta_2 = \tan\theta_2$，因此，剪应变 γ_{xy} 可以表示为

$$\gamma_{xy} = \theta_1 + \theta_2 = \frac{\Delta u_y}{\Delta x} + \frac{\Delta u_x}{\Delta y} \tag{9-12}$$

由于正向剪应力τ_{xy}和τ_{yx}分别引起微元体棱边夹角的减小，所以，在弹性力学中，把相对初始角度的减小量视为正向剪应变。

依此类推，ε_x、ε_y、ε_z分别代表了一点 x、y、z 轴方向的线应变，γ_{xy}、γ_{yz}、γ_{xz}则分别代表了 xy、yz 和 xz 面上的剪应变。与直角应力分量类似，上边的六个应变分量称为直角应变分量。这六个应变分量用矩阵形式表示，即

$$\boldsymbol{\varepsilon} = \begin{bmatrix} \varepsilon_x & \gamma_{xy} & \gamma_{xz} \\ \gamma_{yx} & \varepsilon_y & \gamma_{yz} \\ \gamma_{zx} & \gamma_{zy} & \varepsilon_z \end{bmatrix} \tag{9-13}$$

线应变ε和剪应变γ都是无量纲的量。

9.2 主应力分析

1. 主应力

已经证明，在过一点的所有截面中，存在着三个互相垂直的特殊截面，在这三个截面上没有剪应力，而仅有正应力。这种没有剪应力仅有正应力存在的截面称为过该点的主平面。主平面上的正应力称为该点的主应力，主平面的外法线方向是主应力的方向，称为该点的主应力方向。

设某一点的一个主应力方向的方向余弦为 n_x、n_y、n_z，因为在主平面上没有剪应力，可用σ代表该主平面上的全应力，则全应力在 x、y、z 轴的投影可表示为

$$T_{xn} = \sigma n_x,\quad T_{yn} = \sigma n_y,\quad T_{zn} = \sigma n_z$$

由柯西应力公式，可知

$$\begin{aligned} T_{xn} &= \sigma n_x = \sigma_x n_x + \tau_{yx} n_y + \tau_{zx} n_z \\ T_{yn} &= \sigma n_y = \tau_{xy} n_x + \sigma_y n_y + \tau_{zy} n_z \\ T_{zn} &= \sigma n_z = \tau_{xz} n_x + \tau_{yz} n_y + \sigma_z n_z \end{aligned} \tag{9-14}$$

整理得

$$\begin{aligned} &(\sigma_x - \sigma) n_x + \tau_{yx} n_y + \tau_{zx} n_z = 0 \\ &\tau_{xy} n_x + (\sigma_y - \sigma) n_y + \tau_{zy} n_z = 0 \\ &\tau_{xz} n_x + \tau_{yz} n_y + (\sigma_z - \sigma) n_z = 0 \end{aligned} \tag{9-15}$$

因为$n_x^2 + n_y^2 + n_z^2 = 1$，即$n_x$、$n_y$、$n_z$不全为 0，式（9.15）中$n_x$、$n_y$、$n_z$有非平凡解的条件是其系数矩阵的行列式为 0，即

$$\begin{vmatrix} \sigma_x - \sigma & \tau_{yx} & \tau_{zx} \\ \tau_{xy} & \sigma_y - \sigma & \tau_{zy} \\ \tau_{xz} & \tau_{yz} & \sigma_z - \sigma \end{vmatrix} = 0 \tag{9-16}$$

将式（9-16）展开，得到一个关于应力的一元三次方程

$$\sigma^3-\left(\sigma_x+\sigma_y+\sigma_z\right)\sigma^2+\left(\sigma_x\sigma_y+\sigma_y\sigma_z+\sigma_z\sigma_x-\tau_{xy}^2-\tau_{yz}^2-\tau_{zx}^2\right)\sigma$$
$$-\left(\sigma_x\sigma_y\sigma_z+2\tau_{xy}\tau_{yz}\tau_{zx}-\sigma_x\tau_{yz}^2-\sigma_y\tau_{zx}^2-\sigma_z\tau_{xy}^2\right)=0 \tag{9-17}$$

式（9-17）有三个实根σ_1、σ_2、σ_3，这三个根就是 P 点处的三个主应力。将主应力分别代入式（9-14）和式（9-15）便可分别求出各主应力方向的方向余弦。还可以证明，三个主方向是相互垂直的。

如前所述，一点的应力状态可以用 6 个直角坐标应力分量组成的矩阵 $\boldsymbol{\sigma}=\begin{bmatrix}\sigma_x & \tau_{xy} & \tau_{xz}\\ \tau_{xy} & \sigma_y & \tau_{yz}\\ \tau_{xz} & \tau_{yz} & \sigma_z\end{bmatrix}$ 来表示，与此类似，通过选择主应力方向作为坐标轴可以把一点的应力状态用主应力组成的矩阵来表示，即

$$\boldsymbol{\sigma}=\begin{bmatrix}\sigma_1 & 0 & 0\\ 0 & \sigma_2 & 0\\ 0 & 0 & \sigma_3\end{bmatrix} \tag{9-18}$$

2. *应力不变量*

式（9-17）中，σ^2、σ 的系数和常数项分别记为

$$I_1=\sigma_x+\sigma_y+\sigma_z \tag{9-19}$$

$$\begin{aligned}I_2&=\sigma_x\sigma_y+\sigma_y\sigma_z+\sigma_z\sigma_x-\tau_{xy}^2-\tau_{yz}^2-\tau_{zx}^2\\&=\begin{vmatrix}\sigma_x & \tau_{yx}\\ \tau_{xy} & \sigma_y\end{vmatrix}+\begin{vmatrix}\sigma_y & \tau_{zy}\\ \tau_{yz} & \sigma_z\end{vmatrix}+\begin{vmatrix}\sigma_z & \tau_{xz}\\ \tau_{zx} & \sigma_x\end{vmatrix}\end{aligned} \tag{9-20}$$

$$\begin{aligned}I_3&=\sigma_x\sigma_y\sigma_z+2\tau_{xy}\tau_{yz}\tau_{zx}-\sigma_x\tau_{yz}^2-\sigma_y\tau_{zx}^2-\sigma_z\tau_{xy}^2\\&=\begin{vmatrix}\sigma_x & \tau_{xy} & \tau_{xz}\\ \tau_{xy} & \sigma_y & \tau_{yz}\\ \tau_{xz} & \tau_{yz} & \sigma_z\end{vmatrix}\end{aligned} \tag{9-21}$$

式中，I_1、I_2、I_3分别为第一、第二、第三应力不变量。

应力不变量的含义是指I_1、I_2、I_3的值与坐标轴的选择无关。假如在同一点，有另一坐标系$x'y'z'$，对应的直角应力分量分别为σ'_x、σ'_y、σ'_z、τ'_{xy}、τ'_{yz}、τ'_{zx}，由式（9-19）~式（9-21）计算出应力不变量，分别为I'_1,I'_2,I'_3，可以证明，$I_1=I'_1,I_2=I'_2,I_3=I'_3$。

应力不变量用主应力σ_1、σ_2、σ_3表示成

$$\begin{aligned}I_1&=\sigma_1+\sigma_2+\sigma_3\\I_2&=\sigma_1\sigma_2+\sigma_2\sigma_3+\sigma_3\sigma_1\\I_3&=\sigma_1\sigma_2\sigma_3\end{aligned} \tag{9-22}$$

式（9-22）可以用应力不变量表示为

$$\sigma^3-I_1\sigma^2+I_2\sigma-I_3=0 \tag{9-23}$$

3. 主应力和摩尔圆

因为应力不变量的值与坐标轴的选取无关，由式（9-23）可知，计算中不管如何选择坐标系，主应力的大小和方向也与坐标系的选择无关，而只与物体所受的外力有关。当外力给定，物体内任一点都会有确定的应力状态，则都有三个相互垂直的主应力，而且也只有这三个主应力。

在弹性体的任意一点处，过该点的任何斜面上的正应力都介于三个主应力中的最大值和最小值之间，也即任一点的最大正应力就是三个主应力中最大的一个，而最小主应力则是三个主应力中最小的一个。

主应力按代数值排列为$\sigma_1 \geqslant \sigma_2 \geqslant \sigma_3$，以$\sigma$和$\tau$为坐标轴的横轴和纵轴，沿着$\sigma$轴标记出$\sigma_1$、$\sigma_2$、$\sigma_3$。分别用直径为$\sigma_1-\sigma_2$、$\sigma_2-\sigma_3$和$\sigma_1-\sigma_3$画出三个圆，如图9-4所示，即为摩尔圆图形。

弹性体内任一点的应力状态可以用摩尔圆来表示，一点的应力状态的具体值应落在阴影区域内。这个阴影区称为摩尔应力的π平面，表示任一可能截面上的应力。

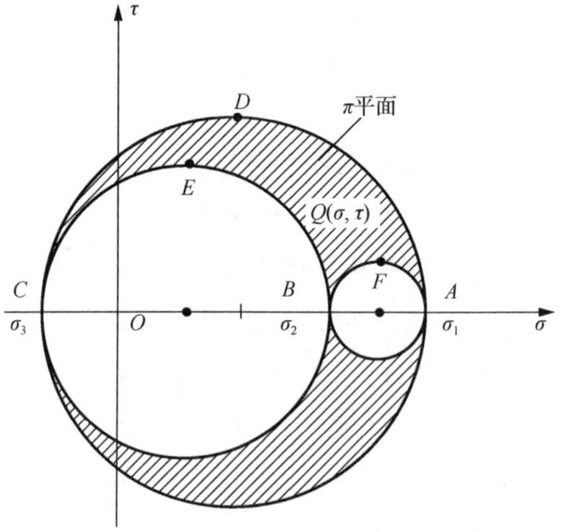

图 9-4　应力摩尔圆

根据摩尔圆图形可知：

（1）主应力σ_1、σ_2和σ_3在图上的点为A、B和C，这些点对应的剪应力为0。

（2）最大剪应力为$(\sigma_1-\sigma_3)/2$，对应的正应力为$(\sigma_1+\sigma_3)/2$，可用图上D点表示。

（3）主应力所对应的平面叫主应力平面，相应的剪应力也有三个极限值，分别是$(\sigma_1-\sigma_2)/2$、$(\sigma_2-\sigma_3)/2$和$(\sigma_1-\sigma_3)/2$，对应的面为主剪应力平面。从图形可知，在主剪应力平面上，正应力并不等于0，相应的正应力分别为$(\sigma_1+\sigma_2)/2$、$(\sigma_2+\sigma_3)/2$和$(\sigma_1+\sigma_3)/2$，对应于图上F、E和D点。可以推出，主剪应力平面与主应力平面成45°，主剪应力表示为

$$\tau_1=(\sigma_2-\sigma_3)/2,\quad \tau_2=(\sigma_1-\sigma_3)/2,\quad \tau_3=(\sigma_1-\sigma_2)/2 \tag{9-24}$$

【例 9-1】 图9-5为重力水坝截面，坐标轴是Ox和Oy，OB面上的面力为$F_x=\gamma y$，

$F_y = 0$。求 OB 面的应力。

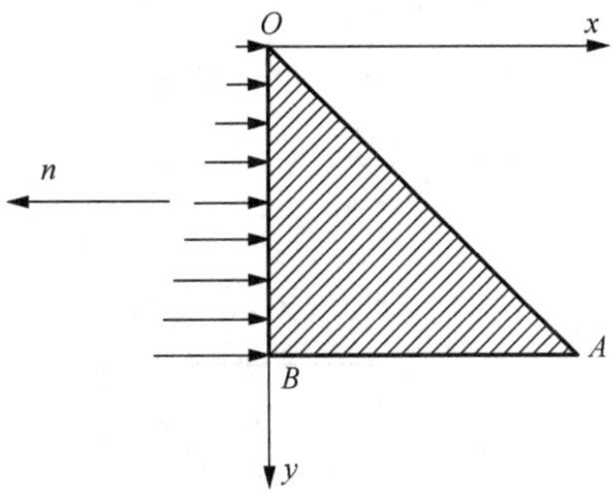

图 9-5　重力水坝截面

解：OB 面外法线方向余弦为

$$n_x = \cos 180° = -1，\quad n_y = \cos 270° = 0$$

由柯西公式有

$$F_x = \sigma_x n_x + \tau_{xy} n_y = -1 \cdot \sigma_x + \tau_{xy} \cdot 0 = \gamma y$$

$$F_y = \tau_{xy} n_x + \sigma_y n_y = -1 \cdot \tau_{xy} + \sigma_y \cdot 0 = 0$$

所以 OB 面上的应力为

$$\sigma_x = -\gamma y，\quad \tau_{xy} = 0$$

MATLAB 程序如下：

```
syms Sigma_xx Sigma_yy Tao_xy gam y
nx=-1;
ny=0;
[Sigma_xx  Tao_xy]=solve(Sigma_xx*nx+Tao_xy*ny==gam*y,Tao_xy* nx+Sigma_
yy*ny==0,Sigma_xx, Tao_xy)
```

计算结果如下：

```
Sigma_xx = -gam*y
Tao_xy = 0
```

9.3　应力平衡微分方程

物体内不同的点将有不同的应力。这就是说，各点的应力分量都是点的位置坐标(x, y, z)的函数，而且在一般情况下，都是坐标的单值连续函数。当弹性体在外力作用下保持平衡时，可以根据平衡条件来导出应力分量与体积力分量之间的关系式，即应力平衡微分方程。应力平衡微分方程是弹性力学基础理论中的一个重要方程。

设有一个物体在外力作用下而处于平衡状态。由于整个物体处于平衡，其内各部分也都处于平衡状态。为导出平衡微分方程，我们从中取出一个微元体（这里是一个微小正六面体）进行研究，其棱边尺寸分别为 dx、dy、dz，如图 9-6 所示。为清楚起见，图

中仅画出了在 x 方向有投影的应力分量。考虑两个对应面上的应力分量，由于其坐标位置不同，而存在一个应力增量。例如，在 $AA'D'D$ 面上作用有正应力 σ_x，那么由于 $BB'C'C$ 面与 $AA'D'D$ 面在 x 坐标方向上相差了 dx，由泰勒级数展开原则，并舍弃高阶项，可导出 $BB'C'C$ 面上的正应力应表示为 $\sigma_x + \dfrac{\partial \sigma_x}{\partial x}\mathrm{d}x$。其余情况可类推。

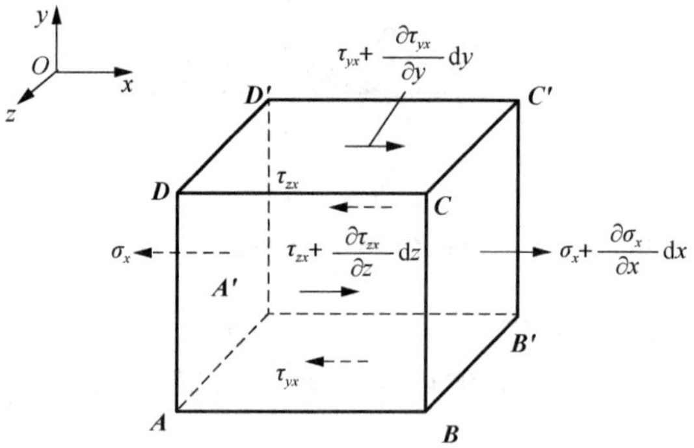

图 9-6　微元体的应力平衡

由于所取的六面体是微小的，其各面上所受的应力可以认为是均匀分布的。另外，若微元体上除应力之外，还作用有体积力，那么也假定体积力是均匀分布的。这样，在 x 方向上，根据平衡方程 $\sum F_x = 0$，有

$$\left(\sigma_x + \frac{\partial \sigma_x}{\partial x}\mathrm{d}x\right)\mathrm{d}y\mathrm{d}z - \sigma_x \mathrm{d}y\mathrm{d}z + \left(\tau_{yx} + \frac{\partial \tau_{yx}}{\partial y}\mathrm{d}y\right)\mathrm{d}x\mathrm{d}z - \tau_{yx}\mathrm{d}x\mathrm{d}z$$
$$+\left(\tau_{zx} + \frac{\partial \tau_{zx}}{\partial z}\mathrm{d}z\right)\mathrm{d}x\mathrm{d}y - \tau_{zx}\mathrm{d}x\mathrm{d}y + X\mathrm{d}x\mathrm{d}y\mathrm{d}z = 0 \tag{9-25}$$

整理得

$$\frac{\partial \sigma_x}{\partial x} + \frac{\partial \tau_{yx}}{\partial y} + \frac{\partial \tau_{zx}}{\partial z} + X = 0 \tag{9-26}$$

同理可得 y 方向和 z 方向上的平衡微分方程，即

$$\begin{gathered}\frac{\partial \sigma_x}{\partial x} + \frac{\partial \tau_{yx}}{\partial y} + \frac{\partial \tau_{zx}}{\partial z} + X = 0 \\ \frac{\partial \tau_{xy}}{\partial x} + \frac{\partial \sigma_y}{\partial y} + \frac{\partial \tau_{zy}}{\partial z} + Y = 0 \\ \frac{\partial \tau_{xz}}{\partial x} + \frac{\partial \tau_{yz}}{\partial y} + \frac{\partial \sigma_z}{\partial z} + Z = 0\end{gathered} \tag{9-27}$$

式（9-27）即应力平衡微分方程，这是弹性力学中的基本关系之一。凡处于平衡状态的物体，其任一点的应力分量都应满足这组基本力学方程。

再回到图 9-6 中微元体的平衡问题。前面已经列出了在 x、y、z 轴上的投影方程，现在将各面上的应力分量全部列出，可以得到三个力矩方程如下：

$$\sum M_{AA'} = 0$$

$$
\begin{aligned}
&\sigma_x \mathrm{d}y\mathrm{d}z\frac{\mathrm{d}y}{2}-(\sigma_x+\frac{\partial\sigma_x}{\partial x}\mathrm{d}x)\mathrm{d}y\mathrm{d}z\frac{dy}{2}+(\tau_{xy}+\frac{\partial\tau_{xy}}{\partial x}\mathrm{d}x)\mathrm{d}y\mathrm{d}z\mathrm{d}x\\
&+(\sigma_y+\frac{\partial\sigma_y}{\partial y}\mathrm{d}y)\mathrm{d}x\mathrm{d}z\frac{\mathrm{d}x}{2}-\sigma_y\mathrm{d}x\mathrm{d}z\frac{dx}{2}-(\tau_{yx}+\frac{\partial\tau_{yx}}{\partial y})\mathrm{d}x\mathrm{d}z\mathrm{d}y\\
&+(\tau_{zy}+\frac{\partial\tau_{zy}}{\partial z}\mathrm{d}z)\mathrm{d}x\mathrm{d}y\frac{\mathrm{d}x}{2}-\tau_{zy}\mathrm{d}x\mathrm{d}y\frac{\mathrm{d}x}{2}-(\tau_{zx}+\frac{\partial\tau_{zx}}{\partial z}\mathrm{d}z)\mathrm{d}x\mathrm{d}y\frac{\mathrm{d}y}{2}\\
&+\tau_{zx}\mathrm{d}x\mathrm{d}y\frac{\mathrm{d}y}{2}=0
\end{aligned}
\tag{9-28}
$$

将此式展开并略去高阶小量，整理后可以得到

$$\tau_{xy}\mathrm{d}x\mathrm{d}y\mathrm{d}z-\tau_{yx}\mathrm{d}x\mathrm{d}y\mathrm{d}z=0 \tag{9-29}$$

即

$$\tau_{xy}=\tau_{yx} \tag{9-30}$$

在列写平衡方程式（9-30）时，未计入体积力对应的力矩，但即使计入，也因它们是四阶微量而将被略去。

用同样的方法列出另外两个力矩平衡方程$\sum M_{A'B'}=0$，$\sum M_{A'D'}=0$，则可以得到

$$\tau_{yz}=\tau_{zy}\text{ 和 }\tau_{zx}=\tau_{xz} \tag{9-31}$$

将式（9-30）和式（9-31）整理在一起，得到任意一点处的剪应力分量的关系式为

$$\tau_{xy}=\tau_{yx}，\ \tau_{yz}=\tau_{zy}，\ \tau_{zx}=\tau_{xz} \tag{9-32}$$

式（9-32）表明，任意一点处的 6 个剪应力分量成对相等，即为剪应力互等定理。由此可知，弹性体内任一点的 9 个直角坐标应力分量中只有 6 个独立的。为便于表示，可把它们写成一个应力列阵，即

$$\boldsymbol{\sigma}=\begin{bmatrix}\sigma_x & \sigma_y & \sigma_z & \tau_{xy} & \tau_{yz} & \tau_{zx}\end{bmatrix}^{\mathrm{T}} \tag{9-33}$$

9.4　应变几何方程

弹性体受到外力作用时，其形状和尺寸会发生变化，即产生变形，在弹性力学中需要考虑几何学方面的问题。弹性力学中用几何方程来表达这种变形关系，其实质是反映弹性体内任一点的应变分量与位移分量之间的关系，或称为柯西几何方程。

考察物体内任一点 $P(x, y, z)$的变形时，与研究物体的平衡状态一样，也是从物体内 P 点处取出一个正方微元体，其三个棱边长分别为 dx、dy 和 dz，如图 9-7 所示。当物体受到外力作用产生变形时，不仅微元体的棱边长度会随之改变，而且各棱边之间的夹角也会发生变化。为研究方便，可将微元体分别投影到 Oxy、Oyz 和 Ozx 三个坐标面上，如图 9-7 所示。

在外力作用下，物体可能发生两种位移，一种是与位置改变有关的刚体位移，另一种是与形状改变有关的形变位移。在研究物体的弹性变形时，可以认为物体内各点的位移都是坐标的单值连续函数。在图 9-8 中，若假设 A 点沿坐标方向的位移分量为 u、v，

则 B 点沿坐标方向的位移分量应分别为$u+\dfrac{\partial u}{\partial x}\mathrm{d}x$和$v+\dfrac{\partial v}{\partial x}\mathrm{d}x$，而 D 点的位移分量分别为$u+\dfrac{\partial u}{\partial y}\mathrm{d}y$及$v+\dfrac{\partial v}{\partial y}\mathrm{d}y$。据此，可以求得

$$\overline{A'B'}^2=\left(\mathrm{d}x+\frac{\partial u}{\partial x}\mathrm{d}x\right)^2+\left(\frac{\partial v}{\partial x}\mathrm{d}x\right)^2 \tag{9-34}$$

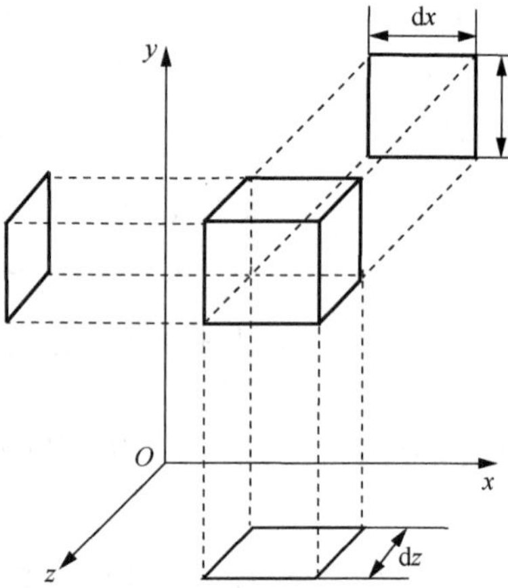

图 9-7　微元体的几何投影

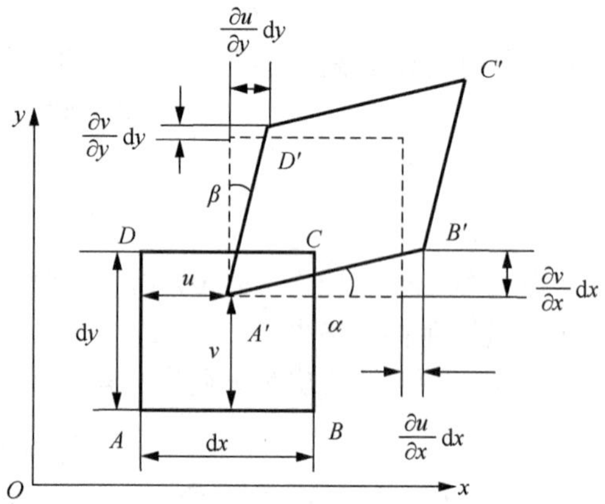

图 9-8　位移与应变关系

根据线应变（正应变）的定义，AB 线段的正应变为

$$\varepsilon_x=\frac{\overline{A'B'}-\overline{AB}}{\overline{AB}} \tag{9-35}$$

因$\overline{AB}=\mathrm{d}x$，故由式（9-35）可得$\overline{A'B'}=(1+\varepsilon_x)\overline{AB}=(1+\varepsilon_x)\mathrm{d}x$，代入式（9-34），得

$$2\varepsilon_x+\varepsilon_x^2=2\frac{\partial u}{\partial x}+\left(\frac{\partial u}{\partial x}\right)^2+\partial\left(\frac{\partial v}{\partial x}\right)^2$$

由于只是微小变形的情况，可略去式（9-35）中的高阶小量，得到

$$\varepsilon_x=\frac{\partial u}{\partial x} \tag{9-36}$$

当微元体趋于无限小时，即 AB 线段趋于无限小，AB 线段的正应变就是 P 点沿 x 方向的正应变。

用同样的方法考察 AD 线段，则可得到 P 点沿 y 方向的正应变为

$$\varepsilon_y=\frac{\partial v}{\partial y} \tag{9-37}$$

现在再来分析 AB 和 AD 两线段之间夹角（直角）的变化情况。在微小变形时，变形后 AB 线段的转角为

$$\alpha \approx \tan\alpha = \frac{\dfrac{\partial v}{\partial x}\mathrm{d}x}{\mathrm{d}x + \dfrac{\partial u}{\partial x}\mathrm{d}x} = \frac{\dfrac{\partial v}{\partial x}}{1+\dfrac{\partial u}{\partial x}} \tag{9-38}$$

式中，$\dfrac{\partial u}{\partial x}$与 1 相比可以略去，故

$$\alpha = \frac{\partial v}{\partial x} \tag{9-39}$$

同理，*AD* 线段的转角为

$$\beta = \frac{\partial u}{\partial y} \tag{9-40}$$

由此可见，*AB* 和 *AD* 两线段之间夹角变形后的改变（减小）量为

$$\gamma_{xy} = \frac{\partial v}{\partial x} + \frac{\partial u}{\partial y} \tag{9-41}$$

把 *AB* 和 *AD* 两线段之间直角的改变量γ_{xy}称为 *P* 点的角应变（或称剪应变），它由两部分组成，一部分是由 *y* 方向的位移引起的，而另一部分则是由 *x* 方向的位移引起的；并规定角度减小时为正、增大时为负。

至此，讨论了微元体在 *Oxy* 投影面上的变形情况。如果再进一步考察微元体在另外两个投影面上的变形情况，还可以得到 *P* 点沿其他方向的线应变和角应变。ε_x、ε_y和ε_z是任意一点在 *x*、*y* 和 *z* 方向上的线应变（正应变），γ_{xy}、γ_{yz}和γ_{zx}分别代表在 *xy*、*yz* 和 *xz* 平面上的剪应变。类似于直角坐标应力分量，上面 6 个应变分量可定义为直角坐标应变分量。在三维空间中，这 6 个应变分量完全确定了该点的应变状态。也就是说，若已知这 6 个应变分量，就可以求得过该点任意方向的正应变及任意两垂直方向间的角应变，也可以求得过该点的任意两线段之间的夹角的改变。可以证明，在变形状态下，物体内的任意一点也一定存在着三个相互垂直的主应变，对应的主应变方向所构成的三个直角，在变形之后仍保持为直角（即剪应变为零）。

弹性力学的应变几何方程完整表示如下：

$$\begin{aligned}\boldsymbol{\varepsilon} &= \begin{bmatrix}\varepsilon_x & \varepsilon_y & \varepsilon_z & \gamma_{xy} & \gamma_{yz} & \gamma_{zx}\end{bmatrix}^{\mathrm{T}} \\ &= \begin{bmatrix}\dfrac{\partial u}{\partial x} & \dfrac{\partial v}{\partial y} & \dfrac{\partial w}{\partial z} & \dfrac{\partial v}{\partial x}+\dfrac{\partial u}{\partial y} & \dfrac{\partial w}{\partial y}+\dfrac{\partial v}{\partial z} & \dfrac{\partial u}{\partial z}+\dfrac{\partial w}{\partial x}\end{bmatrix}^{\mathrm{T}}\end{aligned} \tag{9-42}$$

式（9-42）所述的弹性体内任一点的应变用 6 个直角坐标应变分量表示，即线应变ε_x、ε_y、ε_z和剪应变γ_{xy}、γ_{yz}、γ_{zx}。类似于一点的应力状态的表达方式，该点的应变状态也可以写成如下应变矩阵的形式

$$\boldsymbol{\varepsilon}_{ij} = \begin{bmatrix}\varepsilon_x & \gamma_{yx} & \gamma_{zx} \\ \gamma_{xy} & \varepsilon_y & \gamma_{zy} \\ \gamma_{xz} & \gamma_{yz} & \varepsilon_z\end{bmatrix} \tag{9-43}$$

式中，$\gamma_{xy}=\gamma_{yx}$；$\gamma_{yz}=\gamma_{zy}$；$\gamma_{xz}=\gamma_{zx}$。

对于弹性体内任一点，存在这样一个面，在该面内只有线应变没有剪应变，则称该线应变为主应变，该平面的法线方向称为主应变方向（或主应变轴）。可以证明，任一点都有三个互相垂直的主平面。通常情况下，对于各向同性的材料，主应变平面与主应力平面重合。

主应变的求解式为

$$\varepsilon^3 - J_1\varepsilon^2 + J_2\varepsilon - J_3 = 0 \tag{9-44}$$

式中，J_1、J_2、J_3 是第一、第二和第三应变不变量，它们分别是

$$J_1 = \varepsilon_x + \varepsilon_y + \varepsilon_z \tag{9-45}$$

$$J_2 = \begin{vmatrix} \varepsilon_x & e_{xy} \\ e_{yx} & \varepsilon_y \end{vmatrix} + \begin{vmatrix} \varepsilon_y & e_{yz} \\ e_{zy} & \varepsilon_z \end{vmatrix} + \begin{vmatrix} \varepsilon_z & e_{xz} \\ e_{zx} & \varepsilon_x \end{vmatrix} \tag{9-46}$$

$$J_3 = \begin{vmatrix} \varepsilon_x & e_{xy} & e_{xz} \\ e_{yx} & \varepsilon_y & e_{yz} \\ e_{zx} & e_{zy} & \varepsilon_z \end{vmatrix} \tag{9-47}$$

三个应变不变量 J_1、J_2 和 J_3 的含义与应力不变量相似，即 J_1、J_2 和 J_3 的大小与坐标轴的选择无关，也就是主应变的大小和方向与坐标系的选择无关，只与物体所受的外力有关。当外力给定，物体内任一点都会有确定的应变状态，都有三个相互垂直的主应变，而且也只有这三个主应变。

【例 9-2】 考虑位移场 $\boldsymbol{s} = [y^2\boldsymbol{i} + 3yz\boldsymbol{j} + (4+6x^2)\boldsymbol{k}]\times 10^{-2}$，求在某一点 P（1,0,2）处的直角坐标应变分量是多少？（$\boldsymbol{i}$、$\boldsymbol{j}$、$\boldsymbol{k}$ 是 x、y、z 坐标轴的单位向量标记，$\boldsymbol{s} = u\boldsymbol{i} + v\boldsymbol{j} + w\boldsymbol{k}$。）

解：计算线应变和剪应变可以得到表 9-1 如下。

表 9-1　线应变和剪应变计算结果

$u = y^2 \times 10^{-2}$	$v = 3yz \times 10^{-2}$	$w = (4+6x^2)\times 10^{-2}$
$\dfrac{\partial u}{\partial x} = 0$	$\dfrac{\partial v}{\partial x} = 0$	$\dfrac{\partial w}{\partial x} = 12x \times 10^{-2}$
$\dfrac{\partial u}{\partial y} = 2y \times 10^{-2}$	$\dfrac{\partial v}{\partial y} = 3z \times 10^{-2}$	$\dfrac{\partial w}{\partial y} = 0$
$\dfrac{\partial u}{\partial z} = 0$	$\dfrac{\partial v}{\partial z} = 3y \times 10^{-2}$	$\dfrac{\partial w}{\partial z} = 0$

在（1,0,2）线应变为

$$\varepsilon_x = \frac{\partial u}{\partial x} = 0，\quad \varepsilon_y = \frac{\partial v}{\partial y} = 6\times 10^{-2}，\quad \varepsilon_z = \frac{\partial w}{\partial z} = 0$$

在（1,0,2）剪应变为

$$\gamma_{xy}=\frac{\partial u}{\partial y}+\frac{\partial v}{\partial x}=0+0=0$$

$$\gamma_{yz}=\frac{\partial v}{\partial z}+\frac{\partial w}{\partial y}=0+0=0$$

$$\gamma_{xz}=\frac{\partial u}{\partial z}+\frac{\partial w}{\partial x}=0+12\times10^{-2}=12\times10^{-2}$$

根据位移场对应变进行计算，MATLAB 程序如下：

```
clear
syms U V W x y z
U=y^2;
V=3*y*z;
W=4+6*x^2;
Epslon_x=diff(U,x)
Epslon_y=diff(V,y)
Epslon_z=diff(W,z)
Gama_xy=diff(U,y)+diff(V,x)
Gama_yz=diff(W,y)+diff(V,z)
Gama_zx=diff(U,z)+diff(W,x)
```

应变计算结果如下：

```
Epslon_x =0
Epslon_y =3*z
Epslon_z =0
Gama_xy =2*y
Gama_yz =3*y
Gama_zx =12*x
```

代入点的位置坐标：

```
x=1;y=0;z=2;
Epslon_x=subs(Epslon_x)
Epslon_y=subs(Epslon_y)
Epslon_z=subs(Epslon_z)
Gama_xy=subs(Gama_xy)
Gama_yz=subs(Gama_yz)
Gama_zx=subs(Gama_zx)
```

得到应变的计算结果如下：

```
Epslon_x = 0
Epslon_y = 6
Epslon_z = 0
Gama_xy = 0
Gama_yz = 0
Gama_zx = 12
```

9.5 物理方程

弹性力学的物理方程用来描述材料抵抗变形的能力，也叫本构方程（constitutive law）。物理方程是对弹性体物理现象的数学描述，与材料特性有关，是建立在实验观察基础上的。物理方程只描述材料的行为而不是物体的行为，它描述的是同一点的应力状态与它相应的应变状态之间的关系。

在进行材料的简单拉伸实验时，从应力-应变关系曲线上可以发现，在材料达到屈服极限前，试件的轴向应力σ正比于轴向应变ε，这个比例常数定义为杨氏模量E，如下：

$$\varepsilon = \sigma / E \tag{9-48}$$

在材料拉伸实验中还发现，当试件被拉伸时，它的径向尺寸（如直径）将减少。当应力不超过屈服极限时，其径向应变与轴向应变的比值也是常数，定义为泊松比μ。

实验还表明，弹性体剪切应力与剪应变也成正比关系，比例系数称之为剪切弹性模量，用G表示。拉压弹性模量、剪切弹性模量和泊松系数三者之间有如下的关系：

$$G = \frac{E}{2(1+\mu)} \tag{9-49}$$

对于理想弹性体，可以设 6 个直角坐标应力分量与对应的应变分量呈线性关系，如下：

$$\boldsymbol{\sigma} = \begin{bmatrix} \sigma_x \\ \sigma_y \\ \sigma_z \\ \tau_{xy} \\ \tau_{yz} \\ \tau_{zx} \end{bmatrix} = \begin{bmatrix} a_{11} & a_{12} & a_{13} & a_{14} & a_{15} & a_{16} \\ a_{21} & a_{22} & a_{23} & a_{24} & a_{25} & a_{26} \\ a_{31} & a_{32} & a_{33} & a_{34} & a_{35} & a_{36} \\ a_{41} & a_{42} & a_{43} & a_{44} & a_{45} & a_{46} \\ a_{51} & a_{52} & a_{53} & a_{54} & a_{55} & a_{56} \\ a_{61} & a_{62} & a_{63} & a_{64} & a_{65} & a_{66} \end{bmatrix} \begin{bmatrix} \varepsilon_x \\ \varepsilon_y \\ \varepsilon_z \\ \gamma_{xy} \\ \gamma_{yz} \\ \gamma_{zx} \end{bmatrix} = \boldsymbol{D\varepsilon} \tag{9-50}$$

式（9-50）即为广义胡克定律的一般表达式。这里$a_{ij}\left(i,j=1,2,\cdots,6\right)$描述了应力和应变之间的关系，对于线弹性材料，式（9-50）可进一步变为

$$\boldsymbol{\sigma} = \begin{bmatrix} \sigma_x \\ \sigma_y \\ \sigma_z \\ \tau_{xy} \\ \tau_{yz} \\ \tau_{zx} \end{bmatrix} = \begin{bmatrix} a_{11} & a_{12} & a_{13} & 0 & 0 & 0 \\ a_{21} & a_{22} & a_{23} & 0 & 0 & 0 \\ a_{31} & a_{32} & a_{33} & 0 & 0 & 0 \\ 0 & 0 & 0 & a_{44} & 0 & 0 \\ 0 & 0 & 0 & 0 & a_{55} & 0 \\ 0 & 0 & 0 & 0 & 0 & a_{66} \end{bmatrix} \begin{bmatrix} \varepsilon_x \\ \varepsilon_y \\ \varepsilon_z \\ \gamma_{xy} \\ \gamma_{yz} \\ \gamma_{zx} \end{bmatrix} \tag{9-51}$$

在工程上，对于各向同性的线弹性材料，广义胡克定律常采用的表达式为

$$\begin{aligned}\varepsilon_x &= \frac{1}{E}\left[\sigma_x - \mu\left(\sigma_y + \sigma_z\right)\right]\\ \varepsilon_y &= \frac{1}{E}\left[\sigma_y - \mu\left(\sigma_z + \sigma_x\right)\right]\\ \varepsilon_z &= \frac{1}{E}\left[\sigma_z - \mu\left(\sigma_x + \sigma_y\right)\right]\end{aligned} \tag{9-52}$$

它与下面的表达式等价

$$\begin{aligned}\sigma_x &= \frac{E}{(1+\mu)(1-2\mu)}\left[(1-\mu)\varepsilon_x + \mu\left(\varepsilon_y + \varepsilon_z\right)\right]\\ \sigma_y &= \frac{E}{(1+\mu)(1-2\mu)}\left[(1-\mu)\varepsilon_y + \mu\left(\varepsilon_z + \varepsilon_x\right)\right]\\ \sigma_z &= \frac{E}{(1+\mu)(1-2\mu)}\left[(1-\mu)\varepsilon_z + \mu\left(\varepsilon_x + \varepsilon_y\right)\right]\end{aligned} \tag{9-53}$$

对于剪应力和剪应变，线性的各向同性材料的剪应变与剪应力的关系是

$$\gamma_{xy} = \frac{\tau_{xy}}{G} \tag{9-54a}$$

与此类似，其他剪应变与其相应的剪应力的关系为

$$\gamma_{yz} = \frac{\tau_{yz}}{G} \tag{9-54b}$$

$$\gamma_{zx} = \frac{\tau_{zx}}{G} \tag{9-54c}$$

这样，一点的 6 个应力分量和 6 个应变分量之间的关系可以用如下矩阵形式来表示：

$$\begin{bmatrix}\sigma_x\\ \sigma_y\\ \sigma_z\\ \tau_{xy}\\ \tau_{yz}\\ \tau_{zx}\end{bmatrix} = \boldsymbol{D}\begin{bmatrix}\varepsilon_x\\ \varepsilon_y\\ \varepsilon_z\\ \gamma_{xy}\\ \gamma_{yz}\\ \gamma_{zx}\end{bmatrix} \tag{9-55}$$

式中，$\boldsymbol{D}$ 表示弹性矩阵，它是一个常数矩阵，只与材料常数杨氏模量 E 和泊松比 μ 有关。其表达式为

$$
\boldsymbol{D}=\frac{E(1-\mu)}{(1+\mu)(1-2\mu)}\begin{bmatrix} 1 & \frac{\mu}{1-\mu} & \frac{\mu}{1-\mu} & 0 & 0 & 0 \\ \frac{\mu}{1-\mu} & 1 & \frac{\mu}{1-\mu} & 0 & 0 & 0 \\ \frac{\mu}{1-\mu} & \frac{\mu}{1-\mu} & 1 & 0 & 0 & 0 \\ 0 & 0 & 0 & \frac{1-2\mu}{2(1-\mu)} & 0 & 0 \\ 0 & 0 & 0 & 0 & \frac{1-2\mu}{2(1-\mu)} & 0 \\ 0 & 0 & 0 & 0 & 0 & \frac{1-2\mu}{2(1-\mu)} \end{bmatrix} \tag{9-56}
$$

应变与应力的关系用弹性矩阵的另一种表达方式为

$$
\boldsymbol{\varepsilon}=\boldsymbol{D}^{-1}\boldsymbol{\sigma} \tag{9-57}
$$

式中，$\boldsymbol{D}^{-1}$的表达式为

$$
\boldsymbol{D}^{-1}=\begin{bmatrix} \frac{1}{E} & -\frac{\mu}{E} & -\frac{\mu}{E} & 0 & 0 & 0 \\ -\frac{\mu}{E} & \frac{1}{E} & -\frac{\mu}{E} & 0 & 0 & 0 \\ -\frac{\mu}{E} & -\frac{\mu}{E} & \frac{1}{E} & 0 & 0 & 0 \\ 0 & 0 & 0 & \frac{2(\mu+1)}{E} & 0 & 0 \\ 0 & 0 & 0 & 0 & \frac{2(\mu+1)}{E} & 0 \\ 0 & 0 & 0 & 0 & 0 & \frac{2(\mu+1)}{E} \end{bmatrix} \tag{9-58}
$$

对于用主应力和主应变表达的情况，物理方程如下所示：

$$
\begin{aligned} \varepsilon_1 &= \frac{1}{E}[\sigma_1-\mu(\sigma_2+\sigma_3)] \\ \varepsilon_2 &= \frac{1}{E}[\sigma_2-\mu(\sigma_3+\sigma_1)] \\ \varepsilon_3 &= \frac{1}{E}[\sigma_3-\mu(\sigma_1+\sigma_2)] \end{aligned} \tag{9-59}
$$

可以采用 MATLAB 计算上述物理方程的展开式。即采用如下矩阵运算：

```
% Sigma=D*epsilon
syms u eps_xx eps_yy eps_zz eps_xy eps_yz eps_zx
D=[1 u/(1-u) u/(1-u) 0 0 0;...
   u/(1-u) 1 u/(1-u) 0 0 0;...
   u/(1-u) u/(1-u) 1 0 0 0;...
```

```
    0 0 0 (1-2*u)/(2*(1-u)) 0 0;...
    0 0 0 0 (1-2*u)/(2*(1-u)) 0;...
    0 0 0 0 0 (1-2*u)/(2*(1-u))];
Epsilon=[eps_xx;eps_yy;eps_zz;eps_xy;eps_yz;eps_zx];
Sigma=D*Epsilon
```

计算结果如下：

```
Sigma =
 eps_xx - (eps_yy*u)/(u - 1) - (eps_zz*u)/(u - 1)
 eps_yy - (eps_xx*u)/(u - 1) - (eps_zz*u)/(u - 1)
 eps_zz - (eps_xx*u)/(u - 1) - (eps_yy*u)/(u - 1)
                 (eps_xy*(2*u - 1))/(2*u - 2)
                 (eps_yz*(2*u - 1))/(2*u - 2)
                 (eps_zx*(2*u - 1))/(2*u - 2)
```

9.6　弹性力学的平面问题分析

任何一个弹性体都是一个空间物体，其所受的外力也都是空间力系，所以，严格地讲，任何一个实际的弹性力学问题都是空间问题。但是，如果所分析的弹性体具有某种特殊的形状并且所承受的外力是某种特殊形式的外力，那么就可以把空间问题简化为相对简单的典型弹性力学问题进行求解。这样的处理可以简化分析计算的工作量，且所获得的结果仍然能够满足工程上的精度要求。

弹性力学平面问题是工程实际中最常遇到的问题，许多工程实际问题都可以简化为平面问题来进行分析。平面问题一般可以分为两类，即平面应力问题和平面应变问题。

所谓平面应力问题是指，所研究的对象在 z 方向上的尺寸很小，即呈平板状，外载荷（包括体积力）都与 z 轴垂直且沿 z 方向没有变化，如图 9-9 所示。

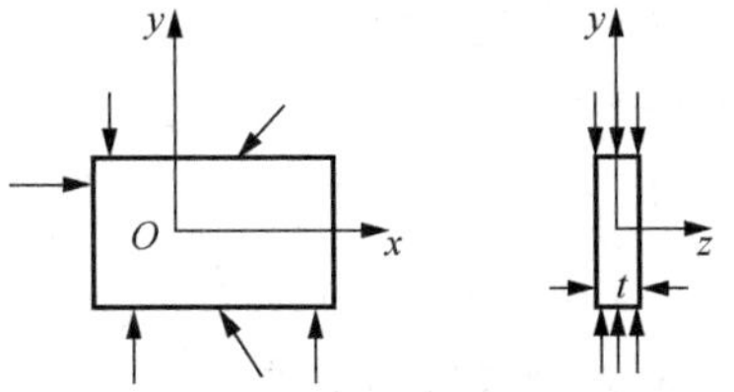

图 9-9　平面应力问题

如果一个弹性体属于平面应力问题，根据弹性力学的边界条件原理，有如下应力分布规律：在 $z=\pm t/2$ 处的两个外表面上的任何一点，都有$\sigma_z=\tau_{zx}=\tau_{zy}=0$；由于 z 方向上的尺寸很小，可以认为物体内任意一点的σ_z、τ_{zx}、τ_{yz} 也都等于零；其余的三个应力分量σ_x、σ_y、τ_{xy} 则都是 x、y 的函数。此时物体各点的应力状态就称为平面应力状态。

在平面应力状态下，由于$\sigma_z=\tau_{zx}=\tau_{zy}=0$，所以可以很容易得到如下平面应力问题的平衡微分方程：

$$\begin{aligned}\frac{\partial\sigma_x}{\partial x}+\frac{\partial\tau_{xy}}{\partial y}+X=0\\\frac{\partial\sigma_y}{\partial y}+\frac{\partial\tau_{xy}}{\partial x}+Y=0\end{aligned}\tag{9-60}$$

平面应力问题的几何方程为

$$\varepsilon=\begin{bmatrix}\varepsilon_x\\\varepsilon_y\\\gamma_{xy}\end{bmatrix}=\begin{bmatrix}\frac{\partial u}{\partial x} & \frac{\partial v}{\partial y} & \frac{\partial v}{\partial x}+\frac{\partial u}{\partial y}\end{bmatrix}^{\mathrm{T}}\tag{9-61}$$

平面应力问题的物理方程为

$$\begin{bmatrix}\sigma_x\\\sigma_y\\\tau_{xy}\end{bmatrix}=\boldsymbol{D}\begin{bmatrix}\varepsilon_x\\\varepsilon_y\\\gamma_{xy}\end{bmatrix}\tag{9-62}$$

式中，$\boldsymbol{D}$ 为平面应力问题的弹性矩阵，具体为

$$\boldsymbol{D}=\frac{E}{1-\mu^2}\begin{bmatrix}1 & \mu & 0\\\mu & 1 & 0\\0 & 0 & (1-\mu)/2\end{bmatrix}\tag{9-63}$$

式中，E 为弹性模量；μ 为泊松比。

另外，式（9-54）还可以写成如下形式：

$$\begin{aligned}\varepsilon_x&=\frac{1}{E}\left[\sigma_x-\mu\sigma_y\right]\\\varepsilon_y&=\frac{1}{E}\left[\sigma_y-\mu\sigma_x\right]\\\gamma_{xy}&=\frac{1}{G}\tau_{xy}\end{aligned}\tag{9-64}$$

平面应力状态下的三个应力不变量分别为

$$I_1=\sigma_x+\sigma_y,\quad I_2=\sigma_x\sigma_y-\tau_{xy}^2,\quad I_3=0\tag{9-65}$$

因此，求解平面应力状态下主应力的方程为

$$\sigma^3-I_1\sigma^2+I_2\sigma=0\tag{9-66}$$

解出平面应力状态下的主应力具体表达式为

$$\sigma_1,\sigma_2=\frac{\sigma_x+\sigma_y}{2}\pm\left[\left(\frac{\sigma_x-\sigma_y}{2}\right)^2+\tau_{xy}^2\right]^{\frac{1}{2}},\quad \sigma_3=0\tag{9-67}$$

9.7　弹性力学分析的能量法

弹性体的变形分析也可以采用能量法的有关概念和分析方法，也就是利用能量法来分析弹性力学有关问题，在某些场合下可以使求解大为简化。

9.7.1　能量法的基本原理

物体变形问题的能量包括两类：一类是施加外力在可能位移上所做的功，另一类是变形体由于变形而储存的能量。涉及的概念包括外力功、应变能以及系统总势能等。

1. 外力功

外力功也称为虚功，即所施加力在可能位移上所做的功。外力有两种，包括作用在物体上的面力和体力，这些力被假设为与变形无关的不变力系，即为保守力系，则外力功包括这两部分力在可能位移上所做的功。

（1）在力边界条件上，有外力（面力）$\bar{X}$、$\bar{Y}$、$\bar{Z}$ 在弹性体表面（S）对应位移 u、v、w 上所做的功；

（2）在物体内部，有体积力 X、Y、Z 在弹性体内部（Ω）对应位移 u、v、w 上所做的功。

则外力的总功可表示为

$$W=\int_S(\bar{X}u+\bar{Y}v+\bar{Z}w)\mathrm{d}A+\int_\Omega(Xu+Yv+Zw)\mathrm{d}\Omega \tag{9-68}$$

有时考虑力是非均匀地作用到物体上，外力功也经常表示为

$$W=\frac{1}{2}\left[\int_S(\bar{X}u+\bar{Y}v+\bar{Z}w)\mathrm{d}A+\int_\Omega(Xu+Yv+Zw)\mathrm{d}\Omega\right] \tag{9-69}$$

2. 应变能

对于理想弹性体，假设外力作用过程中没有能量损失，外力所做的功将以一种能的形式积累在弹性体内，一般把这种能称为弹性变形势能。以位移（或应变）为基本变量的变形能称为应变能（strain energy）。三维情形下变形体的应力与应变的对应关系为

$$\begin{bmatrix}\sigma_x & \sigma_y & \sigma_z & \tau_{xy} & \tau_{yz} & \tau_{zx}\end{bmatrix}^{\mathrm{T}}\xrightarrow{\text{对应于}}\begin{bmatrix}\varepsilon_x & \varepsilon_y & \varepsilon_z & \gamma_{xy} & \gamma_{yz} & \gamma_{zx}\end{bmatrix}^{\mathrm{T}} \tag{9-70}$$

可以看出，其应变能应包括两个部分：①对应于正应力与正应变的应变能；②对应于剪应力与剪应变的应变能。下面分别讨论这三种情形。

1）对应于正应力与正应变的应变能

如图 9-10 所示，在 Oxy 平面内考察由于正应力和正应变的作用所产生的应变能。设在微元体 $\mathrm{d}\Omega=\mathrm{d}x\mathrm{d}y\mathrm{d}z$ 上只作用有 σ_x 与 ε_x，这时微元体的厚度为 $\mathrm{d}z$，则由力与位移的关系可求得微元体的应变能为

$$\Delta U_{(\sigma,\varepsilon)x}=\frac{1}{2}F\cdot\Delta u=\frac{1}{2}(\sigma_x\mathrm{d}y\mathrm{d}z)(\varepsilon_x\mathrm{d}x)=\frac{1}{2}\sigma_x\varepsilon_x\mathrm{d}\Omega \tag{9-71}$$

则在整个弹性体 Ω 上，σ_x 与 ε_x 所对应的应变能为

$$U_{(\sigma,\varepsilon)x}=\int_\Omega\Delta U_{(\sigma,\varepsilon)x}=\frac{1}{2}\int_\Omega\sigma_x\varepsilon_x\mathrm{d}\Omega \tag{9-72}$$

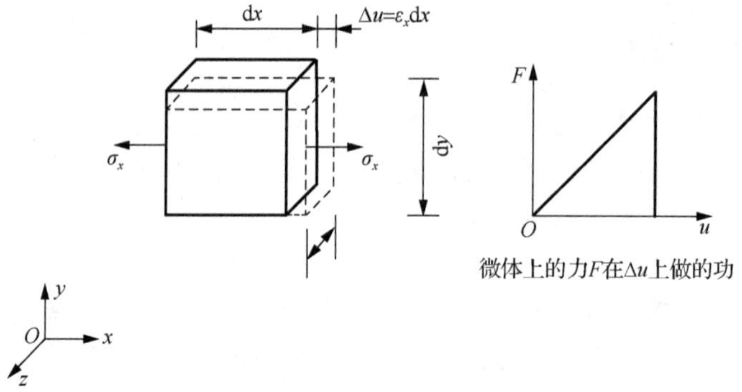

图 9-10　微元体的正应力与正应变对应的应变能

另外两个方向上的正应力和正应变（σ_y 与 ε_y、σ_x 与 ε_x）所对应的应变能与式(9-72)类似。

2）对应于剪应力与剪应变的应变能

先考察一对剪应力与剪应变，如图 9-11 所示，假设在微元体 dxdydz 上只作用有 τ_{xy} 并产生剪应变 γ_{xy}，这时微元体的厚度为 dz，由于 τ_{xy} 是剪应力对，且有 $\tau_{xy}=\tau_{yx}$，将其分解为两组情况分别计算应变能。

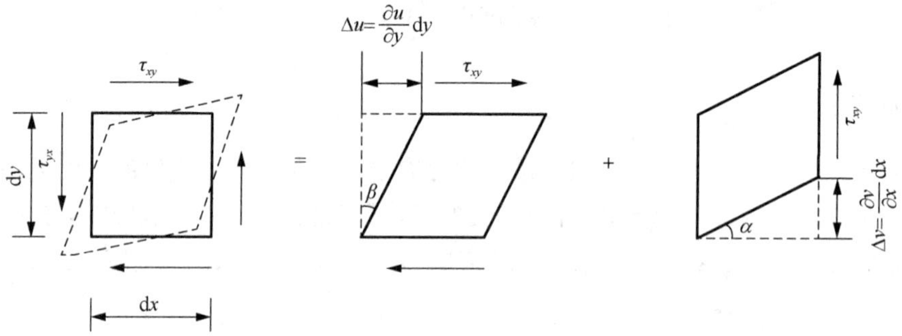

图 9-11　微元体上的剪应力与剪应变对应的应变能

在微元体上产生的应变能为

$$\Delta U_{(\tau,\gamma)xy}=\frac{1}{2}(\tau_{xy}\mathrm{d}x\mathrm{d}z)\beta\mathrm{d}y+\frac{1}{2}(\tau_{yx}\mathrm{d}y\mathrm{d}z)\alpha\mathrm{d}x=\frac{1}{2}\tau_{yx}(\alpha+\beta)\mathrm{d}x\mathrm{d}y\mathrm{d}z$$
$$=\frac{1}{2}\tau_{xy}\gamma_{xy}\mathrm{d}\Omega \tag{9-73}$$

在整个物体 Ω 上，τ_{xy} 与 γ_{xy} 所产生的应变能为

$$U_{(\tau,\gamma)xy}=\frac{1}{2}\int_{\Omega}\tau_{xy}\gamma_{xy}\mathrm{d}\Omega \tag{9-74}$$

另外的剪应力和剪应变（τ_{yz} 与 γ_{yz}、τ_{zx} 与 γ_{zx}）所产生的应变能与上面的计算公式类似。

3）包含正应变和剪应变的整体应变能

由叠加原理，将各个方向的正应力与正应变、剪应力与剪应变所产生的应变能相加，

可得到整体应变能为

$$U=\frac{1}{2}\int_{\Omega}(\sigma_x\varepsilon_x+\sigma_y\varepsilon_y+\sigma_z\varepsilon_z+\tau_{xy}\gamma_{xy}+\tau_{yz}\gamma_{yz}+\tau_{zx}\gamma_{zx})\mathrm{d}\Omega \tag{9-75}$$

则弹性体的单位体积的应变能（应变能密度，strain energy density）表示为

$$u=\frac{1}{2}\boldsymbol{\sigma}^{\mathrm{T}}\boldsymbol{\varepsilon}=\frac{1}{2}\Big[\big(\sigma_x\varepsilon_x+\sigma_y\varepsilon_y+\sigma_z\varepsilon_z+\tau_{xy}\gamma_{xy}+\tau_{yz}\gamma_{yz}+\tau_{xz}\gamma_{xz}\big)\Big] \tag{9-76}$$

根据物理方程可将式（9-76）中的应变换成应力，得

$$u=\frac{1}{2E}\Big[\sigma_x^2+\sigma_y^2+\sigma_z^2-2\mu\big(\sigma_x\sigma_y+\sigma_y\sigma_z+\sigma_x\sigma_z\big)+2(1+\mu)\big(\tau_{xy}^2+\tau_{yz}^2+\tau_{xz}^2\big)\Big] \tag{9-77}$$

3. 系统的总势能

对于受外力作用的弹性体，基于它的外力功和应变能的表达，根据哈密顿定理（Hamilton principle），定义系统的总能量（或称拉格朗日算子）为

$$\begin{aligned}L&=W-U\\&=\frac{1}{2}\Big[\int_S(\bar{X}u+\bar{Y}v+\bar{Z}w)\mathrm{d}A+\int_{\Omega}(Xu+Yv+Zw)\mathrm{d}\Omega\Big]\\&\quad-\frac{1}{2}\int_{\Omega}(\sigma_x\varepsilon_x+\sigma_y\varepsilon_y+\sigma_z\varepsilon_z+\tau_{xy}\gamma_{xy}+\tau_{yz}\gamma_{yz}+\tau_{zx}\gamma_{zx})\mathrm{d}\Omega\end{aligned} \tag{9-78}$$

4. 最小势能原理

对于理想弹性体，依照变分法可知，在静平衡状态时，要求满足最小势能原理。弹性体的最小势能原理可描述为：在给定的外力作用下，在满足位移边界条件的所有可能的位移中，能满足平衡条件的位移应使总势能成为极小值，即

$$L=0 \tag{9-79}$$

9.7.2　弹性力学问题的虚位移原理

在理论力学中，虚位移原理（也叫虚功原理，virtual displacement principle）是指：如果一个质点处于平衡状态，则作用于质点上的力，在该质点的任意虚位移上所做的虚功总和等于零。从本质上讲，虚位移原理是以能量（功）形式表示的平衡条件。对于弹性体，可以看作是一个特殊的质点系，如果弹性体在若干个面力和体力作用下处于平衡，那么弹性体内的每个质点也都是处于平衡状态的。假定弹性体有一虚位移，由于作用在每个质点上的力系在相应的虚位移上的虚功总和为零，所以作用于弹性体所有质点上的一切力（包括体力和面力），在虚位移上的虚功总和也等于零。由于弹性体内部的各个质点应始终保持连续，在给定虚位移时，必须使其满足材料的连续性条件和几何边界条件。

假定弹性体在一组外力 $X_i,Y_i,Z_i,X_j,Y_j,Z_j,\cdots$ 的作用下处于平衡状态，由外力所引起的任一点的应力为 $\sigma_x,\sigma_y,\sigma_z,\tau_{xy},\tau_{yz},\tau_{zx}$。并且，按前述条件对弹性体取了任意的虚位移 $\delta u_i,\delta v_i,\delta w_i,\delta u_j,\delta v_j,\delta w_j,\cdots$，由虚位移所引起的虚应变为 $\delta\varepsilon_x,\delta\varepsilon_y,\delta\varepsilon_z,\delta\gamma_{xy},\delta\gamma_{yz}$，

$\delta\gamma_{zx}$，这些虚应变分量满足相容性方程。那么，外力在虚位移上所做的功为

$$\delta W = X_i\delta u_i + Y_i\delta v_i + Z_i\delta w_i + X_j\delta u_j + Y_j\delta v_j + Z_j\delta w_j + \cdots$$
$$= \begin{bmatrix} \delta u_i \\ \delta v_i \\ \delta w_i \\ \delta u_j \\ \delta v_j \\ \delta w_j \\ \vdots \end{bmatrix}^{\mathrm{T}} \begin{bmatrix} X_i \\ Y_i \\ Z_i \\ X_j \\ Y_j \\ Z_j \\ \vdots \end{bmatrix} = \delta \boldsymbol{u}^{*\mathrm{T}} \boldsymbol{F} \tag{9-80}$$

受到外力作用而处于平衡状态的弹性体，在其变形过程中，外力将做功。对于完全弹性体，当外力移去时，弹性体将会完全恢复到原来的状态。在恢复过程中，弹性体可以把加载过程中外力所做的功全部还原出来，也即可以对外做功。这就说明，在产生变形时外力所做的功以一种能的形式积累在弹性体内，即上文所述的弹性变形势能（或称应变能）。

对弹性体取虚位移之后，外力在虚位移上所做的虚功将在弹性体内部积累有虚应变能。根据能量守恒定律，可以推出弹性体内单位体积中的虚应变能（即一点的虚应变能密度）为

$$\delta \mathrm{d}V = \sigma_x\delta\varepsilon_x + \sigma_y\delta\varepsilon_y + \sigma_z\delta\varepsilon_z + \tau_{xy}\delta\gamma_{xy} + \tau_{yz}\delta\gamma_{yz} + \tau_{zx}\delta\gamma_{zx}$$
$$= \begin{bmatrix} \delta\varepsilon_x \\ \delta\varepsilon_y \\ \delta\varepsilon_z \\ \delta\gamma_{xy} \\ \delta\gamma_{yz} \\ \delta\gamma_{zx} \end{bmatrix}^{\mathrm{T}} \begin{bmatrix} \sigma_x \\ \sigma_y \\ \sigma_z \\ \tau_{xy} \\ \tau_{yz} \\ \tau_{zx} \end{bmatrix} = \delta \boldsymbol{\varepsilon}^{*\mathrm{T}} \boldsymbol{\sigma} \tag{9-81}$$

整个弹性体的虚应变能为

$$\delta W = \iiint_V (\delta \boldsymbol{\varepsilon}^{*\mathrm{T}} \boldsymbol{\sigma}) \mathrm{d}V \tag{9-82}$$

弹性体的虚位移原理可以叙述为：若弹性体在已知的面力和体力的作用下处于平衡状态，那么使弹性体产生虚位移时，所有作用在弹性体上的外力在虚位移上所做的功就等于弹性体所具有的虚应变能，即

$$\delta \boldsymbol{u}^{*\mathrm{T}} \boldsymbol{F} = \iiint_V (\delta \boldsymbol{\varepsilon}^{*\mathrm{T}} \boldsymbol{\sigma}) \mathrm{d}V \tag{9-83}$$

习　题

9-1　简述外力、内力、应力和应变的概念。

9-2　说明弹性力学中的几个基本假设。

9-3　相对于 $Oxyz$ 坐标系，物体内一点的应力状态如下：

$$\boldsymbol{\sigma}=\begin{bmatrix}20 & -15 & 30\\ 10 & -20 & 15\\ 35 & 5 & 20\end{bmatrix}\text{MPa}$$

先绕 x 轴旋转 30°，再绕新的 z 轴旋转−45°，求相对于新坐标系的应力矩阵。

9-4　简述线应变与剪应变的几何意义。

9-5　已知一个重力水坝，其截面如图 9-5 所示，坐标轴是 Ox 和 Oy，OB 面上的面力为 $F_x = 15y + 10$，$F_y = 30y$。求 OB 面的应力。

9-6 考虑位移场 $\boldsymbol{s} = [xy^2\boldsymbol{i} + 3xyz\boldsymbol{j} + (4x^2 + 6z)\boldsymbol{k}]\times 10^{-2}$，求在某一点 P（10,3,5）处的直角坐标应变分量是多少？（$\boldsymbol{i}$、$\boldsymbol{j}$、$\boldsymbol{k}$ 是 x、y、z 坐标轴的单位向量标记，$\boldsymbol{s} = u\boldsymbol{i} + v\boldsymbol{j} + w\boldsymbol{k}$。）

9-7　瑞利-里茨法、虚位移原理的概念。

9-8　假设一点处的应力状态由如下应力矩阵给出：

$$\boldsymbol{\sigma}=\begin{bmatrix}200 & -150 & 300\\ 100 & -200 & 150\\ 350 & 50 & 200\end{bmatrix}\text{MPa}$$

若 $E = 80\text{GPa}$，$\mu = 0.33$，计算单位体积的应变能密度。

9-9　已知 $P(2,1,3)$点处的位移场 $\boldsymbol{s} = [(x + y^2)\boldsymbol{i} + 3xz\boldsymbol{j} + (x^3 + 6z)\boldsymbol{k}]\times 10^{-3}\text{m}$，计算此处的应变状态、主应变、体积应变。假设材料参数 $E = 20\text{GPa}$，$\mu = 0.33$，计算该点处的应力状态。

9-10　假设一个理想弹性体，材料参数为 E、μ，设体内某点所受的体积力为 F_x、F_y、F_z，所处的位移场 $\boldsymbol{s} = [(5x + y^2)\boldsymbol{i} + 2xyz\boldsymbol{j} + (3x + z^3)\boldsymbol{k}]\times 10^{-3}\text{m}$，试计算在此坐标系下体积力的表达式。（$\boldsymbol{s} = u\boldsymbol{i} + v\boldsymbol{j} + w\boldsymbol{k}$）

第 10 章 有限元法基础与计算方法

本章以弹性力学平面问题分析的三角形单元为例，介绍有限元法的基本原理。利用 MATLAB 软件来表述有限元法的数值计算方法。

对于工程中最基本的弹性力学平面问题，可以用有限元法求解和分析。平面问题的有限元法不仅可以直接用于计算分析具有平面问题特征的实际机械结构对象的应力-应变分布，更重要的是可以通过它掌握有限元法的基本思想和主要计算方法。

10.1 平面三角形单元的单元刚度矩阵推导

在有限元分析中，实际连续体的内部没有自然直观的连接节点。在有限元中，通过用不同类型的单元进行人为地离散化处理，即以分区的形式来逼近原来复杂的几何形状。当然，节点位置、单元类型和单元大小等因素会对原结构的描述以及分析的精确度有不同程度的影响。

平面问题可以用最简单的平面三角形单元加以分析。本节将讨论平面三角形单元的构造方法。平面三角形单元刚度矩阵的推导包括如下 6 个步骤。

1. 选择合适的单元，建立坐标系，进行结构离散

用有限单元法分析问题时，第一步就是要选择合适的单元，确定合理的坐标系统，对弹性体进行离散化，把一个连续的弹性体转化为一个离散化的有限元计算模型。

当采用三角形单元时，就是把弹性体划分为有限个互不重叠的三角形。用平面三角形分析时，可以只建立一个整体坐标系 Oxy。这些三角形在其顶点（即节点）处互相连接，组成一个由若干个单元组成的集合体，以替代原来的弹性体。同时，将所有作用在单元上的载荷（包括集中载荷、表面载荷和体积载荷），都按虚功等效的原则移置到节点上，成为等效节点载荷。由此得到平面问题的有限元计算模型，如图 10-1 所示。

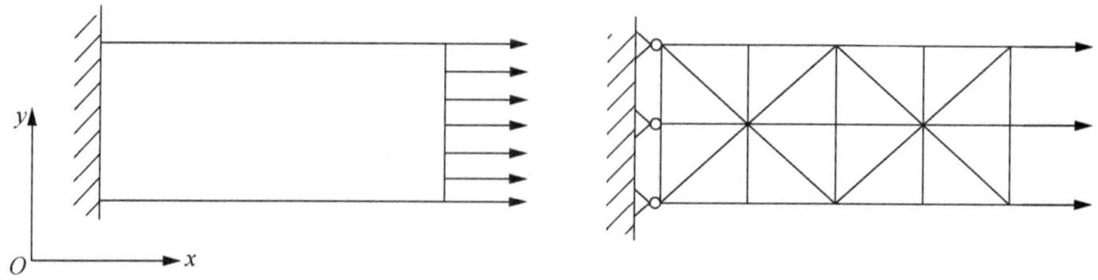

（a）弹性体　　（b）离散化后的有限元计算模型

图 10-1　弹性体和离散化后的有限元计算模型

对于其中任意一个三角形单元，如图 10-2 所示，节点编号 1、2 和 3 按逆时针顺序

编排，三个节点的位置坐标分别是(x_1,y_1)、(x_2,y_2)和(x_3,y_3)。

对于平面问题，每个节点有 x 和 y 两个方向的自由度，对应的位移是 u 和 v。可以认为三角形单元共有 6 个自由度，即$\begin{bmatrix} u_1 & v_1 & u_2 & v_2 & u_3 & v_3 \end{bmatrix}^{\mathrm{T}}$，相应的单元节点力分量分别为$\begin{bmatrix} F_{x1} & F_{y1} & F_{x2} & F_{y2} & F_{x3} & F_{y3} \end{bmatrix}^{\mathrm{T}}$。

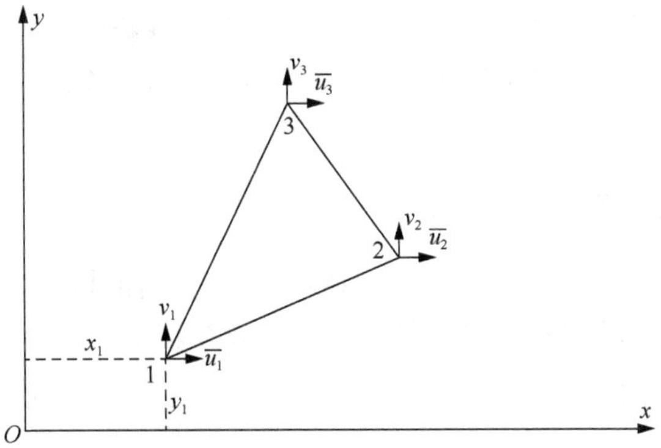

图 10-2　直角坐标系下平面三角形单元的节点位移和节点力

三角形单元的节点位移向量 $\boldsymbol{\delta}^e$ 是一个由 6 个节点位移分量组成的列阵：

$$\boldsymbol{\delta}^e = \begin{bmatrix} \boldsymbol{\delta}_1 \\ \boldsymbol{\delta}_2 \\ \boldsymbol{\delta}_3 \end{bmatrix} = \begin{bmatrix} u_1 & v_1 & u_2 & v_2 & u_3 & v_3 \end{bmatrix}^{\mathrm{T}} \tag{10-1}$$

三角形单元的节点载荷列阵为

$$\boldsymbol{R}^e = \begin{bmatrix} \boldsymbol{R}_1^{\mathrm{T}} & \boldsymbol{R}_2^{\mathrm{T}} & \boldsymbol{R}_3^{\mathrm{T}} \end{bmatrix}^{\mathrm{T}} = \begin{bmatrix} F_{x1} & F_{y1} & F_{x2} & F_{y2} & F_{x3} & F_{y3} \end{bmatrix}^{\mathrm{T}} \tag{10-2}$$

单元节点载荷列阵和节点位移列阵之间的关系如下：

$$\boldsymbol{R}^e = \boldsymbol{k}^e \boldsymbol{\delta}^e \tag{10-3}$$

式中，$\boldsymbol{k}^e$ 为单元刚度矩阵。

对于平面三角形单元，节点位移列阵和节点载荷列阵都是 6 阶的，单元刚度矩阵 $\boldsymbol{k}^e$ 是一个 6×6 的矩阵。下面将利用函数插值、弹性力学几何方程和物理方程、虚位移原理，建立式（10-3）所表述的单元刚度矩阵表达式的具体关系。

2. 选择合适的位移函数

在有限单元法中，用离散化模型来代替原来的连续体，每一个单元体仍是一个弹性体，所以在其内部依然是符合弹性力学基本假设，弹性力学的基本方程在每个单元内部同样适用。如果弹性体内的位移分量函数已知，则应变分量和应力分量也就确定了。但是，如果只知道弹性体中某几个点的位移分量的值，仍然不能直接求得单元内各点的应变分量和应力分量。因此，在进行有限元分析时，必须首先假定一个位移模式，也就是单元内部各点位移的变化规律。在每个单元的局部范围内，可以采用比较简单的函数来近似地表示单元的位移。

考虑建立以单元节点位移表示的单元内各点位移的表达式，选择一个简单的单元位移模式，单元内各点的位移可按此位移模式由单元节点位移通过插值得到。设平面三角形单元的位移模式为

$$
\begin{aligned}
u &= \alpha_1 + \alpha_2 x + \alpha_3 y \\
v &= \alpha_4 + \alpha_5 x + \alpha_6 y
\end{aligned} \tag{10-4}
$$

式中，x、y 是单元内任意点的坐标；$\alpha_1, \alpha_2, \cdots, \alpha_6$ 为插值系数。

由于在 x 和 y 方向的位移都是线性的，从而保证了沿接触面方向相邻单元间任意节点位移的连续性。

3. 用节点位移表示单元内部各点位移

三角形单元的三个节点也必定满足位移模式［式（10-4）］的要求。将单元三个节点的坐标和三个节点的位移都代入位移模式方程式（10-4）就可以求解系数 $\boldsymbol{\alpha} = \begin{bmatrix}\alpha_1 & \alpha_2 & \cdots & \alpha_6\end{bmatrix}^{\mathrm{T}}$ 的表达式。已知单元三个节点的坐标分别为 (x_1, y_1)、(x_2, y_2) 和 (x_3, y_3)，对于节点 1 有

$$
\begin{aligned}
u_1 &= \alpha_1 + \alpha_2 x + \alpha_3 y \\
v_1 &= \alpha_4 + \alpha_5 x + \alpha_6 y
\end{aligned}
$$

写成矩阵形式为

$$
\boldsymbol{\delta}_1 = \begin{bmatrix} u_1 \\ v_1 \end{bmatrix} = \begin{bmatrix} 1 & x_1 & y_1 & 0 & 0 & 0 \\ 0 & 0 & 0 & 1 & x_1 & y_1 \end{bmatrix} \boldsymbol{\alpha} = \boldsymbol{A}_1 \boldsymbol{\alpha}
$$

类似地，节点 2、3 也按上述方法处理，三个节点的位移模型表达式可以组成如下方程组：

$$
\boldsymbol{\delta}^e = \begin{bmatrix} \boldsymbol{\delta}_1^{\mathrm{T}} & \boldsymbol{\delta}_2^{\mathrm{T}} & \boldsymbol{\delta}_3^{\mathrm{T}} \end{bmatrix}^{\mathrm{T}} = \boldsymbol{A}\boldsymbol{\alpha} = [\boldsymbol{A}_1^{\mathrm{T}} \quad \boldsymbol{A}_2^{\mathrm{T}} \quad \boldsymbol{A}_3^{\mathrm{T}}]^{\mathrm{T}} \boldsymbol{\alpha} \tag{10-5}
$$

利用式（10-5）就可求出未知的多项式系数 $\boldsymbol{\alpha}$，即

$$
\boldsymbol{\alpha} = \boldsymbol{A}^{-1} \boldsymbol{\delta}^e \tag{10-6}
$$

可以求得

$$
\begin{aligned}
&\alpha_1 = \frac{1}{2\Delta_e}\begin{vmatrix} u_1 & x_1 & y_1 \\ u_2 & x_2 & y_2 \\ u_3 & x_3 & y_3 \end{vmatrix}, \quad
\alpha_2 = \frac{1}{2\Delta_e}\begin{vmatrix} 1 & u_1 & y_1 \\ 1 & u_2 & y_2 \\ 1 & u_3 & y_3 \end{vmatrix}, \quad
\alpha_3 = \frac{1}{2\Delta_e}\begin{vmatrix} 1 & x_1 & u_1 \\ 1 & x_2 & u_2 \\ 1 & x_3 & u_3 \end{vmatrix} \\
&\alpha_4 = \frac{1}{2\Delta_e}\begin{vmatrix} v_1 & x_1 & y_1 \\ v_2 & x_2 & y_2 \\ v_3 & x_3 & y_3 \end{vmatrix}, \quad
\alpha_5 = \frac{1}{2\Delta_e}\begin{vmatrix} 1 & v_1 & y_1 \\ 1 & v_2 & y_2 \\ 1 & v_3 & y_3 \end{vmatrix}, \quad
\alpha_6 = \frac{1}{2\Delta_e}\begin{vmatrix} 1 & x_1 & v_1 \\ 1 & x_2 & v_2 \\ 1 & x_3 & v_3 \end{vmatrix}
\end{aligned} \tag{10-7}
$$

这样，式（10-4）可以表达成如下形式，也就是单元内任意一点 (x, y) 的位移为

$$
\boldsymbol{\delta}(x, y) = \begin{bmatrix} u \\ v \end{bmatrix} = \boldsymbol{f}(x, y)\boldsymbol{A}^{-1}\boldsymbol{\delta}^e = \boldsymbol{N}\boldsymbol{\delta}^e \tag{10-8}
$$

式中，$\boldsymbol{N}$ 为形函数矩阵（shape function matrix），$\boldsymbol{N} = \boldsymbol{f}(x, y)\boldsymbol{A}^{-1}$；多项式插值函数 $\boldsymbol{f}(x, y)$

为

$$\boldsymbol{f}(x,y)=\begin{bmatrix}1 & x & y & 0 & 0 & 0\\ 0 & 0 & 0 & 1 & x & y\end{bmatrix} \tag{10-9}$$

平面三角形单元的形函数矩阵 **N** 的具体表达式如下：

$$\boldsymbol{N}=\begin{bmatrix}N_1\boldsymbol{I} & N_2\boldsymbol{I} & N_3\boldsymbol{I}\end{bmatrix} \tag{10-10}$$

式中，**I** 为 2 阶单位矩阵，$\boldsymbol{I}=\begin{bmatrix}1 & 0\\ 0 & 1\end{bmatrix}$；形函数矩阵 **N** 的每个元素为

$$N_i=\frac{1}{2\varDelta_e}\left(a_i+b_ix+c_iy\right)\qquad\left(i=1,2,3\right) \tag{10-11}$$

其中，$\varDelta_e$ 为三角形单元的面积，

$$2\varDelta_e=\begin{vmatrix}1 & x_1 & y_1\\ 1 & x_2 & y_2\\ 1 & x_3 & y_3\end{vmatrix} \tag{10-12}$$

$$\begin{aligned}a_1&=\begin{vmatrix}x_2 & y_2\\ x_3 & y_3\end{vmatrix}=x_2y_3-x_3y_2\\ b_1&=-\begin{vmatrix}1 & y_2\\ 1 & y_3\end{vmatrix}=y_2-y_3\qquad（1、2、3\text{ 轮换}）\\ c_1&=-\begin{vmatrix}1 & x_2\\ 1 & x_3\end{vmatrix}=x_2-x_3\end{aligned} \tag{10-13}$$

位移模式（10-8）经过整理，还可以写成如下展开形式：

$$\begin{aligned}u&=\frac{1}{2\varDelta_e}\left[\left(a_1+b_1x+c_1y\right)u_1+\left(a_2+b_2x+c_2y\right)u_2+\left(a_3+b_3x+c_3y\right)u_3\right]\\ v&=\frac{1}{2\varDelta_e}\left[\left(a_1+b_1x+c_1y\right)v_1+\left(a_2+b_2x+c_2y\right)v_2+\left(a_3+b_3x+c_3y\right)v_3\right]\end{aligned} \tag{10-14}$$

4. 用节点位移表达单元内任一点的应变

三角形单元用于解决弹性力学平面问题，单元内任一点的应变列阵满足如下平面问题的几何方程：

$$\boldsymbol{\varepsilon}=\begin{bmatrix}\varepsilon_x\\ \varepsilon_y\\ \gamma_{xy}\end{bmatrix}=\begin{bmatrix}\dfrac{\partial u}{\partial x}\\ \dfrac{\partial v}{\partial y}\\ \dfrac{\partial u}{\partial y}+\dfrac{\partial v}{\partial x}\end{bmatrix} \tag{10-15}$$

式中，ε_x 和 ε_y 是线应变；γ_{xy} 是剪应变。

式（10-15）中的 u、v 分别用位移模式方程式（10-8）代入即可求解应变分量。由于 **N** 是 x、y 的形函数，对其进行偏微分处理，可得

$$\boldsymbol{\varepsilon}=\begin{bmatrix}\dfrac{\partial N_1}{\partial x} & 0 & \dfrac{\partial N_2}{\partial x} & 0 & \dfrac{\partial N_3}{\partial x} & 0\\ 0 & \dfrac{\partial N_1}{\partial y} & 0 & \dfrac{\partial N_2}{\partial y} & 0 & \dfrac{\partial N_3}{\partial y}\\ \dfrac{\partial N_1}{\partial y} & \dfrac{\partial N_1}{\partial x} & \dfrac{\partial N_2}{\partial y} & \dfrac{\partial N_2}{\partial x} & \dfrac{\partial N_3}{\partial y} & \dfrac{\partial N_3}{\partial x}\end{bmatrix}\boldsymbol{\delta}^e$$

$$=\frac{1}{2\Delta}\begin{bmatrix}b_1 & 0 & b_2 & 0 & b_3 & 0\\ 0 & c_1 & 0 & c_2 & 0 & c_3\\ c_1 & b_1 & c_2 & b_2 & c_3 & b_3\end{bmatrix}\boldsymbol{\delta}^e \tag{10-16}$$

式（10-16）可以简记为用如下单元应变矩阵表达的形式：

$$\boldsymbol{\varepsilon}=\boldsymbol{B}\delta^e \tag{10-17}$$

式中，$\boldsymbol{B}$ 为单元应变矩阵，其表达式为

$$\boldsymbol{B}=\frac{1}{2\Delta}\begin{bmatrix}b_1 & 0 & b_2 & 0 & b_3 & 0\\ 0 & c_1 & 0 & c_2 & 0 & c_3\\ c_1 & b_1 & c_2 & b_2 & c_3 & b_3\end{bmatrix} \tag{10-18}$$

平面三角形单元的应变矩阵 $\boldsymbol{B}$ 中的诸元素 Δ 和 b_1、b_2、b_3、c_1、c_2、c_3 等都是常量，因而平面三角形单元中各点的应变分量也都是常量。

5. 用应变和节点位移表达单元内任一点的应力

对于平面应力问题，一点的应力状态 $\boldsymbol{\sigma}(x,y)$ 可以用 σ_x 、σ_y 和 τ_{xy} 这三个应力分量来表示，应力-应变关系为

$$\boldsymbol{\sigma}(x,y)=\boldsymbol{D}\boldsymbol{\varepsilon}(x,y) \tag{10-19}$$

式中，$\boldsymbol{D}$ 为弹性矩阵，其表达式为

$$\boldsymbol{D}=\frac{E}{1-\mu^2}\begin{bmatrix}1 & \mu & 0\\ \mu & 1 & 0\\ 0 & 0 & \dfrac{1-\mu}{2}\end{bmatrix} \tag{10-20}$$

其中，E 为杨氏模量；μ 为泊松比。

把步骤 4 中导出的应变表达式（10-16）代入式（10-19），可得用单元节点位移表示的单元内任一点的应力，即

$$\boldsymbol{\sigma}=\boldsymbol{D}\boldsymbol{B}\delta^e \tag{10-21}$$

令 $\boldsymbol{S}$ 为应力矩阵，它是

$$\boldsymbol{S}=\boldsymbol{D}\boldsymbol{B} \tag{10-22}$$

6. 单元刚度矩阵的形成

利用虚位移原理对图 10-2 所示的一个三角形单元建立节点力和节点位移之间的关系，即形成单元刚度矩阵表达的节点力和节点位移关系。

设该三角形单元在等效节点力的作用下处于平衡状态。单元节点载荷列阵为 $\boldsymbol{R}^e$，相应的三个节点虚位移为 $\boldsymbol{\delta}^{*e}$，作用在单元体上的外力所做的虚功为

$$U = \boldsymbol{\delta}^{*e\mathrm{T}} \boldsymbol{R}^e \tag{10-23}$$

设单元内任一点的虚位移也具有与真实位移相同的位移模式，即

$$\boldsymbol{\delta}^* = \boldsymbol{N}\boldsymbol{\delta}^{*e} \tag{10-24}$$

因此，由式（10-17），单元内的虚应变 $\boldsymbol{\varepsilon}^*$ 为

$$\boldsymbol{\varepsilon}^* = \boldsymbol{B}\boldsymbol{\delta}^{*e} \tag{10-25}$$

于是，单元的应变能为

$$W = \iint \boldsymbol{\varepsilon}^{*\mathrm{T}} \boldsymbol{\sigma} t \mathrm{d}x\mathrm{d}y \tag{10-26}$$

式中，t 为单元的厚度，在这里假定 t 为常量。引入单元应变的表达式（10-17），注意到虚位移的任意性，可将 $\boldsymbol{\delta}^{*e\mathrm{T}}$ 提到积分号的前面，有

$$W = \boldsymbol{\delta}^{*e\mathrm{T}} \iint \boldsymbol{B}^\mathrm{T} \boldsymbol{D}\boldsymbol{B}\boldsymbol{\delta}^e t \mathrm{d}x\mathrm{d}y \tag{10-27}$$

根据虚位移原理，$U = W$，可以得到任一个单元都满足如下关系：

$$\boldsymbol{\delta}^{*e\mathrm{T}} \boldsymbol{R}^e = \boldsymbol{\delta}^{*e\mathrm{T}} \iint \boldsymbol{B}^\mathrm{T} \boldsymbol{D}\boldsymbol{B}\boldsymbol{\delta}^e t \mathrm{d}x\mathrm{d}y \tag{10-28}$$

对应去掉等号两边的 $\boldsymbol{\delta}^{*e\mathrm{T}}$，得到单元节点力向量与单元节点位移向量之间的关系：

$$\boldsymbol{R}^e = \iint \boldsymbol{B}^\mathrm{T} \boldsymbol{D}\boldsymbol{B} t \mathrm{d}x\mathrm{d}y \boldsymbol{\delta}^e \tag{10-29}$$

将式（10-29）写成用单元刚度矩阵表达的方式，即

$$\boldsymbol{R}^e = \boldsymbol{k}^e \boldsymbol{\delta}^e \tag{10-30}$$

式中，$\boldsymbol{k}^e$ 就是单元刚度矩阵，其表达式为

$$\boldsymbol{k}^e = \iint \boldsymbol{B}^\mathrm{T} \boldsymbol{D}\boldsymbol{B} t \mathrm{d}x\mathrm{d}y \tag{10-31}$$

上述单元刚度矩阵可以进一步化简。对于材料是均质的单元，$\boldsymbol{D}$ 的元素就是常量，并且对于平面三角形单元，$\boldsymbol{B}$ 矩阵中的元素也是常量。单元的面积是 $\iint \mathrm{d}x\mathrm{d}y = \varDelta$，这样，式（10-31）所示的平面三角形单元的单元刚度矩阵具有如下形式：

$$\boldsymbol{k}^e = \boldsymbol{B}^\mathrm{T} \boldsymbol{D}\boldsymbol{B} t \varDelta \tag{10-32}$$

单元刚度矩阵的物理意义是，其任一列的元素分别等于该单元的某个节点沿坐标方向发生单位位移时，在各节点上所引起的节点力。单元的刚度取决于单元的大小、方向和弹性常数，而与单元的位置无关，即不随单元或坐标轴的平行移动而改变。单元刚度矩阵一般具有如下三个特性：对称性、奇异性和具有分块形式。对于平面三角形单元，按照每个节点两个自由度的构成方式，可以将单元刚度矩阵列写成 3×3 个子块、每个子块为 2×2 的分块矩阵的形式，即

$$\boldsymbol{k}^e = \begin{bmatrix} \boldsymbol{k}_{11}^e & \boldsymbol{k}_{12}^e & \boldsymbol{k}_{13}^e \\ \boldsymbol{k}_{21}^e & \boldsymbol{k}_{22}^e & \boldsymbol{k}_{23}^e \\ \boldsymbol{k}_{31}^e & \boldsymbol{k}_{32}^e & \boldsymbol{k}_{33}^e \end{bmatrix} \tag{10-33}$$

推导形函数矩阵 $\boldsymbol{N}$ 和应变矩阵 $\boldsymbol{B}$ 的 MATLAB 程序如下：

```
clear
syms x y x1 y1 x2 y2 x3 y3;
F=[1 x y];
A=[1 x1 y1; 1 x2 y2; 1 x3 y3];
N=f*inv(A);
simplify(factor(N));
N1=N(1,1);
N2=N(1,2);
N3=N(1,3);
b1=diff(N1,x);
b2=diff(N2,x);
b3=diff(N3,x);
c1=diff(N1,y);
c2=diff(N2,y);
c3=diff(N3,y);
```

10.2　平面结构整体分析

讨论了平面三角形单元的基本特性之后，本节利用这类单元进行平面结构的整体分析。主要包括单元的组集（整体有限元方程的建立）、边界条件的引入和求解方法等。

设一个平面弹性结构划分为 N 个单元和 n 个节点，对每个单元按上述方法进行分析计算，可得到 N 个形如式（10-32）的单元刚度矩阵 $\boldsymbol{k}^e(e=1,2,\cdots,N)$。每个单元对应的刚度方程见式（10-30），将这些方程组集起来，得到描述整个弹性体的平衡关系式的有限元方程。

对于平面问题，每个节点有 x 和 y 两个方向的自由度。首先，引入整个弹性体的节点位移列阵 $\boldsymbol{\delta}_{2n\times1}$，它由所有节点位移按节点整体编号顺序从小到大排列而成，即

$$\boldsymbol{\delta}_{2n\times1}=\begin{bmatrix}\boldsymbol{\delta}_1^{\mathrm{T}} & \boldsymbol{\delta}_2^{\mathrm{T}} & \cdots & \boldsymbol{\delta}_n^{\mathrm{T}}\end{bmatrix}^{\mathrm{T}} \tag{10-34}$$

式中，节点 i 的位移分量为

$$\boldsymbol{\delta}_i=\begin{bmatrix}u_i & v_i\end{bmatrix}^{\mathrm{T}} \quad (i=1,2,\cdots,n) \tag{10-35}$$

其次，确定结构整体载荷列阵。设某单元三个节点（1、2、3 节点）对应的整体编号分别为 i、j、m（i、j、m 的次序从小到大排列），每个单元三个节点的等效节点力分别记为 $\boldsymbol{R}_i^e$、$\boldsymbol{R}_j^e$、$\boldsymbol{R}_m^e$，$\boldsymbol{R}_i^e=\begin{bmatrix}F_{xi}^e & F_{yi}^e\end{bmatrix}^{\mathrm{T}}$。将弹性体的所有单元的节点力列阵 $\{\boldsymbol{R}\}_{6\times1}^e$ 加以扩充，使之成为 $2n\times1$ 的列阵，即

$$\boldsymbol{R}_{2n\times1}^e=\begin{bmatrix}\boldsymbol{R}_1^{1e\mathrm{T}}\cdots & \boldsymbol{R}_i^{ie\mathrm{T}} & \cdots & \boldsymbol{R}_j^{je\mathrm{T}} & \cdots & \boldsymbol{R}_m^{me\mathrm{T}} & \cdots & \boldsymbol{R}_n^{ne\mathrm{T}}\end{bmatrix}^{\mathrm{T}} \tag{10-36}$$

各单元的节点力列阵经过扩充之后就可以进行相加。把全部单元的节点力列阵叠加在一起，便可得到整个弹性体的载荷列阵 $\boldsymbol{R}$。结构整体载荷列阵记为

$$\boldsymbol{R}_{2n\times1}=\sum_{e=1}^{N}\boldsymbol{R}_{2n\times1}^e=\begin{bmatrix}\boldsymbol{R}_1^{\mathrm{T}} & \boldsymbol{R}_2^{\mathrm{T}} & \cdots & \boldsymbol{R}_n^{\mathrm{T}}\end{bmatrix}^{\mathrm{T}} \tag{10-37}$$

式中，节点 i 上的等效节点载荷是

$$\boldsymbol{R}_i = \begin{bmatrix} F_{xi} & F_{yi} \end{bmatrix}^{\mathrm{T}} \quad (i=1, 2, \cdots, n) \tag{10-38}$$

由于结构整体载荷列阵是由移置到节点上的等效节点载荷按节点号码对应叠加而成，相邻单元公共边内力引起的等效节点力在叠加过程中必然会全部相互抵消，所以结构整体载荷列阵只会剩下外载荷所引起的等效节点力，因此在结构整体载荷列阵中大量元素一般都为 0。

然后，直接集成结构的整体刚度矩阵。把平面三角形单元的 6 阶单元刚度矩阵 $\boldsymbol{k}^e$ 进行扩充，使之成为一个 $2n\times 2n$ 的方阵 $\boldsymbol{k}_{ext}^e$。单元三个节点（节点 1、2、3）分别对应的整体编号 i、j 和 m，即单元刚度矩阵 $\boldsymbol{k}^e$ 中的 2×2 子矩阵 $\boldsymbol{k}_{ij}$ 将处于扩展矩阵中的第 i 双行、第 j 双列中。扩充后的单元刚度矩阵 $\boldsymbol{k}_{ext}^e$ 为

$$\boldsymbol{k}_{ext}^e = \begin{array}{c} \begin{array}{ccccc} 1 & i & j & m & n \end{array} \\ \begin{bmatrix} \cdots & \cdots & \cdots & \cdots & \cdots & \cdots & \cdots & \cdots & \cdots \\ \vdots & & \vdots & & \vdots & & \vdots & & \vdots \\ \cdots & \cdots & k_{ii} & \cdots & k_{ij} & \cdots & k_{im} & \cdots & \cdots \\ \vdots & & \vdots & & \vdots & & \vdots & & \vdots \\ \cdots & \cdots & k_{ji} & \cdots & k_{jj} & \cdots & k_{jm} & \cdots & \cdots \\ \vdots & & \vdots & & \vdots & & \vdots & & \vdots \\ \cdots & \cdots & k_{mi} & \cdots & k_{mj} & \cdots & k_{mm} & \cdots & \cdots \\ \vdots & & \vdots & & \vdots & & \vdots & & \vdots \\ \cdots & \cdots & \cdots & \cdots & \cdots & \cdots & \cdots & \cdots & \cdots \end{bmatrix} \begin{array}{c} 1 \\ \\ i \\ \\ j \\ \\ m \\ \\ n_{(2n\times 2n)} \end{array} \end{array} \tag{10-39}$$

单元刚度矩阵经过扩充以后，除了对应的 i、j 和 m 双行和双列上的九个子矩阵之外，其余元素均为 0。

把式（10-39）对 N 个单元进行求和叠加，得到结构整体刚度矩阵，记为

$$\boldsymbol{K} = \sum_{e=1}^{N} \boldsymbol{k}_{ext}^e \tag{10-40}$$

最后，结构整体的有限元方程也可以根据虚功原理建立起来。用整体刚度矩阵、节点位移列阵和节点载荷列阵表达的结构有限元方程为

$$\boldsymbol{K\delta} = \boldsymbol{R} \tag{10-41}$$

这是一个关于节点位移的 $2n$ 阶线性方程组。

弹性体有限元的整体刚度矩阵 $\boldsymbol{K}$ 中每一列元素的物理意义为：欲使弹性体的某一节点在坐标轴方向发生单位位移，而其他节点都保持为零的变形状态，在各节点上所需要施加的节点力。

如上所述，对于离散化的弹性体有限元计算模型，首先求得或列写出的是各个单元的刚度矩阵、单元位移列阵和单元载荷列阵。在进行整体分析时，需要把结构的各项矩阵（包括列阵）表达成各个单元对应矩阵之和，同时要求单元各项矩阵的阶数和结构各项矩阵的阶数（即结构的节点自由度数）相同。为此，引入单元节点自由度对应扩充为结构节点自由度的转换矩阵 $\boldsymbol{G}$。设结构的节点总数为 n，某平面三角形单元对应的整体节点序号为 i、j、m，该单元节点自由度的转换矩阵为

$$
\boldsymbol{G}^{e}_{6\times 2n}=\begin{array}{c}\begin{matrix}1 & 2 & \cdots & (2i\text{-}1) & 2i & \cdots & (2j\text{-}1) & 2j & \cdots & (2m\text{-}1) & 2m & \cdots & (2n\text{-}1) & 2n\end{matrix}\\ \left[\begin{array}{ccc|cc|c|cc|c|cc|c|cc}0 & 0 & \cdots & 1 & 0 & \cdots & 0 & 0 & \cdots & 0 & 0 & \cdots & 0 & 0\\ 0 & 0 & \cdots & 0 & 1 & \cdots & 0 & 0 & \cdots & 0 & 0 & \cdots & 0 & 0\\ 0 & 0 & \cdots & 0 & 0 & \cdots & 1 & 0 & \cdots & 0 & 0 & \cdots & 0 & 0\\ 0 & 0 & \cdots & 0 & 0 & \cdots & 0 & 1 & \cdots & 0 & 0 & \cdots & 0 & 0\\ 0 & 0 & \cdots & 0 & 0 & \cdots & 0 & 0 & \cdots & 1 & 0 & \cdots & 0 & 0\\ 0 & 0 & \cdots & 0 & 0 & \cdots & 0 & 0 & \cdots & 0 & 1 & \cdots & 0 & 0\end{array}\right]\end{array} \tag{10-42}
$$

也就是说，在矩阵 $\boldsymbol{G}$ 中，单元三个节点对应的整体编号位置（i、j、m）所在的子块设为 2 阶单位矩阵，其他均为 0。利用转换矩阵 $\boldsymbol{G}^e$ 可以直接求和得到结构的整体刚度矩阵为

$$
\boldsymbol{K}=\sum_{e=1}^{N}\boldsymbol{G}^{e\mathrm{T}}\boldsymbol{k}^{e}\boldsymbol{G}^{e} \tag{10-43}
$$

结构节点载荷列阵为

$$
\boldsymbol{P}=\sum_{e=1}^{N}\boldsymbol{G}^{e\mathrm{T}}\boldsymbol{P}^{e} \tag{10-44}
$$

10.3　边界条件的引入

对于式（10-41）所描述的有限元方程，尚不能直接用于求解，这是由于整体刚度矩阵的性质所决定的，而为了求解则必须引入边界条件。以下首先介绍整体刚度矩阵的性质，进一步叙述在有限元方程引入边界条件的方法。

1. 整体刚度矩阵的性质

弹性体有限元的整体刚度矩阵具有如下性质：

第一，整体刚度矩阵 $\boldsymbol{K}$ 中每一列元素的物理意义为：欲使弹性体的某一节点在坐标轴方向发生单位位移，而其他节点都保持为零的变形状态，在各节点上所需要施加的节点力。

令节点 1 在坐标 x 方向的位移 $u_1=1$，而其余的节点位移 $v_1=u_2=v_2=u_3=v_3=\cdots=u_n=v_n=0$，可得到节点载荷列阵等于 $\boldsymbol{K}$ 的第一列元素组成的列阵，即

$$
\begin{bmatrix}R_{1x} & R_{1y} & R_{2x} & R_{2y} & \cdots & R_{nx} & R_{ny}\end{bmatrix}^{\mathrm{T}}=\begin{bmatrix}k_{11} & k_{21} & k_{31} & k_{41} & \cdots & k_{2n-1\,1} & k_{2n\,1}\end{bmatrix}^{\mathrm{T}}
$$

第二，整体刚度矩阵中主对角元素总是正的。

例如，整体刚度矩阵中的元素 k_{33} 是表示节点 2 在 x 方向产生单位位移，而其他位移均为零时，在节点 2 的 x 方向上必须施加的力，很显然，力的方向应该与位移方向一致，故应为正号。

第三，整体刚度矩阵是一个对称矩阵，即 $\boldsymbol{K}_{rs}=\boldsymbol{K}_{rs}^{\mathrm{T}}$。

第四，整体刚度矩阵是一个稀疏矩阵。如果遵守一定的节点编号规则，就可使矩阵的非零元素都集中在主对角线附近呈带状。

如前所述，整体刚度矩阵中第 r 双行的子矩阵 $\boldsymbol{K}_{rs}$，有很多位置上的元素都等于零，只有当第二个下标 s 等于 r 或者 s 与 r 同属于一个单元的节点号码时才不为零，这就说明，在第 r 双行中非零子矩阵的块数，应该等于节点 r 周围直接相邻的节点数目加一。可见，$\boldsymbol{K}$ 的元素一般都不是填满的，而是呈稀疏状（带状）。

若第 r 双行的第一个非零元素子矩阵是 $\boldsymbol{K}_{rl}$，则从 $\boldsymbol{K}_{rl}$ 到 $\boldsymbol{K}_{rr}$ 共有$(r-l+1)$个子矩阵，于是 $\boldsymbol{K}$ 的第 $2r$ 行从第一个非零元素到对角元共有 $2(r-l+1)$个元素。显然，带状刚度矩阵的带宽取决于单元网格中相邻节点号码的最大差值 D。把半个斜带形区域中各行所具有的非零元素的最大个数称为整体刚度矩阵的半带宽（包括主对角元素），用 B 表示，即 $B=2(D+1)$。

第五，整体刚度矩阵是一个奇异矩阵，在排除刚体位移之后，它是一个正定矩阵。

2. 边界条件的引入

只有在消除了整体刚度矩阵奇异性之后，才能联立方程组并求解出节点位移。一般情况下，所要求解的问题，其边界往往具有一定的位移约束条件，本身已排除了刚体运动的可能性。整体刚度矩阵的奇异性需要通过引入边界约束条件、消除结构的刚体位移来实现。这里介绍两种引入已知节点位移的方法，这两种方法都可以保持原矩阵的稀疏、带状和对称等特性。

方法一：保持方程组为 $2n\times2n$ 不变，仅对 $\boldsymbol{K}$ 和 $\boldsymbol{R}$ 进行修正。例如，若指定节点 i 在方向 y 的位移为 v_i，则令 $\boldsymbol{K}$ 中的元素 $k_{2i,\,2i}$ 为 1，而第 $2i$ 行和第 $2i$ 列的其余元素都为零。$\boldsymbol{R}$ 中的第 $2i$ 个元素则用位移 v_i 的已知值代入，$\boldsymbol{R}$ 中的其他各行元素均减去已知节点位移的指定值和原来 $\boldsymbol{K}$ 中该行的相应列元素的乘积。

例如一个只有 4 个方程的简单例子：

$$\begin{bmatrix} K_{11} & K_{12} & K_{13} & K_{14} \\ K_{21} & K_{22} & K_{23} & K_{24} \\ K_{31} & K_{32} & K_{33} & K_{34} \\ K_{41} & K_{42} & K_{43} & K_{44} \end{bmatrix}\begin{bmatrix} u_1 \\ v_1 \\ u_2 \\ v_2 \end{bmatrix}=\begin{bmatrix} R_1 \\ R_2 \\ R_3 \\ R_4 \end{bmatrix} \tag{10-45}$$

假定该系统中节点位移 u_1 和 u_2 分别被指定为

$$u_1=\beta_1,\quad u_2=\beta_2 \tag{10-46}$$

当引入这些节点的已知位移之后，方程（10-41）就变成

$$\begin{bmatrix} 1 & 0 & 0 & 0 \\ 0 & K_{22} & 0 & K_{24} \\ 0 & 0 & 1 & 0 \\ 0 & K_{42} & 0 & K_{44} \end{bmatrix}\begin{bmatrix} u_1 \\ v_1 \\ u_2 \\ v_2 \end{bmatrix}=\begin{bmatrix} \beta_1 \\ R_2-K_{21}\beta_1-K_{23}\beta_2 \\ \beta_2 \\ R_4-K_{41}\beta_1-K_{43}\beta_2 \end{bmatrix} \tag{10-47}$$

利用这组阶数不变的方程来求解所有的节点位移，显然，其解仍为原方程式（10-45）的解。

如果在整体刚度矩阵、整体位移列阵和整体节点力列阵中对应去掉边界条件中位移为 0 的行和列，将会获得新的减少了阶数的矩阵，达到消除整体刚度矩阵奇异性的目的，

这样处理与本方法在原理和最终结果等方面都是一致的。

方法二：将整体刚度矩阵 $\boldsymbol{K}$ 中与指定的节点位移有关的主对角元素乘上一个大数，如 10^{15}，将 $\boldsymbol{R}$ 中的对应元素换成指定的节点位移值与该大数的乘积。实际上，这种方法就是使 $\boldsymbol{K}$ 中相应行的修正项远大于非修正项。

把此方法用于上面的例子，则式（10-45）就变成

$$\begin{bmatrix} K_{11}\times 10^{15} & K_{12} & K_{13} & K_{14} \\ K_{21} & K_{22} & K_{23} & K_{24} \\ K_{31} & K_{32} & K_{33}\times 10^{15} & K_{34} \\ K_{41} & K_{42} & K_{43} & K_{44} \end{bmatrix}\begin{bmatrix} u_1 \\ v_1 \\ u_2 \\ v_2 \end{bmatrix}=\begin{bmatrix} \beta_1 K_{11}\times 10^{15} \\ R_2 \\ \beta_3 K_{33}\times 10^{15} \\ R_4 \end{bmatrix} \tag{10-48}$$

该方程组的第一个方程为

$$K_{11}\times 10^{15}u_1+K_{12}v_1+K_{13}u_2+K_{14}v_2=\beta_1 K_{11}\times 10^{15} \tag{10-49}$$

由

$$K_{11}\times 10^{15}\gg K_{1j}\quad (j=2,3,4) \tag{10-50}$$

故有

$$u_1=\beta_1 \tag{10-51}$$

依此类推。

10.4　有限元法分析与计算举例

【例 10-1】 如图 10-3 所示，由两个三角形单元所组成的结构系统，试分别采用直接组集法及转换矩阵法进行刚度矩阵的组集，并进行边界条件的引入构件新的有限元方程。

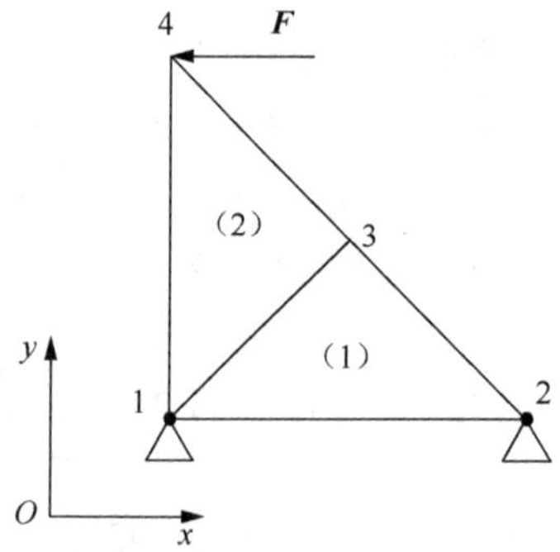

图 10-3　两个三角形单元组成的结构系统

解：（1）采用直接组集法进行整体刚度矩阵的组集。

整个系统中共有 4 个节点，每个节点有两个自由度，则整体刚度矩阵的阶数为 $4\times 2=8$。三角形单元刚度矩阵的阶数为 6×6，因而需要将每个单元扩展成 8×8 的矩阵再进行叠加。用分块矩阵表示，扩展完成的单元（1）和单元（2）的刚度矩阵可表示为

$$\boldsymbol{k}^{(1)}=\begin{bmatrix}\boldsymbol{k}_{11}^{(1)} & \boldsymbol{k}_{12}^{(1)} & \boldsymbol{k}_{13}^{(1)} & 0\\ \boldsymbol{k}_{21}^{(1)} & \boldsymbol{k}_{22}^{(1)} & \boldsymbol{k}_{23}^{(1)} & 0\\ \boldsymbol{k}_{31}^{(1)} & \boldsymbol{k}_{32}^{(1)} & \boldsymbol{k}_{33}^{(1)} & 0\\ 0 & 0 & 0 & 0\end{bmatrix},\quad \boldsymbol{k}^{(2)}=\begin{bmatrix}\boldsymbol{k}_{11}^{(2)} & 0 & \boldsymbol{k}_{13}^{(2)} & \boldsymbol{k}_{14}^{(2)}\\ 0 & 0 & 0 & 0\\ \boldsymbol{k}_{31}^{(2)} & 0 & \boldsymbol{k}_{33}^{(2)} & \boldsymbol{k}_{34}^{(2)}\\ \boldsymbol{k}_{41}^{(2)} & 0 & \boldsymbol{k}_{43}^{(2)} & \boldsymbol{k}_{44}^{(2)}\end{bmatrix} \tag{10-52}$$

式中，各元素的下标表示整体节点编号；$\boldsymbol{k}^{(1)}$ 和 $\boldsymbol{k}^{(2)}$ 则表示单元（1）和单元（2）对整个系统刚度矩阵的贡献。

两者相加则得到整体刚度矩阵，表示为

$$\boldsymbol{K}=\begin{bmatrix}\boldsymbol{k}_{11}^{(1)}+\boldsymbol{k}_{11}^{(2)} & \boldsymbol{k}_{12}^{(1)} & \boldsymbol{k}_{13}^{(1)}+\boldsymbol{k}_{13}^{(2)} & \boldsymbol{k}_{14}^{(2)}\\ \boldsymbol{k}_{21}^{(1)} & \boldsymbol{k}_{22}^{(1)} & \boldsymbol{k}_{23}^{(1)} & 0\\ \boldsymbol{k}_{31}^{(1)}+\boldsymbol{k}_{31}^{(2)} & \boldsymbol{k}_{32}^{(1)} & \boldsymbol{k}_{33}^{(1)}+\boldsymbol{k}_{33}^{(2)} & \boldsymbol{k}_{34}^{(2)}\\ \boldsymbol{k}_{41}^{(2)} & 0 & \boldsymbol{k}_{43}^{(2)} & \boldsymbol{k}_{44}^{(2)}\end{bmatrix} \tag{10-53}$$

（2）采用转换矩阵法进行整体刚度矩阵的组集。

采用转换矩阵法进行整体刚度矩阵组集的关键是获得每个单元的转换矩阵。单元转换矩阵的行数为单元自由度数，转换矩阵的列数为整体刚度矩阵的阶数。对于上述结构，每个转换矩阵的阶数为 6×8，两个单元的转换矩阵分别为

$$\boldsymbol{G}_{6\times 8}^{(1)}=\begin{bmatrix}1&0&0&0&0&0&0&0\\0&1&0&0&0&0&0&0\\0&0&1&0&0&0&0&0\\0&0&0&1&0&0&0&0\\0&0&0&0&1&0&0&0\\0&0&0&0&0&1&0&0\end{bmatrix},\quad \boldsymbol{G}_{6\times 8}^{(2)}=\begin{bmatrix}1&0&0&0&0&0&0&0\\0&1&0&0&0&0&0&0\\0&0&0&0&1&0&0&0\\0&0&0&0&0&1&0&0\\0&0&0&0&0&0&1&0\\0&0&0&0&0&0&0&1\end{bmatrix} \tag{10-54}$$

获得了每个单元的转换矩阵，则可按 $\boldsymbol{K}=\sum_{e=1}^{2}\boldsymbol{G}^{e\mathrm{T}}\boldsymbol{k}^{e}\boldsymbol{G}^{e}$ 进行整体刚度矩阵的求解。

（3）边界条件的引入。

如图 10-3 所示结构，引入约束前有限元方程可表示为

$$\begin{bmatrix}k_{11}&k_{12}&k_{13}&k_{14}&k_{15}&k_{16}&k_{17}&k_{18}\\k_{21}&k_{22}&k_{23}&k_{24}&k_{25}&k_{26}&k_{27}&k_{28}\\k_{31}&k_{32}&k_{33}&k_{34}&k_{35}&k_{36}&k_{37}&k_{38}\\k_{41}&k_{42}&k_{43}&k_{44}&k_{45}&k_{46}&k_{47}&k_{48}\\k_{51}&k_{52}&k_{53}&k_{54}&k_{55}&k_{56}&k_{57}&k_{58}\\k_{61}&k_{62}&k_{63}&k_{64}&k_{65}&k_{66}&k_{67}&k_{68}\\k_{71}&k_{72}&k_{73}&k_{74}&k_{75}&k_{76}&k_{77}&k_{78}\\k_{81}&k_{82}&k_{83}&k_{84}&k_{85}&k_{96}&k_{87}&k_{88}\end{bmatrix}\begin{bmatrix}u_1\\v_1\\u_2\\v_2\\u_3\\v_3\\u_4\\v_4\end{bmatrix}=\begin{bmatrix}R_{1x}\\R_{1y}\\R_{2x}\\R_{2y}\\R_{3x}\\R_{3y}\\R_{4x}\\R_{4y}\end{bmatrix} \tag{10-55}$$

边界条件分析：由于节点 1、2 为固定约束，位移边界条件为 $u_1=0$，$v_1=0$，$u_2=0$，$v_2=0$，另外，在节点 4 的 x 轴负方向有作用力，对应 $R_{4x}=-F$。

在整体刚度矩阵、整体位移列阵和整体节点力列阵中对应去掉边界条件中位移为 0

的行和列，并引入节点作用力，则最终引入边界条件的有限元方程为

$$\begin{bmatrix} k_{55} & k_{56} & k_{57} & k_{58} \\ k_{65} & k_{66} & k_{67} & k_{68} \\ k_{75} & k_{76} & k_{77} & k_{78} \\ k_{85} & k_{86} & k_{87} & k_{88} \end{bmatrix} \begin{bmatrix} u_3 \\ v_3 \\ u_4 \\ v_4 \end{bmatrix} = \begin{bmatrix} 0 \\ 0 \\ -F \\ 0 \end{bmatrix} \tag{10-56}$$

上述方程已消除整体刚度矩阵的奇异性，可直接进行求解。

【例 10-2】 如图 10-3 所示的平面应力问题，假设节点 1、2 之间的杆长为 10cm，单元厚度 t=1mm，弹性模量 $E = 2.06\times10^{11}\text{Pa}$，泊松比 $\mu = 0.3$，$F = -200\text{N}$，求解各节点位移、单元应力、单元应变。

MATLAB 程序如下：

```
clear all
clc
NJ=4              %节点总数
Ne=2              %单元总数
XY=...            %节点坐标
[0  0
0.1 0
0.0707 0.0707
0 0.1];
Code=...          %单元编码
[1 2 3
4 1 3];
E=2.06e11         %材料参数
Nu=0.3
t=0.001
% 计算单元刚度矩阵
D=E/(1-Nu*Nu)*[1 Nu 0;Nu 1 0;0 0 (1-Nu)/2];
Kz=zeros(2*NJ,2*NJ);

for e=1:Ne
   I=Code(e,1);
   J=Code(e,2);
   M=Code(e,3);
   x1=XY(I,1);
   x2=XY(J,1);
   x3=XY(M,1);
   y1=XY(I,2);
   y2=XY(J,2);
   y3=XY(M,2);
   A=0.5*det([1 x1 y1;1 x2 y2;1 x3 y3]);
   b1=y2-y3;b2=y3-y1;b3=y1-y2;
   c1=-(x2-x3); c2=x1-x3;c3=x2-x1;
   B=...
```

```
    [b1  0  b2  0  b3  0
    0  c1  0  c2  0  c3
    c1  b1  c2  b2  c3  b3]/(2*A);
    Ke=t*A*B'*D*B;
    %       单元刚度矩阵的扩展与叠加
    Kz(2*I-1:2*I,2*I-1:2*I)=Kz(2*I-1:2*I,2*I-1:2*I)+Ke(1:2,1:2);
    Kz(2*I-1:2*I,2*J-1:2*J)=Kz(2*I-1:2*I,2*J-1:2*J)+Ke(1:2,3:4);
    Kz(2*I-1:2*I,2*M-1:2*M)=Kz(2*I-1:2*I,2*M-1:2*M)+Ke(1:2,5:6);
    %==========================
    Kz(2*J-1:2*J,2*I-1:2*I)=Kz(2*J-1:2*J,2*I-1:2*I)+Ke(3:4,1:2);
    Kz(2*J-1:2*J,2*J-1:2*J)=Kz(2*J-1:2*J,2*J-1:2*J)+Ke(3:4,3:4);
    Kz(2*J-1:2*J,2*M-1:2*M)=Kz(2*J-1:2*J,2*M-1:2*M)+Ke(3:4,5:6);
    %=========================
    Kz(2*M-1:2*M,2*I-1:2*I)=Kz(2*M-1:2*M,2*I-1:2*I)+Ke(5:6,1:2);
    Kz(2*M-1:2*M,2*J-1:2*J)=Kz(2*M-1:2*M,2*J-1:2*J)+Ke(5:6,3:4);
    Kz(2*M-1:2*M,2*M-1:2*M)=Kz(2*M-1:2*M,2*M-1:2*M)+Ke(5:6,5:6);
end
Kz   % Kz 整体刚度矩阵: 16X16, NJXNJ 子矩阵组成

F=zeros(2*NJ,1);
F(7)=-200;

% 引入约束条件: u1=v1=0;u2=v2=0 相当于
Kz(1,:)=0;Kz(:,1)=0;Kz(1,1)=1;
Kz(2,:)=0;Kz(:,2)=0;Kz(2,2)=1;
Kz(3,:)=0;Kz(:,3)=0;Kz(3,3)=1;
Kz(4,:)=0;Kz(:,4)=0;Kz(4,4)=1;

Kz   %新的总体刚度矩阵
%新的载荷列阵
F(1)=0;F(2)=0;F(3)=0;F(4)=0;

% 求解节点位移
U=inv(Kz)*F

% 后处理，计算单元应变应力
Strain=[];
Stress=[];
for e=1:Ne
    I=Code(e,1);
    J=Code(e,2);
    M=Code(e,3);
    x1=XY(I,1);
    x2=XY(J,1);
    x3=XY(M,1);
    y1=XY(I,2);
```

```
    y2=XY(J,2);
    y3=XY(M,2);
    A=0.5*det([1 x1 y1;1 x2 y2;1 x3 y3]);
    b1=y2-y3;
    b2=y3-y1;
    b3=y1-y2;
    c1=-(x2-x3);
    c2=x1-x3;
    c3=x2-x1;
    B=...
    [b1 0 b2 0 b3 0
    0 c1 0 c2 0 c3
    c1 b1 c2 b2 c3 b3]/(2*A);
    % 把当前单元的节点位移从总体位移列阵中提取出来
    dlta=[U(2*I-1),U(2*I),U(2*J-1),U(2*J),U(2*M-1),U(2*M)]';
    Strain_e=B*dlta;
    Stress_e=D*Strain_e;
    Strain=[Strain Strain_e];
    Stress=[Stress Stress_e];
end
Stress    % Sx Sy Txy
Strain
```

计算结果如下：

（1）节点位移（$U=[u_1\ \ v_1\ \ u_2\ \ v_2\ \ u_3\ \ v_3\ \ u_4\ \ v_4]$）。

```
U =
  1.0e-005 *
{      0      0      0      0     -0.2830    0.0776   -0.5905   -0.1669}
```

（2）单元应力。

单元	1	2
	1.0e+006 *	
σ_x	0.7458	3.1716
σ_y	2.4861	-2.4861
τ_{xy}	-3.1716	-2.4861

（3）单元应变。

单元	1	2
	1.0e-004 *	
ε_x	0	0.1902
ε_y	0.1098	-0.1669
γ_{xy}	-0.4003	-0.3138

【例 10-3】 如图 10-4 所示的平面应力问题，a=4cm，单元厚度 t=1mm，弹性模量 $E=2.06\times10^{11}\text{Pa}$，泊松比 $\mu=0.3$，$F_x=100\text{N}$，$F_y=50\text{N}$，求解各节点位移、单元应力、单元应变。

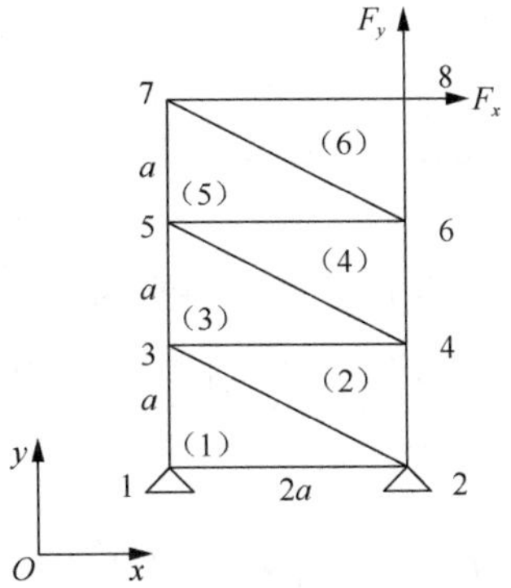

图 10-4　平面应力状态结构

作为示例，该平板分成 6 个平面三角形单元、8 个节点。有限元求解的具体过程如下：

（1）建立平面直角坐标系 Oxy，原点设在节点 1 处，水平为 x 轴，垂直为 y 轴。列写节点坐标值及单元编码如表 10-1 和表 10-2 所示（这里采用国际单位制进行了单位的统一）。

表 10-1　节点坐标值

	1	2	3	4	5	6	7	8
x 坐标值/m	0	0.08	0	0.08	0	0.08	0	0.08
y 坐标值/m	0	0	0.04	0.04	0.08	0.08	0.12	0.12

表 10-2　单元编码

	1	2	3	4	5	6
节点 1	1	3	3	5	5	7
节点 2	2	2	4	4	6	6
节点 3	3	4	5	6	7	8

（2）计算各单元的单元刚度矩阵并进行扩展。首先计算出所需的系数 b_1、b_2、b_3、c_1、c_2、c_3。根据式（10-13），对于单元（1），三个节点对应的整体编码为 $(i,j,m)=(1,2,3)$，求得

$$2\varDelta_e=\begin{vmatrix}1 & x_1 & y_1\\1 & x_2 & y_2\\1 & x_3 & y_3\end{vmatrix}=\begin{vmatrix}1 & 0 & 0\\1 & 0.08 & 0\\1 & 0 & 0.04\end{vmatrix}=0.0032$$

$$b_1 = -\begin{vmatrix} 1 & y_2 \\ 1 & y_3 \end{vmatrix} = y_2 - y_3 = 0 - 0.04 = -0.04$$

$$c_1 = \begin{vmatrix} 1 & x_2 \\ 1 & x_3 \end{vmatrix} = -(x_2 - x_3) = -(0.08 - 0) = -0.08$$

类似地求得

$$b_2 = 0.04,\ b_3 = 0,\ c_2 = 0,\ c_3 = 0.08$$

应变矩阵为

$$\boldsymbol{B} = \frac{1}{2\Delta_e}\begin{bmatrix} b_1 & 0 & b_2 & 0 & b_3 & 0 \\ 0 & c_1 & 0 & c_2 & 0 & c_3 \\ c_1 & b_1 & c_2 & b_2 & c_3 & b_3 \end{bmatrix} = \frac{1}{0.0032}\begin{bmatrix} -0.04 & 0 & 0.04 & 0 & 0 & 0 \\ 0 & -0.08 & 0 & 0 & 0 & 0.08 \\ -0.08 & -0.04 & 0 & 0.04 & 0.08 & 0 \end{bmatrix}$$

$$= \begin{bmatrix} -12.5 & 0 & 12.5 & 0 & 0 & 0 \\ 0 & -25 & 0 & 0 & 0 & 25 \\ -25 & -12.5 & 0 & 12.5 & 25 & 0 \end{bmatrix}$$

弹性力学平面问题的弹性矩阵为

$$\boldsymbol{D} = \frac{E}{1-\mu^2}\begin{bmatrix} 1 & \mu & 0 \\ \mu & 1 & 0 \\ 0 & 0 & \dfrac{1-\mu}{2} \end{bmatrix} = \frac{2.06\times10^{11}}{1-0.3^2}\begin{bmatrix} 1 & 0.3 & 0 \\ 0.3 & 1 & 0 \\ 0 & 0 & \dfrac{1-0.3}{2} \end{bmatrix}$$

得到单元（1）的单元刚度矩阵为

$$\boldsymbol{k}^{(1)} = \boldsymbol{B}^{\mathrm{T}}\boldsymbol{DB}t\Delta_e$$

$$= \begin{bmatrix} 1.3582 & 0.7357 & -0.5659 & -0.3962 & -0.7923 & -0.3396 \\ 0 & 2.4618 & -0.3396 & -0.1981 & -0.3962 & -2.2637 \\ 0 & 0 & 0.5659 & 0 & 0 & 0.3396 \\ 0 & 0 & 0 & 0.1981 & 0.3962 & 0 \\ 0 & 0 & 0 & 0 & 0.7923 & 0 \\ 0 & 0 & 0 & 0 & 0 & 2.2637 \end{bmatrix}\times10^8$$

单元（1）的单元刚度矩阵进行扩展，得到一个 16×16 的方阵 $\boldsymbol{k}_{ext}^{(1)}$。$\boldsymbol{k}_{ext}^{(1)}$ 只在上述三个节点（1、2、3）对应的元素上有值，其他元素上均为 0。

全部 6 个单元均按上述同样的过程进行计算。

（3）对上述 6 个单元的扩展刚度矩阵进行叠加，得到该结构的整体刚度矩阵为

$$\boldsymbol{K} = \sum_{e=1}^{8}\boldsymbol{k}_{ext}^{(e)} = \begin{bmatrix} 1.3187 & 0.7143 & -0.5495 & \cdots & 0 & 0 \\ 0.7143 & 2.3901 & -0.3297 & \cdots & 0 & 0 \\ \vdots & \vdots & \vdots & & \vdots & \vdots \\ 0 & 0 & 0 & \cdots & 1.3187 & 0.7143 \\ 0 & 0 & 0 & \cdots & 0.7143 & 2.3901 \end{bmatrix}\times10^8$$

（4）在考虑位移约束条件的情况下列写结构节点位移列阵。在本例中，节点 1、2 处均为全约束，即这两个节点的 x、y 方向对应的位移分量为 0，即

$$\boldsymbol{\delta}_{16\times1}=\begin{bmatrix}\boldsymbol{\delta}_1^{\mathrm{T}} & \boldsymbol{\delta}_2^{\mathrm{T}} & \cdots & \boldsymbol{\delta}_8^{\mathrm{T}}\end{bmatrix}^{\mathrm{T}}=\begin{bmatrix}u_1 & v_1 & u_2 & v_2 & u_3 & v_3 & u_4 & v_4 & \cdots & u_8 & v_8\end{bmatrix}^{\mathrm{T}}$$
$$=\begin{bmatrix}0 & 0 & 0 & 0 & u_3 & v_3 & u_4 & v_4 & \cdots & u_8 & v_8\end{bmatrix}^{\mathrm{T}}$$

（5）考虑结构的外载荷，构造结构载荷列阵。在本例中，只在节点 8 处作用水平和垂直载荷，因此可以得到

$$\boldsymbol{R}_{16\times1}=\begin{bmatrix}\boldsymbol{R}_1^{\mathrm{T}} & \boldsymbol{R}_2^{\mathrm{T}} & \cdots & \boldsymbol{R}_8^{\mathrm{T}}\end{bmatrix}^{\mathrm{T}}=\begin{bmatrix}F_{x1} & F_{y1} & \cdots & F_{x8} & F_{y8}\end{bmatrix}^{\mathrm{T}}$$
$$=\begin{bmatrix}0 & 0 & \cdots & 100 & 50\end{bmatrix}^{\mathrm{T}}$$

（6）根据本节内容引入边界条件，即根据约束情况修正结构有限元方程，特别是消除整体刚度矩阵的奇异性，得到考虑约束条件的、可解的有限元方程。

（7）利用线性方程组的数值解法，对上述结构的有限元方程进行求解，得到所有各节点的位移向量。最后根据需要求解单元应力。得到的节点位移值和单元应力值可参见如下程序计算出的结果。

下面利用 MATLAB 软件求解【例 10-3】，MATLAB 程序如下：

```
% 基本数据
clear
NJ=8       %节点总数
Ne=6       %单元总数
XY=...     %节点坐标
[0  0
0.08  0
0  0.04
0.08  0.04
0  0.08
0.08  0.08
0  0.12
0.08  0.12]
Code=...     %单元编码
[1 2 3
3 2 4
3 4 5
5 4 6
5 6 7
7 6 8];
E=2.06e11     %材料参数
Nu=0.3
t=0.001
% 计算单元刚度矩阵
D=E/(1-Nu*Nu)*[1 Nu 0;Nu 1 0;0 0 (1-Nu)/2];
Kz=zeros(2*NJ,2*NJ);

for e=1:Ne
   I=Code(e,1);
```

```
    J=Code(e,2);
    M=Code(e,3);
    x1=XY(I,1);
    x2=XY(J,1);
    x3=XY(M,1);
    y1=XY(I,2);
    y2=XY(J,2);
    y3=XY(M,2);
    A=0.5*det([1 x1 y1;1 x2 y2;1 x3 y3]);
    b1=y2-y3;b2=y3-y1;b3=y1-y2;
    c1=-(x2-x3); c2=x1-x3;c3=x2-x1;
    B=...
    [b1 0 b2 0 b3 0
    0 c1 0 c2 0 c3
    c1 b1 c2 b2 c3 b3]/(2*A);
    Ke=t*A*B'*D*B;
    %     单元刚度矩阵的扩展与叠加
    Kz(2*I-1:2*I,2*I-1:2*I)=Kz(2*I-1:2*I,2*I-1:2*I)+Ke(1:2,1:2);
    Kz(2*I-1:2*I,2*J-1:2*J)=Kz(2*I-1:2*I,2*J-1:2*J)+Ke(1:2,3:4);
    Kz(2*I-1:2*I,2*M-1:2*M)=Kz(2*I-1:2*I,2*M-1:2*M)+Ke(1:2,5:6);
    %=========================
    Kz(2*J-1:2*J,2*I-1:2*I)=Kz(2*J-1:2*J,2*I-1:2*I)+Ke(3:4,1:2);
    Kz(2*J-1:2*J,2*J-1:2*J)=Kz(2*J-1:2*J,2*J-1:2*J)+Ke(3:4,3:4);
    Kz(2*J-1:2*J,2*M-1:2*M)=Kz(2*J-1:2*J,2*M-1:2*M)+Ke(3:4,5:6);
    %========================
    Kz(2*M-1:2*M,2*I-1:2*I)=Kz(2*M-1:2*M,2*I-1:2*I)+Ke(5:6,1:2);
    Kz(2*M-1:2*M,2*J-1:2*J)=Kz(2*M-1:2*M,2*J-1:2*J)+Ke(5:6,3:4);
    Kz(2*M-1:2*M,2*M-1:2*M)=Kz(2*M-1:2*M,2*M-1:2*M)+Ke(5:6,5:6);
end
Kz   % Kz 整体刚度矩阵：16X16, NJXNJ 子矩阵组成
% F=Kz*U 节点力列阵 F 都是外力，支反力不计，因为支座位移为 0。
% F=[0 0 0 0 0 0 0 0 0 0 0 0 0 0 0 0 0 0 100 50];
F=zeros(2*NJ,1);
F(15)=100;
F(16)=50;

% 引入约束条件：u1=v1=0;u2=v2=0 相当于
Kz(1,:)=0;Kz(:,1)=0;Kz(1,1)=1;
Kz(2,:)=0;Kz(:,2)=0;Kz(2,2)=1;
Kz(3,:)=0;Kz(:,3)=0;Kz(3,3)=1;
Kz(4,:)=0;Kz(:,4)=0;Kz(4,4)=1;

Kz   %新的总体刚度矩阵
%新的载荷列阵
F(1)=0;F(2)=0;F(3)=0;F(4)=0;
% 求解节点位移
```

```
U=inv(Kz)*F

% 后处理，计算单元应变应力
Strain=[];
Stress=[];
for e=1:Ne
    I=Code(e,1);
    J=Code(e,2);
    M=Code(e,3);
    x1=XY(I,1);
    x2=XY(J,1);
    x3=XY(M,1);
    y1=XY(I,2);
    y2=XY(J,2);
    y3=XY(M,2);
    A=0.5*det([1 x1 y1;1 x2 y2;1 x3 y3]);
     b1=y2-y3;
     b2=y3-y1;
     b3=y1-y2;
     c1=-(x2-x3);
     c2=x1-x3;
     c3=x2-x1;
     B=...
     [b1 0 b2 0 b3 0
     0 c1 0 c2 0 c3
     c1 b1 c2 b2 c3 b3]/(2*A);
     % 把当前单元的节点位移从总体位移列阵中提取出来
     dlta=[U(2*I-1),U(2*I),U(2*J-1),U(2*J),U(2*M-1),U(2*M)]';
     Strain_e=B*dlta;
     Stress_e=D*Strain_e;
     Strain=[Strain Strain_e];
     Stress=[Stress Stress_e];
end

Stress    % Sx Sy Txy
Strain
```

计算结果如下：

（1）节点位移（$\boldsymbol{U}=[u_1\quad v_1\quad u_2\quad v_2\quad \cdots\quad u_8\quad v_8]$）。

```
 U =
   1.0e-005 *
     {         0          0          0          0     0.0801     0.0522     0.0879
-0.0313
      0.1909     0.0832     0.2087    -0.0440     0.2985     0.0949     0.3612
```

-0.0457}

（2）单元应力。

单元	1	2	3	4	5	6
1.0e+006 *						
σ_x	0.8871	-0.3098	0.7472	0.2883	0.7024	1.7442
σ_y	2.9569	-1.7069	1.8163	-0.5663	0.8140	0.4360
τ_{xy}	1.5861	0.9139	1.3674	1.1326	0.8721	1.6279

（3）单元应变。

单元	1	2	3	4	5	6
1.0e-004 *						
ε_x	0	0.0098	0.0098	0.0222	0.0222	0.0783
ε_y	0.1306	-0.0783	0.0773	-0.0317	0.0293	-0.0042
γ_{xy}	0.2002	0.1153	0.1726	0.1429	0.1101	0.2055

习　题

10-1　试解释一下基本概念：位移插值函数、单元刚度矩阵及其刚度系数、单元刚度矩阵的对称性和奇异性、结构刚度矩阵的组集。

10-2　如何通过虚位移原理建立有限元求解方程？有限元分析的基本步骤是什么？

10-3　简述计算单元刚度矩阵的主要步骤。

10-4　单元刚度矩阵每一个元素的力学意义是什么？

10-5　简述结构刚度矩阵扩展集成的过程，结构刚度矩阵的性质和特点是什么？

10-6　假设一个平面三角形单元如图 10-5 所示，单元厚度 t=1mm，弹性模量 $E=2.1\times10^5\,\text{MPa}$，泊松比 $\mu=0.3$。试计算形函数矩阵、应变矩阵、单元刚度矩阵。

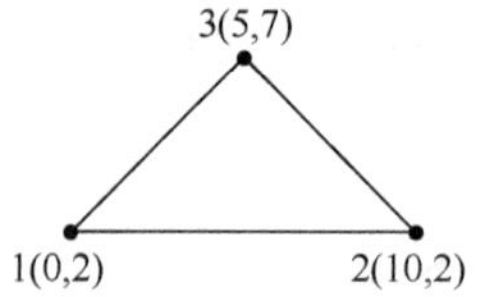

图 10-5　平面三角形单元

10-7　如图 10-6 所示的平面应力问题，假设节点 1、2 与节点 1、4 之间的杆长均为 10cm，单元厚度 t=1mm，弹性模量 $E=2.06\times10^{11}\,\text{Pa}$，泊松比 $\mu=0.3$。外力 $\boldsymbol{F}$ 垂直于杆 24 且 $|F|=100\text{N}$，求解各节点位移、单元应力、单元应变。

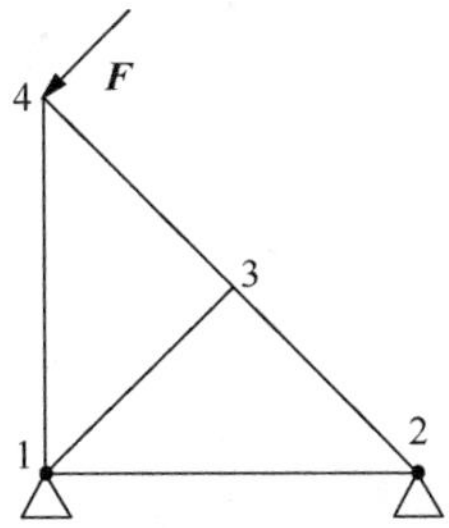

图 10-6　两个三角形单元组成的结构系统

10-8　验证平面三角单元的位移插值函数满足 $N_i(x_i, y_i)=\delta_{ij}$ 及 $N_i+N_j+N_m=1$，$\delta_{ij}=\begin{cases}1 & (i=j)\\0 & (i\neq j)\end{cases}$。

10-9　如图 10-7 所示的平面应力问题，a=5cm，单元厚度 t=1mm，弹性模量 $E=2.06\times10^{11}\text{Pa}$，泊松比 $\mu=0.3$。$F_x=100\text{N}$，$F_y=50\text{N}$，求解各节点位移、单元应力、单元应变。

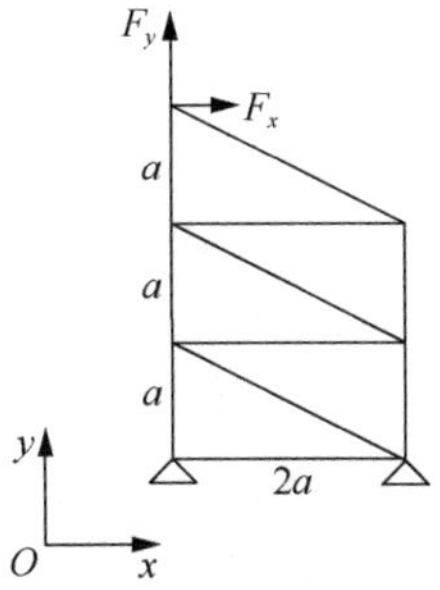

图 10-7　平面应力状态结构（习题 10-9）

10-10　如图 10-8 所示的平面应力问题，a=4cm，单元厚度 t=1mm，弹性模量 $E=2.06\times10^{11}\text{Pa}$，泊松比 $\mu=0.3$。$F_x=300\text{N}$，$F_y=150\text{N}$，求解各节点位移、单元应力、单元应变。

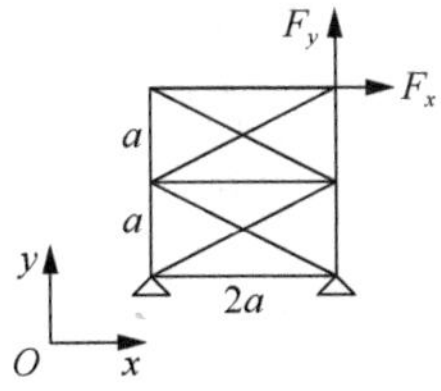

图 10-8　平面应力状态结构（习题 10-10）